固体物性学の基礎

石井忠男 著

大学教育出版

序

　固体物性学の基礎は，理・工学の材料系の学生が，微視的原点にたち，主に，結晶の仕組みおよび具現する現象についての一端を理解し得るよう書かれたものである．固体物理とよばれる分野は，前世紀誕生し，最大の遺産の1つともなった量子力学にその基礎をおくもので，広い意味の material science の分野で，必須の基礎学問となっている．その数学的構造は，理工系の数学として一応学んでいても，幾分とまどいを感じるかもしれない．可能な限り分かりやすく，かつ，さらに進んだ高度な領域への足がかりとなるよう記述を心がけた．今日の材料のめざましい発展は，この固体物理の確固たる基礎の上に成り立っており，材料学を大きく変貌させた原因でもある．この応用発展の成果は，高精度のコンピュータの発展とあいまっており，材料工学がますます重要な分野となっていることを教える．

　本書は，工学部の「固体物性学」の講義のために書き起こしたものであるが，広く理・工学系の学部上級生および博士前期課程の学生を念頭に，「固体物性学の基礎」の表題を付した．量子力学がどのように固体に入り込んでいるのか，あるいは，固体物性がどのように量子力学の有機的な言語で表現されているかを，基礎的な観点から眺めることを目的とし，材料工学に対する基礎知識の一部を紹介するものである．

　1，2章は導入部であり，量子力学を詳細に学んだ学生には不要の部分である．シュレーディンガーの波動方程式に基づくが，この意味で，微分方程式，フーリエ解析の知識を必要とする．しかし，それらを逐一解くことは別の教科書にゆずり，基本的な数学的構造とその意味について簡単に述べるにとどめた．加えて，広く物性学が学べる足がかりとなるよう，ブラケットの方法について記述した．3，4章は結晶の周期性から派生する性質と結晶の結合様式について述べ，微視的な構造を修得できるようにした．5章では，金属の導入部分として，"ほとんど自由な電子模型"を用いて概観した．ここで量子統計に基づくフェルミ分布

とボース分布についてふれ，フェルミ分布の効果を熱容量によって示した．量子統計は6，7章でもその威力を発揮する．金属は電子論に始まり電子論に終わるといってもよく，電子論だけでも1冊の本に収まらないほどの重量級である．さらに興味がある人は，良書が多く出版されているので，読まれることを勧める．6章は半導体と応用について記述した．ここでは，電子に対して正孔の概念を導入し，その役割をトランジスターを用いて説明した．Schockley・Brattain・Bardeen のトランジスターの発明が爆発的に世を席巻し，今日の隆盛を見たのも周知のことである．7章は格子振動と量子化について述べたが，この量子化は第2量子化と呼ばれる概念に基づくもので，初めての読者はとばして読んでもいい．結晶であれば，格子振動が簡単なモードとして存在し，低温ではその振舞いが古典的描像と異なる量子振動子（フォノン）となって発現する．8章は燃料電池に関連して，近年重要になってきている超イオン導電体とイオン拡散について記述した．超イオン導電体の基本的な特徴を相転移まで含めて総合的に説明し，教科書として理解できるよう簡潔に述べた．

以上，1−8章まで学習すれば，固体材料とはどのような微視的土台を基礎としているかが，おぼろげながら理解できるものと思われる．しかし，固体物性という視点からすれば，多くの重要な分野が抜けている．それらを含めて，この小本で概観することは不可能である．金属電子論を含めて，磁性，超伝導，誘電体等，多岐にわたる分野は，それぞれの専門書に委ねることにして，固体物性とは何かを読みとって頂ければ幸いである．各章の問題は，本文をよりよく理解するためのものである．解答は略解にとどめ，省略した部分は各自の演習とした．

本書は材料工学の基礎の入門編であり，微視的理解に少しでも繋がればと思い，浅学非才を顧みず執筆した．筆者の誤解の部分もあるかと危惧する．忌憚のないご意見を頂ければ幸いである．なお，学術用語は学術用語集物理学編（文部省，日本物理学会，1990，培風館）を，場合によって参考にした．最後に，執筆初期の段階で，今井淳夫氏（固体イオニクス学会幹事・愛知工業大学）に8章について貴重な御意見を頂いた．この場をお借りして感謝の意を表するものである．

本書を書くにあたって，多くの文献，図表を参照させて頂いた．巻末にそれらを記載するとともに，特に参考として用いた技術論文の図表については，その出典を明記し，敬意と感謝の意を表するものである．

2005年6月　著者

本書の使い方

　序にも記したように，本書は学部上級生あるいは博士前期過程の学生を対象に，「材料工学の基礎」を念頭に，教科書として記述したものである．以下，用いた記号等について下記に示しておく．記号は可能な限り各章で，独立して用いた．章によっては同じ物理量でも異なった文字を使用している場合もある．

1. 各章末には練習問題を，【1】の番号をつけて用意した．本文中で特に参考にする場合は，練習問題【1】として参照した．
2. 補足ないしは進んだ説明を，付録に示した部分もあるが，初めての読者は飛ばして読んでよい．
3. ベクトルは太文字で表した：例　$\boldsymbol{a}, \boldsymbol{b}, \boldsymbol{c}$．
4. 共役複素は，右肩に＊で示した：例　f の共役複素数は f^*．
5. 特に必要な場合は，文献を [3] により示しておいた．8章は最近発達した分野であり，独立に文献を付した．
6. 節の引用には § を用いた．
7. 式の変形で，近似をした場合は，≈ で示した部分もある．本文では ~等とした場合もある．また，定義をする場合は，≡を用いた部分もある．
8. 本文中で特に注釈が必要な場合は，該当部分の右肩に＊を付し，脚注に示した．
9. 自然対数は ln を，常用対数は log を，指数関数は exp あるいは e を用いた．

目 次

1 量子力学の基礎
1.1 粒子性と波動性 　　　　　　　　　　　　　　　　　　　1

1.2 平面波に対する波動方程式 　　　　　　　　　　　　　　2

1.3 シュレーディンガー方程式 　　　　　　　　　　　　　　3
1.3.1 時間に依存する波動方程式 　　　　　　　　　　　　　3
1.3.2 時間に依存しない波動方程式 　　　　　　　　　　　　3

1.4 シュレーディンガー方程式と運動量演算子 　　　　　　　4
1.4.1 シュレーディンガー方程式の演算子表記 　　　　　　　4
1.4.2 交換関係 　　　　　　　　　　　　　　　　　　　　　5

1.5 確率密度 　　　　　　　　　　　　　　　　　　　　　　5

1.6 演算子と期待値 　　　　　　　　　　　　　　　　　　　6
1.6.1 期待値 　　　　　　　　　　　　　　　　　　　　　　6
1.6.2 行列要素のベクトル表示 　　　　　　　　　　　　　　7
1.6.3 ハミルトン演算子 　　　　　　　　　　　　　　　　　8

1.7 固有関数の直交性 　　　　　　　　　　　　　　　　　　9

1.8 固有関数による展開と完備性 　　　　　　　　　　　　10

1.9 不確定性原理 　　　　　　　　　　　　　　　　　　　12

付録1A 光電効果とコンプトン効果 　　　　　　　　　　　14
付録1B フーリエ変換と不確定性関係 　　　　　　　　　　16
付録1C 状態ベクトルと波動方程式 　　　　　　　　　　　18
付録1D エルミート行列 　　　　　　　　　　　　　　　　21

　　　練習問題 　　　　　　　　　　　　　　　　　　　　22
　　　練習問題略解 　　　　　　　　　　　　　　　　　　25

2 原子の電子構造
2.1 中心力場におけるシュレーディンガー方程式 　　　　　29

2.2 角運動量と固有値問題 　　　　　　　　　　　　　　　31

2.3 エネルギー固有値と波動関数 　　　　　　　　　　　　34

2.4 s, p, d 波動関数 　　　　　　　　　　　　　　　　　　37

2.5	スピン量子数	40
2.6	パウリの原理と周期律表	42
付録2A	球面調和関数	45
付録2B	周期律表	47
	練習問題	49
	練習問題略解	51

3 結晶構造

3.1	並進対称	53
3.2	基本並進ベクトルの周期関数	57
3.2.1	周期関数のフーリエ級数	57
3.2.2	逆格子ベクトル	58
3.2.3	逆格子ベクトルとミラー指数	59
3.3	周期 L の周期関数	63
3.4	ブラッグ反射	64
3.5	非周期固体	67
3.5.1	超イオン導電体	67
3.5.2	ガラス	67
	練習問題	69
	練習問題略解	71

4 結晶の結合エネルギー

4.1	結晶の結合	73
4.1.1	摂動論	74
4.1.2	双極子－双極子相互作用	77
4.1.3	変分法	80
4.1.4	ファンデルワールス引力	81
4.2	分子性結晶	82
4.3	イオン結晶	85
4.4	共有結晶	88
4.4.1	分子軌道法	88
4.4.2	等極結合	89
4.4.3	バンド	92

4.4.4	異極結合	93
4.5	水素結合結晶	95
4.6	金属結晶	95
付録4A	2粒子系の波動関数	96
付録4B	変分原理	100
付録4C	水素分子のハイトラー・ロンドンの方法	102
	練習問題	105
	練習問題略解	107

5 金属中の伝導電子

5.1	金属	109
5.2	空格子における自由電子模型	111
5.2.1	波動関数とエネルギー固有値	111
5.2.2	空格子のバンド構造	112
5.2.3	フェルミ球と状態密度	116
5.3	量子統計	117
5.3.1	ボース分布	118
5.3.2	フェルミ分布	119
5.4	電子の熱容量	120
5.5	ほとんど自由な電子模型	122
5.5.1	周期ポテンシャルの効果	122
5.6	外場に対する線形応答	125
5.6.1	自由電子近似による電気伝導率	125
5.6.2	自由電子近似による複素伝導率	126
5.6.3	金属における電磁波	126
	練習問題	130
	練習問題略解	131

6 半導体とその応用

6.1	真性半導体	132
6.1.1	伝導帯の電子密度	132
6.1.2	価電子帯の正孔	134
6.1.3	正孔密度	136

6.2	有効質量	136
6.2.1	有効質量	136
6.2.2	SiとGeのバンド構造と有効質量	137
6.3	不純物半導体	139
6.3.1	n型半導体	139
6.3.2	p型半導体	139
6.3.3	n型半導体の電子分布	139
6.4	フェルミ準位	141
6.4.1	真性半導体	141
6.4.2	不純物半導体	142
6.4.3	半導体と金属の電気伝導	142
6.5	ダイオードとトランジスター	142
6.5.1	pn接合と整流作用	142
6.5.2	トランジスターと増幅原理	144
	練習問題	146
	練習問題略解	147

7 格子波と量子

7.1	格子波	148
7.1.1	格子変位と運動方程式	148
7.1.2	1次元単原子格子の格子波	151
7.1.3	1次元2原子格子の格子波	153
7.1.4	ブリルアンゾーン	155
7.2	振動の量子化	155
7.2.1	量子振動子	156
7.2.2	基準振動と場の量子化	157
7.3	フォノン	160
7.3.1	固有値方程式	160
7.3.2	閃亜鉛鉱結晶のフォノン分散	161
7.3.3	ハミルトニアン	162
7.4	デバイフォノンとアインシュタインフォノン	163
7.4.1	デバイフォノン	163
7.4.2	アインシュタインフォノン	164
7.5	フォノンの熱エネルギーと熱容量	165
7.5.1	音響分枝のデバイ近似	165
7.5.2	光学分枝のアインシュタイン近似	167

7.6	デバイ・ワラー因子	167
付録7A	閃亜鉛鉱構造のフォノン	172
付録7B	遷移確率	177
付録7C	キュミュラント展開	179
付録7D	デバイ・ワラー因子の計算	180
	練習問題	183
	練習問題略解	184

8 超イオン導電体とイオン拡散

8.1	超イオン導電体	187
8.1.1	真性超イオン導電体	187
8.1.2	外因性超イオン導電体	188
8.1.3	その他の超イオン現象	189
8.2	超イオン導電体の分類	189
8.3	超イオン導電体の特徴	192
8.3.1	副格子融解	192
8.3.2	低励起モード	192
8.3.3	高い電気伝導率	194
8.4	相転移の熱力学	195
8.4.1	1次転移	195
8.4.2	ファラデー転移	197
8.4.3	2次転移	200
8.5	AgIの不安定性	201
8.5.1	不安定性	201
8.5.2	フィリップスのイオン性度	202
8.6	希薄粒子系の跳躍拡散とイオン伝導	202
8.6.1	跳躍拡散	202
8.6.2	電気伝導率	204
8.7	マスター方程式と跳躍拡散	206
8.7.1	マスター方程式	206
8.7.2	1次元1格子系における拡散係数	208
8.7.3	一般化されたアインシュタインの関係式	209
8.8	格子液体―最近接相互作用の効果	210
8.9	平均2乗変位―集団拡散とトレーサ拡散	212
8.9.1	理想格子ガス	212
8.9.2	格子液体のトレーサ拡散係数―最近接相互作用の効果	215

8.10	緩和モード	216
8.10.1	拡散モードと非拡散モード	217
8.10.2	対称ホッピング系の電気伝導率と拡散係数	220
8.10.3	$SrCl_2$ の緩和モードの実験と理論	221
付録8A	4配位および6配位結晶の極性度と共有性度	223
付録8B	跳躍拡散の遷移確率	224
付録8C	化学ポテンシャルと拡散係数の関係	227
付録8D	1格子系における理想格子ガスの化学ポテンシャル	228
付録8E	対近似による電気伝導率	229
	練習問題	231
	練習問題略解	233
参考書と図の出典		236
索　引		239

1 量子力学の基礎

光は干渉，回折，偏りの性質から長い間波動であると考えられてきた．しかし，２０世紀の初頭に検証された光電効果とコンプトン効果は，光が波動の性質のみならず粒子的な性質をもつことを教えた．そして，波動性と粒子性をかね備えた量子 (quantum) とよばれる概念が生まれた．

1.1 粒子性と波動性

アインシュタインは，光のエネルギー E が振動数 ν に比例する

$$E = h\nu \tag{1.1}$$

とする仮説に基づいて光電効果（付録1A）を解釈した．ここに，h はプランク定数とよばれ，$h = 6.626 \times 10^{-34}$ [J·s] で与えられる．一方，コンプトン効果（付録1A）も (1.1) のエネルギーと波長 λ に対する光子の運動量

$$p = \frac{h}{\lambda} \tag{1.2}$$

を用いて説明された．これらの結果は，光が波動の性質のみならず粒子的な性質をもつことを示している．

角振動数 $\omega = 2\pi\nu$, 波数 $k = 2\pi/\lambda$ および $\hbar = h/2\pi$ を用いれば，(1.1), (1.2) は

$$\begin{aligned} E &= \hbar\omega \\ p &= \hbar k \end{aligned} \tag{1.3}$$

と書くこともできる．

ドブロイ (de Broglie (1924)) は，光の波動性と粒子性から類推して，電子等の粒子も波動性をもち，エネルギーおよび運動量の間に $E = h\nu$, $p = h/\lambda$ の関係が成り立つことを提唱した．ドブロイの物質波とよばれ，λ をドブロイ波長とよぶ．この予想

は，1926年にデビッソン・ガーマー（Davisson・Germer），トムソン（Thomson）および西川・菊池によって実験的に検証された．(1.1)，(1.2)の関係はアインシュタイン・ドブロイの関係式とよばれる．

1.2　平面波に対する波動方程式

物質波が従う方程式はどのようなものであろうか．x 軸方向に伝播する粒子の波動性を，係数 c を用いて次の平面波で表してみよう．

$$\varphi(x,t) = c\exp\{i(kx - \omega t)\} \tag{1.4}$$

(1.3) を用いれば

$$\varphi(x,t) = c\exp\left\{i\left(kx - \frac{E}{\hbar}t\right)\right\} \tag{1.5}$$

と書き表せる．粒子の運動エネルギーは運動量 p を用いて $E = p^2/2m$ であるから，ふたたび (1.3) を用いて

$$E = \frac{p^2}{2m} = \frac{\hbar^2 k^2}{2m} \tag{1.6}$$

である．したがって，波動関数 (1.5) を解とする偏微分方程式は

$$i\hbar\frac{\partial}{\partial t}\varphi(x,t) = -\frac{\hbar^2}{2m}\frac{\partial^2}{\partial x^2}\varphi(x,t) \tag{1.7}$$

であることが理解できる．

証明　(1.5) を (1.7) に代入すると

$$\begin{aligned}
\text{左辺} &= i\hbar\frac{\partial}{\partial t}\varphi(x,t) = i\hbar\left(-i\frac{E}{\hbar}\right)\varphi(x,t) = E\varphi(x,t) \\
\text{右辺} &= -\frac{\hbar^2}{2m}\frac{\partial^2}{\partial x^2}\varphi(x,t) = -\frac{\hbar^2}{2m}(ik)^2\varphi(x,t) = \frac{\hbar^2 k^2}{2m}\varphi(x,t)
\end{aligned} \tag{1.8}$$

したがって，エネルギーの式 (1.6) を考慮すれば，(1.5) は (1.7) の解である．

1.3 シュレーディンガー方程式

1.3.1 時間に依存する波動方程式

(1.7) 右辺の $-(\hbar^2/2m)\partial^2/\partial x^2$ は (1.8) から運動エネルギーを表す演算子とみなせる．これにポテンシャルエネルギー V を加えれば，全エネルギーは

$$-\frac{\hbar^2}{2m}\frac{\partial^2}{\partial x^2} + V \tag{1.9}$$

である．(1.7) の右辺を (1.9) で置き換え，3次元に拡張すれば

$$i\hbar\frac{\partial}{\partial t}\varphi(x,y,z,t) = \left\{-\frac{\hbar^2}{2m}\left(\frac{\partial^2}{\partial x^2} + \frac{\partial^2}{\partial y^2} + \frac{\partial^2}{\partial z^2}\right) + V\right\}\varphi(x,y,z,t) \tag{1.10}$$

が得られる．これは1粒子の，時間に依存するシュレーディンガーの波動方程式 (Schrödinger wave equation) とよばれ，量子力学の基礎をなす方程式である．

1.3.2 時間に依存しない波動方程式

V が時間に依存しなければ，波動関数は時間に依存する部分と依存しない部分の積

$$\varphi(x,y,z,t) = \varphi(\boldsymbol{r},t) = \varphi(\boldsymbol{r})\exp\left(-i\frac{E}{\hbar}t\right) \tag{1.11}$$

の形に書ける．これを (1.10) に代入し整理すれば，次の時間に依存しないシュレーディンガーの波動方程式を得る．

$$\left\{-\frac{\hbar^2}{2m}\left(\frac{\partial^2}{\partial x^2} + \frac{\partial^2}{\partial y^2} + \frac{\partial^2}{\partial z^2}\right) + V(\boldsymbol{r})\right\}\varphi(\boldsymbol{r}) = E\varphi(\boldsymbol{r}) \tag{1.12}$$

(1.12) は1粒子に対する方程式であるが，原子あるいは固体の電子状態の近似的な振舞いを解き明かすことができる．つまり，ある近似のもとで，波動関数 $\varphi(\boldsymbol{r})$ およびエネルギー E を求めることにより，おおよその電子状態を知ることができる．

1.4 シュレーディンガー方程式と運動量演算子

1.4.1 シュレーディンガー方程式の演算子表記

シュレーディンガー方程式はしばしば演算子を用いて表現される．(1.5)を位置座標 x で偏微分すると

$$-i\hbar\frac{\partial}{\partial x}\varphi(x,t) = \hbar k\varphi(x,t) = p_x\varphi(x,t) \tag{1.13}$$

が得られる．このことから，$-i\hbar\partial/\partial x$ は運動量に対する微分演算子（operator）$\hat{p}_x$ であることを意味する（^ は演算子を意味する）．つまり

$$\hat{p}_x = -i\hbar\frac{\partial}{\partial x}$$

運動量演算子を3次元に拡張すれば

$$\hat{\boldsymbol{p}} = -i\hbar\nabla, \quad \nabla \equiv \boldsymbol{i}\frac{\partial}{\partial x} + \boldsymbol{j}\frac{\partial}{\partial y} + \boldsymbol{k}\frac{\partial}{\partial z} \tag{1.14}$$

と書ける．$\boldsymbol{i}, \boldsymbol{j}, \boldsymbol{k}$ は直交座標系の基本ベクトルで x軸，y軸，z軸上で正の向きをもつ単位ベクトルである．また，∇ はナブラとよばれる微分演算子で (1.14) で表される．(1.10) は (1.14) を用いて

$$i\hbar\frac{\partial}{\partial t}\varphi(\boldsymbol{r},t) = \hat{H}(\boldsymbol{r})\varphi(\boldsymbol{r},t)$$

$$\hat{H}(\boldsymbol{r}) = \frac{\hat{\boldsymbol{p}}^2}{2m} + V = -\frac{\hbar^2\nabla^2}{2m} + V \tag{1.15}$$

$$\nabla^2 = \frac{\partial^2}{\partial x^2} + \frac{\partial^2}{\partial y^2} + \frac{\partial^2}{\partial z^2} \equiv \Delta$$

と書き換えられる．Δ は (1.15) で定義される微分演算子で，ラプラシアンとよぶ．$\hat{H}(\boldsymbol{r})$ はハミルトン（Hamilton）演算子またはハミルトニアン（Hamiltonian）とよばれる．また，時間に依存しないシュレーディンガー方程式 (1.12) は

$$\hat{H}(\boldsymbol{r})\varphi(\boldsymbol{r}) = E\varphi(\boldsymbol{r}) \tag{1.16}$$

と書ける．これは，ある境界条件のもとに $\hat{H}(\boldsymbol{r})$ を固有関数 $\varphi(\boldsymbol{r})$ に演算したとき，固有値 E が得られることを表す固有値方程式である．

1.4.2　交換関係

演算子 $\hat{p}_x$ を例えば $x\varphi(\boldsymbol{r},t)$ に演算すると

$$\begin{aligned}\hat{p}_x x\varphi(\boldsymbol{r},t) &= -i\hbar \frac{\partial}{\partial x} x\varphi(\boldsymbol{r},t) \\ &= -i\hbar \varphi(\boldsymbol{r},t) + x\left(-i\hbar \frac{\partial}{\partial x}\varphi(\boldsymbol{r},t)\right) \\ &= -i\hbar \varphi(\boldsymbol{r},t) + x\hat{p}_x \varphi(\boldsymbol{r},t)\end{aligned} \tag{1.17}$$

これより

$$(x\hat{p}_x - \hat{p}_x x)\varphi(\boldsymbol{r},t) = i\hbar \varphi(\boldsymbol{r},t) \tag{1.18}$$

したがって，$\hat{p}_x$ と座標 x との間には次の交換関係が成り立つ．

$$[x, \hat{p}_x] = x\hat{p}_x - \hat{p}_x x = i\hbar \tag{1.19}$$

y, z 成分に対しても同様な関係式が成り立つ．

$$[y, \hat{p}_y] = [z, \hat{p}_z] = i\hbar \tag{1.20}$$

[ ] は交換子（commutator）とよび，(1.19) の第1式で定義する．以下，演算子の ^ は省略する．

1.5　確率密度

波動関数の物理的な意味を知るために，$\varphi(\boldsymbol{r},t)$ の絶対値の2乗 $|\varphi(\boldsymbol{r},t)|^2 = \varphi^*(\boldsymbol{r},t)\varphi(\boldsymbol{r},t)$ について調べてみよう．波動方程式 (1.15) の複素共役な方程式は

$$-i\hbar \frac{\partial}{\partial t}\varphi^* = \left(-\frac{\hbar^2 \nabla^2}{2m} + V\right)\varphi^* \tag{1.21}$$

(1.15) の左から φ^* をかけ，(1.21) の左から φ をかけ，両辺それぞれで引き算すれば

$$\begin{aligned}i\hbar\left(\varphi^*\frac{\partial}{\partial t}\varphi + \varphi\frac{\partial}{\partial t}\varphi^*\right) &= -\frac{\hbar^2}{2m}(\varphi^*\nabla^2\varphi - \varphi\nabla^2\varphi^*) \\ &= -\frac{\hbar^2}{2m}\mathrm{div}(\varphi^*\nabla\varphi - \varphi\nabla\varphi^*)\end{aligned} \tag{1.22}$$

したがって

$$\frac{\partial}{\partial t}(\varphi^*\varphi) + \frac{\hbar}{2im}\mathrm{div}(\varphi^*\nabla\varphi - \varphi\nabla\varphi^*) = 0 \tag{1.23}$$

の関係式が成り立つ．これは

$$\rho(\mathbf{r},t) = \varphi^*(\mathbf{r},t)\varphi(\mathbf{r},t) \tag{1.24}$$

$$\mathbf{S}(\mathbf{r},t) = \frac{\hbar}{2im}(\varphi(\mathbf{r},t)^*\nabla\varphi(\mathbf{r},t) - \varphi(\mathbf{r},t)\nabla\varphi^*(\mathbf{r},t)) \tag{1.25}$$

と表せば，よく知られた連続の式

$$\frac{\partial}{\partial t}\rho(\mathbf{r},t) + \mathrm{div}\mathbf{S}(\mathbf{r},t) = 0 \tag{1.26}$$

である．このことから，$|\varphi(\mathbf{r},t)|^2$ は粒子の座標 $(\mathbf{r},t)$ における確率密度を表す量と考えられる．つまり，時刻 t で位置 $\mathbf{r}$ 近傍の微小体積 $d\mathbf{r} = dxdydz$ に粒子が存在する確率は

$$\varphi^*(\mathbf{r},t)\varphi(\mathbf{r},t)dxdydz \tag{1.27}$$

であることを意味する．ρ，$\mathbf{S}$ を，それぞれ，確率密度（probability density）および確率流密度（probability current density）とよぶ．

1.6 演算子と期待値
1.6.1 期待値

確率密度の概念を用いて，運動量演算子 p_x の平均値を

$$\langle p_x \rangle = \iiint \varphi^*(\mathbf{r},t)p_x\varphi(\mathbf{r},t)dxdydz \tag{1.28}$$

で定義する．例えば，体積 Ω の箱の中に閉じこめられた電子の波動関数

$$\varphi_k(\mathbf{r},t) = \frac{1}{\sqrt{\Omega}}e^{i\left(\mathbf{k}\cdot\mathbf{r}-\frac{E}{\hbar}t\right)}$$

に対して

$$\begin{aligned}
\langle p_x \rangle &= \iiint_\Omega \varphi_k^*(\mathbf{r},t)\left(-i\hbar\frac{\partial}{\partial x}\right)\varphi_k(\mathbf{r},t)dxdydz \\
&= \frac{1}{\Omega}\iiint_\Omega e^{-i\left(\mathbf{k}\cdot\mathbf{r}-\frac{E}{\hbar}t\right)}\left(-i\hbar\frac{\partial}{\partial x}\right)e^{i\left(\mathbf{k}\cdot\mathbf{r}-\frac{E}{\hbar}t\right)}dxdydz \\
&= \hbar k_x \frac{1}{\Omega}\iiint_\Omega dxdydz = \hbar k_x
\end{aligned} \tag{1.29}$$

ただし，波動関数は体積 Ω で1に規格化されている．

$$\iiint \varphi^*(\boldsymbol{r},t)\varphi(\boldsymbol{r},t)dxdydz = \int \varphi^*(\boldsymbol{r},t)\varphi(\boldsymbol{r},t)d\boldsymbol{r} = 1 \tag{1.30}$$

以下，特に断らない限り，波動関数は1に規格化されているものとし，3重（体積）積分は(1.30)の$\int d\boldsymbol{r}$で表すことにする．$\langle p_x \rangle$は運動量に対する期待値（expectation value）とよばれ，演算子ではなく数値であることに注意する．

1.6.2　行列要素のベクトル表示

時間に依存しない2つの波動関数を $\{\varphi_\alpha(\boldsymbol{r}), \varphi_\beta(\boldsymbol{r})\}$ とするとき，演算子 $H(\boldsymbol{r})$ の $\varphi_\alpha(\boldsymbol{r}), \varphi_\beta(\boldsymbol{r})$ による要素を次のように定義する．

$$H_{\alpha\beta} = \int \varphi_\alpha(\boldsymbol{r})^* H(\boldsymbol{r}) \varphi_\beta(\boldsymbol{r}) d\boldsymbol{r} = \langle \varphi_\alpha | H | \varphi_\beta \rangle \tag{1.31}$$

$\langle \varphi_\alpha |$はブラベクトル，$| \varphi_\beta \rangle$はケットベクトルとよばれる（付録C参照）．これは，正方行列 H の $\alpha\beta$ 成分とみなすことができる．

行列 ${}^t H$ を H の転置行列とすると $H_{\alpha\beta} = {}^t H_{\beta\alpha}$ である．エルミート共役な行列 H^+ を $H^+ = ({}^t H)^*$ で定義すると

$$H_{\alpha\beta}^* = ({}^t H_{\beta\alpha})^* = ({}^t H)^*_{\beta\alpha} = H^+{}_{\beta\alpha} \tag{1.32}$$

であるから，ベクトル表示をすると

$$\langle \varphi_\alpha | H | \varphi_\beta \rangle^* = \langle \varphi_\beta | H^+ | \varphi_\alpha \rangle \tag{1.33}$$

ここで，$\alpha = \beta$ とすれば

$$\langle \varphi_\alpha | H | \varphi_\alpha \rangle^* = \langle \varphi_\alpha | H^+ | \varphi_\alpha \rangle \tag{1.34}$$

H の期待値が実数のとき

$$\langle \varphi_\alpha | H | \varphi_\alpha \rangle = \langle \varphi_\alpha | H | \varphi_\alpha \rangle^* = \langle \varphi_\alpha | H^+ | \varphi_\alpha \rangle$$

であるから

$$H = H^+ \tag{1.35}$$

でなければならない．(1.35)を満足する演算子は自己共役演算子(self-adjoint operator)といい，その期待値は実数値を与える．一般に，観測量に対する演算子Aは(1.33)，(1.35)より

$$\langle \varphi_\alpha | A | \varphi_\beta \rangle^* = \langle \varphi_\beta | A | \varphi_\alpha \rangle \tag{1.36}$$

を満足する．この演算子はエルミート演算子 (Hermitian operator) とよばれ，その期待値は実数値を与える．運動量演算子も $\langle \varphi_\alpha | p | \varphi_\beta \rangle^* = \langle \varphi_\beta | p | \varphi_\alpha \rangle$ を満足する．

演算子 A, B の積 AB の $\alpha\beta$ 成分の共役複素数は

$$(AB)_{\alpha\beta}{}^* = \sum_\gamma A_{\alpha\gamma}{}^* B_{\gamma\beta}{}^* = \sum_\gamma A^+{}_{\gamma\alpha} B^+{}_{\beta\gamma} = \sum_\gamma B^+{}_{\beta\gamma} A^+{}_{\gamma\alpha} = \left(B^+ A^+\right)_{\beta\alpha}$$

したがって，ベクトル表示すれば

$$\langle \varphi_\alpha | AB | \varphi_\beta \rangle^* = \langle \varphi_\beta | B^+ A^+ | \varphi_\alpha \rangle \tag{1.37}$$

一方

$$\langle \varphi_\alpha | AB | \varphi_\beta \rangle^* = \langle \varphi_\beta | (AB)^+ | \varphi_\alpha \rangle \tag{1.38}$$

であるから，次式が成り立つ．

$$(AB)^+ = B^+ A^+ \tag{1.39}$$

1.6.3　ハミルトン演算子

(1.16)の固有値方程式に，左から $\varphi^*(r)$ をかけて積分すれば

$$\langle \varphi | H | \varphi \rangle = \langle \varphi | E | \varphi \rangle$$

と表される．したがって，(1.16)の固有値方程式は

$$H | \varphi \rangle = E | \varphi \rangle \tag{1.40}$$

とも表される．ベクトルの内積を思い出せば，H を $|\varphi\rangle$ に射影した値は固有値 E を与

えると解釈することもできる．

ハミルトニアン H は自己共役なエルミート演算子である．改めて，その期待値が実数値であることを見ておこう．H の固有ベクトル $|\varphi_\alpha\rangle$ に対する固有値を E_α とすれば，(1.40)は

$$H|\varphi_\alpha\rangle = E_\alpha|\varphi_\alpha\rangle \tag{1.41}$$

したがって，$\langle\varphi_\alpha|H|\varphi_\alpha\rangle = E_\alpha\langle\varphi_\alpha|\varphi_\alpha\rangle = E_\alpha$ が得られる．両辺の複素共役をとれば，$H^+ = H$ の関係から

$$E_\alpha{}^* = \langle\varphi_\alpha|H|\varphi_\alpha\rangle^* = \langle\varphi_\alpha|H^+|\varphi_\alpha\rangle = \langle\varphi_\alpha|H|\varphi_\alpha\rangle = E_\alpha \tag{1.42}$$

固有値は実数である．

1.7　固有関数の直交性

離散的な固有値 E_α, E_β（$E_\alpha \neq E_\beta$）をもつ次の1組の波動方程式を考える．

$$\begin{aligned}
-\frac{\hbar^2 \Delta}{2m}\varphi_\alpha + V(\boldsymbol{r})\varphi_\alpha &= E_\alpha \varphi_\alpha \\
-\frac{\hbar^2 \Delta}{2m}\varphi_\beta{}^* + V(\boldsymbol{r})\varphi_\beta{}^* &= E_\beta \varphi_\beta{}^*
\end{aligned} \tag{1.43}$$

(1.43)の第1式の左から $\varphi_\beta{}^*$ を，第2式の左から φ_α をかけ，両辺それぞれを差し引き，全空間で積分すると

$$-\frac{\hbar^2}{2m}\int(\varphi_\beta{}^*\Delta\varphi_\alpha - \varphi_\alpha\Delta\varphi_\beta{}^*)d\boldsymbol{r} = (E_\alpha - E_\beta)\int\varphi_\beta{}^*\varphi_\alpha\,d\boldsymbol{r} \tag{1.44}$$

左辺の体積分は，グリーンの公式によって面積分で書ける．無限遠で φ およびその1回微分 φ' は0であるから，無限遠での表面積分は

$$\text{左辺} = -\frac{\hbar^2}{2m}\int(\varphi_\beta{}^*\nabla\varphi_\alpha - \varphi_\alpha\nabla\varphi_\beta{}^*)\cdot\boldsymbol{n}\,dS = 0 \tag{1.45}$$

となる．ただし，$\boldsymbol{n}$ は表面における単位法線ベクトルである．周期境界条件を用い

ても同じ結果を得る．あるいは，(1.44)の左辺を2度部分積分しても0であることが確かめられる．$E_\alpha \neq E_\beta$であるから

$$\int \varphi_\beta{}^* \varphi_\alpha dr = 0 \tag{1.46}$$

すなわち，固有値の異なる固有関数は直交する．したがって，1に規格化された波動関数に対して，次の正規直交関係が成り立つ．

$$\langle \varphi_\beta | \varphi_\alpha \rangle = \delta_{\beta\alpha} \tag{1.47}$$

$\delta_{\beta\alpha}$は離散値$\{\beta, \alpha\}$に対するクロネッカーのデルタ関数（Kronecker delta function）で，次式によって定義される．

$$\delta_{\beta\alpha} = \begin{cases} 1, & \beta = \alpha \\ 0, & \beta \neq \alpha \end{cases} \tag{1.48}$$

ここでは議論しないが，$E_\alpha \neq E_\beta$で，E_βがλ重にE_αがμ重に縮退している場合でも，お互いに直交する固有関数を選ぶことが可能である（λ個の波動関数に対するエネルギー固有値がすべてE_βをとるとき，これをλ重に縮退しているという）．

1.8 固有関数による展開と完備性

波動方程式の固有関数$\{\varphi_\beta\}$が完全系をなしているとすれば，連続関数$f(r)$は

$$f(r) = \sum_\beta f_\beta \varphi_\beta(r) \tag{1.49}$$

と展開できる．このとき，係数f_βは，左から$\varphi_\alpha{}^*(r)$をかけ，rで積分すれば

$$\begin{aligned} \int \varphi_\alpha{}^*(r) f(r) dr &= \sum_\beta f_\beta \int \varphi_\alpha{}^*(r) \varphi_\beta(r) dr \\ &= \sum_\beta f_\beta \delta_{\alpha\beta} = f_\alpha \end{aligned} \tag{1.50}$$

と表される．したがって，(1.49)は(1.50)を用いて*

$$\begin{aligned} f(r) &= \sum_\beta \left\{ \int dr' \varphi_\beta{}^*(r') f(r') \right\} \varphi_\beta(r) \\ &= \int dr' f(r') \{ \sum_\beta \varphi_\beta{}^*(r') \varphi_\beta(r) \} \end{aligned} \tag{1.51}$$

---

* $\int f(r) dr$は$\int dr f(r)$とも書く：$\int f(r) dr = \int dr f(r)$．

これは，連続量 $\{r, r'\}$ に対するディラックのデルタ関数（Dirac delta function）

$$\int f(r')\delta(r-r')dr' = \begin{cases} f(r), & r \subset r' \\ 0, & r \not\subset r' \end{cases} \tag{1.52}$$

を用いて*

$$\int dr' f(r')\left\{\delta(r-r') - \sum_\beta \varphi_\beta{}^*(r')\varphi_\beta(r)\right\} = 0$$

と変形できる．したがって，$f(r)$は任意の連続関数であるから次の完備性（completeness relation あるいは closure property）が成り立つ．

$$\sum_\beta \varphi_\beta{}^*(r')\varphi_\beta(r) = \delta(r-r') \tag{1.53}$$

(1.49)–(1.51) をベクトル形式で表せば，それぞれ

$$|f\rangle = \sum_\beta f_\beta |\varphi_\beta\rangle \tag{1.49b}$$

$$f_\beta = \langle \varphi_\beta | f \rangle \tag{1.50b}$$

$$|f\rangle = \sum_\beta \langle \varphi_\beta | f \rangle | \varphi_\beta \rangle = \sum_\beta |\varphi_\beta\rangle\langle \varphi_\beta | f \rangle \tag{1.51b}$$

と書ける．また，(1.51b) から完備性に対するベクトル表示が得られる．

$$\sum_m |\varphi_m\rangle\langle \varphi_m| = 1 \tag{1.53b}$$

(1.47) の直交性と (1.53) の完備性を備えている関数系を完全系とよび，(1.50) の積分が存在すれば，任意の関数を展開することができる．

---

* $r \subset r'$ は領域 r が領域 r' に含まれることを意味する．含まれない場合は $r \not\subset r'$ である．

1.9 不確定性原理

ハイゼンベルクの不確定性原理 (uncertainty principle, Heisenberg (1927)) は，量子力学の根幹をなす．

x 軸上にある1粒子について考えよう．Δx を位置座標の平均値 $<x>$ からの標準偏差を $\Delta x = \sqrt{<(x-<x>)^2>}$ とし，対応する運動量のそれを $\Delta p_x = \sqrt{<(p_x-<p_x>)^2>}$ で表す．これらの間には次の不確定性関係 (uncertainty relation)，$\Delta x \Delta p_x > \hbar/2$，が成り立つ．この式の意味は，粒子の位置を正確に決定しようとすると $(\Delta x \to 0)$，対応する運動量を確定できない$(\Delta p_x \to \infty)$ ことを意味する．これを不確定性原理という．

不確定性関係を波動関数 $\varphi(x)$ を用いて具体的に確かめよう．$<x>=0$ および $<p_x>=0$ からの位置および運動量を x および p_x とする．ある実数 λ を用いて次の関数 $f(\lambda)$ を考えよう．

$$\begin{aligned}
f(\lambda) &= \int_{-\infty}^{\infty} |\lambda \frac{\partial \varphi}{\partial x} + x\varphi|^2 dx = \int_{-\infty}^{\infty} (\lambda \frac{\partial \varphi^*}{\partial x} + x\varphi^*)(\lambda \frac{\partial \varphi}{\partial x} + x\varphi) dx \\
&= \int_{-\infty}^{\infty} \lambda^2 \frac{\partial \varphi^*}{\partial x} \frac{\partial \varphi}{\partial x} dx + \int_{-\infty}^{\infty} \varphi^* x^2 \varphi \, dx - \lambda \\
&= \frac{\lambda^2}{\hbar^2} \int_{-\infty}^{\infty} \varphi^* p_x^2 \varphi \, dx + \langle x^2 \rangle - \lambda \\
&= \frac{\lambda^2}{\hbar^2} \langle p_x^2 \rangle + \langle x^2 \rangle - \lambda = \frac{\lambda^2}{\hbar^2} (\Delta p_x)^2 + (\Delta x)^2 - \lambda \geq 0
\end{aligned} \quad (1.54)$$

ここで，$(\Delta p_x)^2 = <p_x^2>$, $(\Delta x)^2 = <x^2>$ と書き改めた．式の変形には次の境界条件および規格化条件

$$\varphi(\pm\infty) = 0, \quad \int_{-\infty}^{\infty} \varphi^* \varphi \, dx = 1 \quad (1.55)$$

を用いた．(1.54) は実数 λ の2次式で λ の値にかかわらず成立するから，判別式 ≤ 0 より

$$(\Delta p_x)^2 (\Delta x)^2 \geq (\frac{\hbar}{2})^2 \quad (1.56)$$

$$\therefore \Delta p_x \Delta x \geq \frac{\hbar}{2} \quad (1.57)$$

波束の群速度を v とすれば，Δx だけ進むのに $\Delta t = \Delta x/v$ だけ時間がかかる．また，運動量が Δp_x だけ増加したとき，エネルギーは $\Delta E = (\partial E/\partial p_x)\Delta p_x = v\Delta p_x$ だけ増加する．したがって，位置および運動量の標準偏差に対して (1.57) が存在すれば，エネルギーと時間の標準偏差に対しても

$$\Delta x\,\Delta p_x = v\Delta t\,\frac{\Delta E}{v} = \Delta t\,\Delta E \geq \frac{\hbar}{2} \tag{1.58}$$

の関係が成り立つ．(1.57), (1.58) より次の不確定性関係が成り立つ．

$$\Delta x\,\Delta p_x \geq \frac{\hbar}{2}, \quad \Delta E\,\Delta t \geq \frac{\hbar}{2} \tag{1.59}$$

1　量子力学の基礎

付録１Ａ　光電効果とコンプトン効果

1900年　プランク（M. Planck）は黒体放射のスペクトルを説明するのに，エネルギー量子，$E = nh\nu$ $(n = 1,2,3,...)$ を初めて導入した（量子仮説）．

1905年　アインシュタイン（A. Einstein）は，光は $h\nu$ ずつのエネルギーをもつ粒で，そのエネルギーが金属内の電子に与えられるとき生ずる現象が，光電効果であると解釈した．

<u>光電効果</u>は，金属に光をあてるとそれから電子が飛び出す現象で

１．電子が飛び出すためには，光の振動数 ν がある値 ν_{th} を越えなけれならない（振動数が ν_{th} 以下の光では，その強さを増しても電子は飛び出さない）．

２．飛び出す電子の運動エネルギーは光の強さにはよらず振動数

$$\nu - \nu_{th} \tag{1A.1}$$

に依存する．

３．単位時間に飛び出す電子の数は，光の強さに比例する

の特徴をもつ．

<u>コンプトン効果</u>（1922年）は，X線が電子にあたって散乱されると

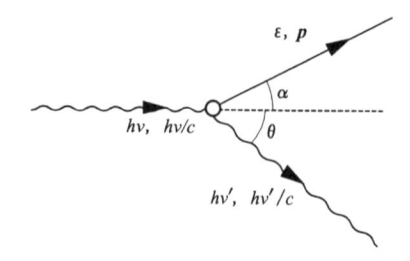

図1.1　コンプトン散乱：電子の運動量 p，散乱前の光の振動数 ν，散乱後の光の振動数 ν'，光速 c

き，散乱後のX線の振動数が変化する現象である．光子（X線）と電子のエネルギー保存則および運動量保存則は，剛体球の衝突と同じように議論できる．

光子が，静止した電子により散乱されるとき，運動量およびエネルギー保存則は（図1.1）

$$\begin{cases} p\sin\alpha = \dfrac{h\nu'}{c}\sin\theta \\ \dfrac{h\nu}{c} = p\cos\alpha + \dfrac{h\nu'}{c}\cos\theta \end{cases} \tag{1A.2}$$

$$h\nu = h\nu' + \varepsilon \tag{1A.3}$$

X線による散乱では v が相対論的領域にあるのがふつうであるから

$$\varepsilon = \frac{m_0 c^2}{\sqrt{1-(v/c)^2}} - m_0 c^2, \quad p = \frac{m_0 v}{\sqrt{1-(v/c)^2}} \tag{1A.4}$$

ただし，$m_0 c^2$ は電子の静止エネルギー（m_0 は電子の静止質量）である．(1A.2)-(1A.4)より，散乱後のX線の振動数の変化を説明する，次の式が得られる．

$$\frac{1}{h\nu'} - \frac{1}{h\nu} = \frac{1-\cos\theta}{m_0 c^2} \tag{1A.4}$$

付録1B　フーリエ変換と不確定性関係

波束のフーリエ変換を用いて，不確定性関係に対するおおよその関係をみておこう．波動関数 $\varphi(x)$ のフーリエ変換は

$$\Phi(k) = \int_{-\infty}^{\infty} \varphi(x) \mathrm{e}^{-ikx} dx \tag{1B.1}$$

で定義される．$\varphi(x)$ が

$$\varphi(x) = \begin{cases} \dfrac{1}{\sqrt{x_0}} \mathrm{e}^{ik_0 x} & (|x| < \dfrac{x_0}{2}) \\ 0 & (|x| > \dfrac{x_0}{2}) \end{cases} \tag{1B.2}$$

であるとき，これのフーリエ変換は

$$\Phi(k) = \frac{1}{\sqrt{x_0}} \int_{-x_0/2}^{x_0/2} \mathrm{e}^{ik_0 x} \mathrm{e}^{-ikx} dx = \frac{2}{\sqrt{x_0}(k-k_0)} \sin\left\{\frac{(k-k_0)x_0}{2}\right\} \tag{1B.3}$$

である．

以下，議論の本質には関係ないので $k_0 = 0$ とおく．確率密度 $|\varphi(x)|^2$ の0でない値の範囲は

$$-x_0/2 \leq x \leq x_0/2$$

である．一方，$|\Phi(k)|^2$ の半値幅は

$$|\Phi(k)|^2 = x_0 \left(\frac{2}{kx_0} \sin\frac{kx_0}{2}\right)^2 = \frac{x_0}{2} \tag{1B.4}$$

より，$kx_0 \sim 2.78$ が得られる（図1.2）．

以上より，$\Delta k = 2.78/x_0$，$\Delta x = x_0/2$ であるから $\Delta k \Delta x = 1.39 \sim \pi/2$ である．これより

$$\Delta p \Delta x \sim (\pi/2)\hbar = h/4 > \hbar/2$$

の関係式が得られる．また，$x_0 \to 0$ の極限では $|\Phi(k)|^2 \to x_0$ となり k に依存しなくなる．これは k（$\hbar k$：運動量）空間の確率密度が一様に広がっていることを意味し，

不確定性関係を具体的によく表している．

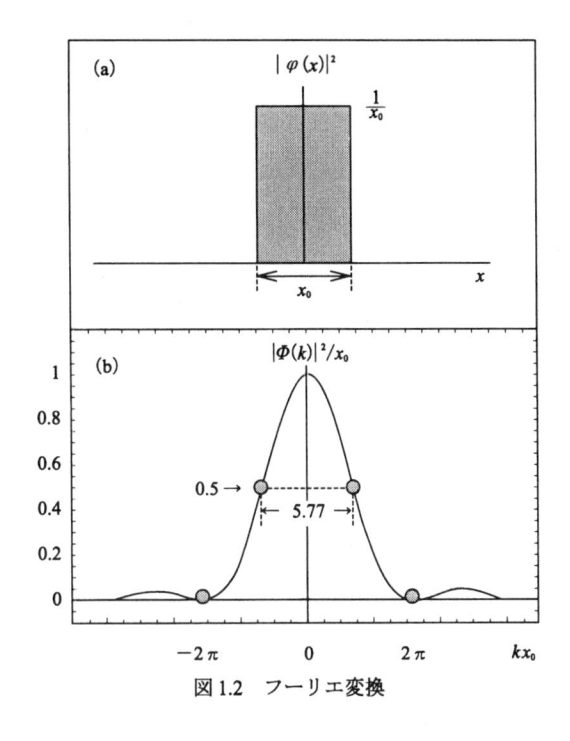

図1.2 フーリエ変換

付録1C　状態ベクトルと波動方程式

1．状態ベクトルの定義とフーリエ変換

位置ベクトル r に対する状態ベクトルを $|r\rangle$ と表し，これに共役なベクトルを $\langle r| = |r\rangle^*$ で定義する．これらを用いて

$$\langle r|r'\rangle = \delta(r - r'), \quad \int |r\rangle dr \langle r| = 1 \tag{1C.1}$$

を導入する．また，波数ベクトルに対しても同様に

$$\langle k|k'\rangle = (2\pi)^3 \delta(k - k'), \quad \int |k\rangle \frac{dk}{(2\pi)^3} \langle k| = 1 \tag{1C.2}$$

関数（あるいは演算子）$u(r), v(k)$ を，状態ベクトル $|u\rangle, |v\rangle$ を用いて次式により定義する．

$$u(r) = \langle r|u\rangle, \quad v(k) = \langle k|v\rangle \tag{1C.3}$$

$|u\rangle$ に共役なベクトルは $\langle u| = |u\rangle^*$ である．したがって，複素共役な関数は

$$\begin{aligned} u^*(r) &= \langle r|u\rangle^* = \langle u|r\rangle \\ v^*(k) &= \langle k|v\rangle^* = \langle v|k\rangle \end{aligned} \tag{1C.4}$$

ここで，$|r\rangle$ の $|k\rangle$ に対する射影を

$$\langle r|k\rangle = e^{ik\cdot r}, \quad \langle r|k\rangle^* = \langle k|r\rangle = e^{-ik\cdot r} \tag{1C.5}$$

のように平面波と定義すると[*]，次のよく知られたフーリエ変換が得られる．

> フーリエ変換
> $$u(k) = \int \langle k|r\rangle dr \langle r|u\rangle = \int u(r) e^{-ik\cdot r} dr \tag{1C.6}$$
>
> 逆フーリエ変換
> $$\begin{aligned} u(r) &= \langle r|u\rangle = \int \langle r|k\rangle \frac{dk}{(2\pi)^3} \langle k|u\rangle \\ &= \frac{1}{(2\pi)^3} \int u(k) e^{ik\cdot r} dk \end{aligned} \tag{1C.7}$$

---

[*] 関数 $u_k(r)$ が $u_k(r) = \langle r|u_k\rangle = e^{ik\cdot r}$ ならば，$|u_k\rangle = |k\rangle$ である．

2．状態ベクトルの定義と波動方程式

エルミート共役な行列が定義できるとき，対応する演算子 u, u^+ について

$$u|r\rangle = u(r)|r\rangle, \quad \langle r|u^+ = \langle r|u^*(r) \tag{1C.8}$$

および

$$|\ \rangle = \int |r'\rangle dr', \quad |\ \rangle^* = \langle\ | = \int dr' \langle r'| \tag{1C.9}$$

を定義すれば

$$\begin{aligned}
\langle r|u|\ \rangle &= \langle r|u\int |r'\rangle dr' = \int \langle r|u(r')|r'\rangle dr' \\
&= \int u(r')\langle r|r'\rangle dr' \underset{(1C.1)}{=} \int u(r')\delta(r-r')dr' \\
&= u(r) \underset{(1C.3)}{=} \langle r|u\rangle
\end{aligned}$$

したがって

$$\therefore\quad u|\ \rangle = |u\rangle \tag{1C.10}$$

(1C.10) の左から v を演算すれば，$vu|\ \rangle = v|u\rangle$ であり，vu を1つの演算子とみなせば，$vu|\ \rangle = |vu\rangle$. このことから

$$vu|\ \rangle = v|u\rangle = |vu\rangle \tag{1C.11}$$

また，(1C.1), (1C.3) 等を用いて

$$\begin{aligned}
\langle r|vu\rangle &= \langle r|v\int |r'\rangle dr'\langle r'|u\rangle \\
&= \int v(r')u(r')\delta(r-r')dr' = v(r)u(r)
\end{aligned} \tag{1C.12}$$

<u>波動方程式への応用</u>　1粒子に対する波動方程式は $H(r)\varphi(r) = E\varphi(r)$ であるから，(1C.12) より

$$\langle r|H|\varphi\rangle = E\langle r|\varphi\rangle \quad \therefore\quad H|\varphi\rangle = E|\varphi\rangle \tag{1C.13}$$

$|\varphi\rangle$ の内積は (1C.1), (1C.3), (1C.4)を用いて

$$\begin{aligned}
\langle \varphi|\varphi\rangle &= \int \langle \varphi|r\rangle dr\langle r|\varphi\rangle \\
&= \int \varphi(r)^*\varphi(r)dr = 1
\end{aligned} \tag{1C.14}$$

一方

$$\langle\ |u^+|r\rangle = \int dr' \langle r'|u^+|r\rangle = \int u*(r')\langle r'|r\rangle dr'$$
$$= \int u^+(r')\delta(r'-r)dr' \qquad (1C.15)$$
$$= u*(r) = \langle u|r\rangle$$

$$\therefore\ \langle u| = \langle\ |u^+ \qquad (1C.16)$$

(1C.10) と (1C.16) は共役な関係にあり，$(u|\ \rangle)^* = \langle\ |u^+$ を与える．このことは，(1C.8) が共役な関係にあることを保証する．2つの演算子の積の場合も同様に計算できる．$(u|\ \rangle)^* = \langle\ |u^+$ であるから，(1C.11) を用いて

$$\langle uv| = |uv\rangle^* = (u|v\rangle)^* = \langle v|u^+ \qquad (1C.17)$$

よって

$$\langle uv| = \langle v|u^+ = \langle\ |v^+u^+ \qquad (1C.18)$$

<u>行列要素</u>　あるエネルギー固有値に属する波動関数を $\varphi_\alpha(r),\ \varphi_\beta(r)$ とする．このとき

$$\begin{aligned}\langle\varphi_\beta|H|\varphi_\alpha\rangle &= \int dr \int dr' \langle\varphi_\beta|r\rangle\langle r|H|r'\rangle\langle r'|\varphi_\alpha\rangle \\ &= \int dr \int dr' \varphi_\beta*(r)\langle r|H(r')|r'\rangle\varphi_\alpha(r') \\ &= \int dr \int dr' \varphi_\beta*(r)H(r')\varphi_\alpha(r')\delta(r-r') \\ &= \int dr\, \varphi_\beta*(r)H(r)\varphi_\alpha(r) \equiv H_{\beta\alpha}\end{aligned} \qquad (1C.19)$$

また

$$\begin{aligned}H_{\beta\alpha}* &= \langle\varphi_\beta|H|\varphi_\alpha\rangle^* = \langle\varphi_\beta|H\varphi_\alpha\rangle^* = \langle H\varphi_\alpha|\varphi_\beta\rangle \\ &= \langle\varphi_\alpha|H^+|\varphi_\beta\rangle = H^+_{\alpha\beta}\end{aligned} \qquad (1C.20)$$

付録1D　エルミート行列

複素数 z の絶対値の2乗は $|z|^2 = z^*z$ で求められる．複素数を要素としてもつ行列 G を考えよう．G の行列式は $\det G$ で表される．ここで

$$|\det G|^2 = \det G^+ \det G = \det G^+G \tag{1D.1}$$

となる G^+ を考えてみよう．

次の行列 G を

$$G = \begin{bmatrix} a_{11} & a_{12} \\ a_{21} & a_{22} \end{bmatrix} \tag{1D.2}$$

とすると，行列式は $\det G = a_{11}a_{22} - a_{12}a_{21}$ である．

$$G^+ = \begin{bmatrix} a_{11}{}^* & a_{21}{}^* \\ a_{12}{}^* & a_{22}{}^* \end{bmatrix} = ({}^tG)^* \tag{1D.3}$$

によってエルミート共役な行列 G^+ を定義すると

$$\det G^+ = a_{11}{}^*a_{22}{}^* - a_{12}{}^*a_{21}{}^* = (a_{11}a_{22} - a_{12}a_{21})^*$$

であるから

$$|\det G|^2 = \det G^+ \det G$$

を満たす．一方

$$G^+G = \begin{bmatrix} a_{11}{}^* & a_{21}{}^* \\ a_{12}{}^* & a_{22}{}^* \end{bmatrix}\begin{bmatrix} a_{11} & a_{12} \\ a_{21} & a_{22} \end{bmatrix} = \begin{bmatrix} a_{11}{}^*a_{11} + a_{21}{}^*a_{21} & a_{11}{}^*a_{12} + a_{21}{}^*a_{22} \\ a_{12}{}^*a_{11} + a_{22}{}^*a_{21} & a_{12}{}^*a_{12} + a_{22}{}^*a_{22} \end{bmatrix}$$

の行列式は

$$\begin{aligned}\det G^+G &= (a_{11}{}^*a_{11} + a_{21}{}^*a_{21})(a_{12}{}^*a_{12} + a_{22}{}^*a_{22}) - (a_{11}{}^*a_{12} + a_{21}{}^*a_{22})(a_{12}{}^*a_{11} + a_{22}{}^*a_{21}) \\ &= a_{11}{}^*a_{11}a_{22}{}^*a_{22} + a_{21}{}^*a_{21}a_{12}{}^*a_{12} - a_{11}{}^*a_{12}a_{22}{}^*a_{21} - a_{21}{}^*a_{22}a_{12}{}^*a_{11} \\ &= (a_{11}{}^*a_{22}{}^* - a_{12}{}^*a_{21}{}^*)(a_{11}a_{22} - a_{12}a_{21}) \\ &= \det G^+ \det G \end{aligned}$$

となるから，(1D.1)を満足する．以上より，(1D.3)の G^+ は G の共役複素量であることがわかる．したがって，$G^+ = G$ の行列式は実数値を与える．これを満足する行列をエルミート行列とよぶ．

1　量子力学の基礎

練習問題

【1】 運動エネルギーが E_K の電子のドブロイ波長 λ は，$\lambda = h/\sqrt{2mE_K}$ で表されることを示せ．$E_K = 5[\text{eV}]$ の場合に λ の値を求めよ．

【2】 次の交換関係を確かめよ．
$$[x, p_x^n] = in\hbar p_x^{n-1}$$

【3】 (1.44) の左辺を部分積分することによって
$$\int d\boldsymbol{r} (\varphi_\beta{}^* \Delta \varphi_\alpha - \varphi_\alpha \Delta \varphi_\beta{}^*) = 0$$
を確かめよ．ただし，無限遠で $\varphi = \varphi' = 0$ であるものとする．

【4】 ポテンシャル $V(\boldsymbol{r})$ の中で運動する電子の運動量の期待値は，方程式
$$\frac{d\langle \boldsymbol{p} \rangle}{dt} = -\langle \nabla V(\boldsymbol{r}) \rangle$$
に従うことを示せ．これをエーレンフェスト（Ehrenfest）の定理といい，波束の運動が平均として古典力学に従うことを表している．

【5】 固有ベクトルおよびハミルトニアンが
$$|\varphi\rangle = c_1|\varphi_1\rangle + c_2|\varphi_2\rangle, \quad H = \begin{bmatrix} \varepsilon & -v \\ -v & \varepsilon \end{bmatrix}$$
のように与えられるとき，固有値および固有関数 (c_1, c_2) を求めよ．ただし，ε および v は実数とし，$|\varphi_1\rangle, |\varphi_2\rangle$ は直交するものとする $\left(\langle \varphi_\beta | \varphi_\alpha \rangle = \delta_{\beta\alpha}\right)$．

【6】ハミルトニアン H の状態ベクトル $|\varphi_\alpha\rangle, |\varphi_\beta\rangle$ に対する固有値を E_α, E_β ($E_\alpha \neq E_\beta$) とすれば

$$\langle \varphi_\alpha | \varphi_\beta \rangle = 0$$

であることを示せ．

【7】運動量演算子 $\boldsymbol{p}$ がエルミート演算子であることを確かめよ．ただし，波動関数は境界条件 $\varphi(\pm\infty, y, z) = \varphi(x, \pm\infty, z) = \varphi(x, y, \pm\infty) = 0$ を満たすものとする．

【8】$\delta(x)$ を次の極限値で定義する．

$$\delta(x) = \lim_{\varepsilon \to 0} \delta_\varepsilon(x)$$

$$\delta_\varepsilon(x) = \frac{1}{2\pi} \int_{-\infty}^{\infty} e^{-\varepsilon|k|} e^{ikx} dk$$

このとき

$$\delta(x) = \begin{cases} \infty & (x = 0) \\ 0 & (x \neq 0) \end{cases}, \quad \int_{-\infty}^{\infty} \delta(x) dx = 1$$

であることを示せ（ディラックのデルタ関数）．

【9】ハミルトニアン

$$H = \frac{p_x^2}{2m} + \frac{1}{2} m\omega^2 x^2$$

の波動関数が $\varphi(x) = a\exp(-bx^2)$ で与えられるとき（a, b は実数），エネルギー固有値 E およびパラメータ a, b を求めよ．ただし，E はパラメータ a, b に対する極小値で与えられ，波動関数は $\varphi^*(x) = \varphi(x)$ より

$$\int_{-\infty}^{\infty} \varphi^*(x) \varphi(x) dx = \int_{-\infty}^{\infty} \varphi(x) \varphi(x) dx = 1$$

と規格化されているものとする．また，必要ならば次の積分公式を用いよ．

$$\int_{-\infty}^{\infty} \exp(-cx^2)dx = \sqrt{\frac{\pi}{c}}$$

【10】波束，$\varphi(x) = \frac{1}{\sqrt{2\pi}\xi}\exp(-\frac{x^2}{2\xi^2})$ のフーリエ変換は

$$\Phi(k) = \frac{1}{\sqrt{2\pi}\xi}\int_{-\infty}^{\infty}\exp(-\frac{x^2}{2\xi^2} - ikx)dx = \exp(-\frac{k^2\xi^2}{2})$$

である．付録１Ｂと同様に不確定性関係を議論せよ．

練習問題略解

【1】 $E_K = \dfrac{(\hbar k)^2}{2m} = \dfrac{h^2}{2m\lambda^2}$ であるから，$\lambda = \dfrac{h}{\sqrt{2mE_K}}$ が得られる．したがって

$$\lambda = \dfrac{6.62 \times 10^{-34}}{\sqrt{2 \times 9.11 \times 10^{-31} \times 5 \times 1.60 \times 10^{-19}}}[\text{m}] = 5.48 \times 10^{-10}[\text{m}] = 5.48[\text{Å}]$$

【2】 $[x, p_x^n] = xp_x^n - p_x^n x = (-i\hbar)^n (x\dfrac{\partial^n}{\partial x^n} - \dfrac{\partial^n}{\partial x^n}x)$ であるから，$\dfrac{\partial^n}{\partial x^n} = \partial_x^n$ と略記すれば

$$\partial_x^n x = \partial_x^{n-1}(\partial_x x) = \partial_x^{n-1}(1 + x\partial_x) = \partial_x^{n-1} + \partial_x^{n-2}\partial_x x \partial_x$$
$$= \partial_x^{n-1} + \partial_x^{n-2}(1 + x\partial_x)\partial_x = 2\partial_x^{n-1} + \partial_x^{n-2} x \partial_x^2$$
$$= \ldots = n\partial_x^{n-1} + x\partial_x^n$$

したがって

$$(-i\hbar)^n (x\dfrac{\partial^n}{\partial x^n} - \dfrac{\partial^n}{\partial x^n}x) = -(-i\hbar)^n n\dfrac{\partial^{n-1}}{\partial x^{n-1}} = in\hbar p_x^{n-1}$$

【3】

$$\int d\boldsymbol{r}\, \varphi_m^* \Delta\varphi_n = \iint dydz\left(\int dx\, \varphi_m^* \dfrac{\partial^2 \varphi_n}{\partial x^2} + \ldots\right)$$
$$= \iint dydz\left(\int dx\, \dfrac{\partial^2 \varphi_m^*}{\partial x^2}\varphi_n + \ldots\right) = \int d\boldsymbol{r}\, \varphi_n \Delta\varphi_m^*$$

【4】 【3】と同様の計算から

$$\dfrac{d}{dt}<p> = \dfrac{d}{dt}\int d\boldsymbol{r}\, \varphi^*(-i\hbar\nabla)\varphi = \int d\boldsymbol{r}\left(\left(-i\hbar\dfrac{d\varphi^*}{dt}\right)\nabla\varphi - \varphi^* \nabla\left(i\hbar\dfrac{d\varphi}{dt}\right)\right)$$
$$= \int d\boldsymbol{r}\left((\nabla\varphi)\left(\dfrac{p^2}{2m} + V(\boldsymbol{r})\right)\varphi^* - \varphi^*\nabla\left(\dfrac{p^2}{2m} + V(\boldsymbol{r})\right)\varphi\right)$$
$$= -\dfrac{\hbar^2}{2m}\int d\boldsymbol{r}\left((\nabla\varphi)\nabla^2\varphi^* - \varphi^*\nabla^2\varphi\right) + \int d\boldsymbol{r}\left((\nabla\varphi)V(\boldsymbol{r})\varphi^* - \varphi^*\nabla(V(\boldsymbol{r})\varphi)\right)$$
$$= -\int d\boldsymbol{r}\, \varphi^*(\nabla V(\boldsymbol{r}))\varphi = -<\nabla V(\boldsymbol{r})>$$

【5】 (1.40) の左から $\langle\varphi_1|$ をかけると，左辺は

1　量子力学の基礎

$$\langle\varphi_1|H(c_1|\varphi_1\rangle+c_2|\varphi_2\rangle)=c_1\langle\varphi_1|H|\varphi_1\rangle+c_2\langle\varphi_1|H|\varphi_2\rangle$$
$$=c_1H_{11}+c_2H_{12}=\varepsilon c_1-vc_2$$

右辺は，直交性から Ec_1 が得られる．したがって
$$\varepsilon c_1-vc_2=Ec_1$$
同様に左から $\langle\varphi_2|$ をかけると
$$-vc_1+\varepsilon c_2=Ec_2$$
上の2つの式から
$$\begin{bmatrix}\varepsilon & -v \\ -v & \varepsilon\end{bmatrix}\begin{bmatrix}c_1 \\ c_2\end{bmatrix}=E\begin{bmatrix}c_1 \\ c_2\end{bmatrix}$$
固有値は
$$\begin{vmatrix}\varepsilon-E & -v \\ -v & \varepsilon-E\end{vmatrix}=0$$

ゆえに，$E_\pm=\varepsilon\pm v$ が得られる．

$E_+=\varepsilon+v$ の場合，係数は $c_1=-c_2=c$ であるから固有関数は $|\varphi_+\rangle=c|\varphi_1\rangle-c|\varphi_2\rangle$ である．規格化 $\langle\varphi_+|\varphi_+\rangle=1$ より $c=\dfrac{1}{\sqrt{2}}$ が得られる．したがって

$$|\varphi_+\rangle=\frac{1}{\sqrt{2}}(|\varphi_1\rangle-|\varphi_2\rangle)$$

同様に $E_-=\varepsilon-v$ の場合は $c_1=c_2=\dfrac{1}{\sqrt{2}}$ から
$$|\varphi_-\rangle=\frac{1}{\sqrt{2}}(|\varphi_1\rangle+|\varphi_2\rangle)$$

【6】
$$\langle\varphi_\alpha|H|\varphi_\beta\rangle=E_\beta\langle\varphi_\alpha|\varphi_\beta\rangle \qquad ①$$
$$\langle\varphi_\beta|H|\varphi_\alpha\rangle=E_\alpha\langle\varphi_\beta|\varphi_\alpha\rangle \qquad ②$$

②の複素共役をとれば
$$\langle\varphi_\alpha|H^+|\varphi_\beta\rangle=\langle\varphi_\alpha|H|\varphi_\beta\rangle=E_\alpha\langle\varphi_\alpha|\varphi_\beta\rangle \qquad ③$$

①，③から
$$(E_\beta-E_\alpha)\langle\varphi_\alpha|\varphi_\beta\rangle=0$$

ゆえに，$E_\alpha\neq E_\beta$ より $\langle\varphi_\alpha|\varphi_\beta\rangle=0$．

【7】 x 軸方向の運動量演算子を p_x とすれば

$$\langle\varphi_\alpha|p_x|\varphi_\beta\rangle^* = \left(-i\hbar\iiint\varphi_\alpha{}^*\frac{\partial\varphi_\beta}{\partial x}dxdydz\right)^* = i\hbar\iiint\varphi_\alpha\frac{\partial\varphi_\beta{}^*}{\partial x}dxdydz$$

$$= i\hbar\iint dydz\left(\varphi_\alpha\varphi_\beta{}^*\Big|_{-\infty}^{\infty} - \int\varphi_\beta{}^*\frac{\partial\varphi_\alpha}{\partial x}dx\right)$$

$$= \iiint\varphi_\beta{}^*\left(-i\hbar\frac{\partial\varphi_\alpha}{\partial x}\right)dxdydz = \langle\varphi_\beta|p_x|\varphi_\alpha\rangle$$

y, z 成分も同様にして確かめられる．したがって，

$$\langle\varphi_\alpha|\boldsymbol{p}|\varphi_\beta\rangle^* = \boldsymbol{i}\langle\varphi_\alpha|p_x|\varphi_\beta\rangle^* + \boldsymbol{j}\langle\varphi_\alpha|p_y|\varphi_\beta\rangle^* + \boldsymbol{k}\langle\varphi_\alpha|p_z|\varphi_\beta\rangle^*$$

$$= \boldsymbol{i}\langle\varphi_\beta|p_x|\varphi_\alpha\rangle + \boldsymbol{j}\langle\varphi_\beta|p_y|\varphi_\alpha\rangle + \boldsymbol{k}\langle\varphi_\beta|p_z|\varphi_\alpha\rangle = \langle\varphi_\beta|\boldsymbol{p}|\varphi_\alpha\rangle$$

【8】 k 積分を遂行して

$$\delta(x) = \lim_{\varepsilon\to 0}\frac{\varepsilon}{\pi(x^2+\varepsilon^2)} = \begin{cases}\infty & (x=0) \\ 0 & (x\neq 0)\end{cases}$$

また x 積分を実行して

$$\int_{-\infty}^{\infty}\delta(x)dx = \lim_{\varepsilon\to 0}\frac{1}{\pi}\int_{-\infty}^{\infty}\frac{\varepsilon}{x^2+\varepsilon^2}dx = \lim_{\varepsilon\to 0}\frac{1}{\pi}\pi = 1$$

【9】 規格化条件から

$$a^2\int_{-\infty}^{\infty}\exp(-2bx^2)dx = 1$$

よって

$$a^2\sqrt{\pi/2b} = 1 \qquad\qquad ①$$

また，(1.16) の左辺に左から $\varphi^*(x) = \varphi(x)$ をかけて積分すれば，期待値 E が次のように求められる．

$$E = \int\varphi^* H\varphi\, dx = -\int\varphi\frac{\hbar^2}{2m}\frac{d^2}{dx^2}\varphi\, dx + \frac{1}{2}m\omega^2\int\varphi x^2\varphi\, dx = \frac{\hbar^2 b}{2m} + \frac{m\omega^2}{8b}$$

パラメータ b についてエネルギー極小値を求めると

1 　量子力学の基礎

①から

$$b = \frac{m\omega}{2\hbar}, \quad E = \frac{1}{2}\hbar\omega$$

$$a = \left(\frac{m\omega}{\pi\hbar}\right)^{1/4}$$

不確定性関係と零点エネルギー　エネルギーの期待値は

$$E = \langle H \rangle = \frac{\langle p_x^2 \rangle}{2m} + \frac{1}{2}m\omega^2 \langle x^2 \rangle$$

エネルギー最低値を求めるのに，不確定性関係を用いて吟味しよう．(1.57) の最も厳しい条件 $\Delta p_x \Delta x = \hbar/2$ より

$$E = \frac{(\Delta p_x)^2}{2m} + \frac{1}{2}m\omega^2(\Delta x)^2 = \frac{(\hbar/2)^2}{2m(\Delta x)^2} + \frac{1}{2}m\omega^2(\Delta x)^2$$

E の Δx に対する極小値は $(\Delta x)^2 = \hbar/2m\omega$ のときで，$E = \hbar\omega/2$ が求まる．このエネルギーは量子振動子の最低エネルギー値を表し，零点エネルギーとよばれる（§7.2.2 参照）．

【10】$|\varphi(x)|^2$ および $|\Phi(k)|^2$ の広がりの範囲を，それぞれ，$|\varphi(\Delta x)|^2 \sim e^{-1}$, $|\Phi(\Delta k)|^2 \sim e^{-1}$ とする．このとき，$\Delta x = \xi$, $\Delta k = 1/\xi$ であるから，$\Delta k \Delta x = 1$ が得られる．すなわち，$\Delta x \Delta p = \hbar$. 付録1Bと同様に，半値幅で議論すれば $\Delta x \sim 0.84\xi$, $\Delta k \sim 0.84/\xi$ であるから，$\Delta x \Delta p \sim 0.70\hbar > \hbar/2$.

2 原子の電子構造

原子は原子核とそのまわりを運動する電子からなる．Z を原子番号とすれば，Z 個の電子が Ze の電荷をもつ原子核のまわりに存在する．殻電荷と $Z-1$ 電子がつくる平均場の1電子問題を解き，電子のエネルギーが量子数（主量子数，方位量子数，磁気量子数，スピン量子数）によって指定される離散的な値をとることを学ぶ．

2.1 中心力場におけるシュレーディンガー方程式

原子番号 Z の原子核とそのまわりの Z 個の電子を考えよう．電子それぞれは，原子核から受けるクーロンポテンシャルと，他の電子によるクーロンポテンシャルの影響を受けて運動する．このとき，"他の電子"を考慮した正しい取り扱いは不可能である．そこで，他電子によるポテンシャルを平均ポテンシャル $V_\mathrm{H}(r)$ で近似し，ポテンシャル

$$V(r) = -\frac{Ze^2}{4\pi\varepsilon_0 r} + V_\mathrm{H}(r) \tag{2.1}$$

の中での振舞いを調べることになる．ただし，ε_0 は真空の誘電率である．このポテンシャルのもとで1電子に対するシュレーディンガー方程式の解を求める近似をハートレー（Hartree）近似という．

(2.1) が半径 r だけに依存する中心力場

$$V(r) = V(r) = -\frac{Z_\mathrm{eff}\, e^2}{4\pi\varepsilon_0 r} \tag{2.2}$$

で近似できれば，水素類似原子として取り扱うことができる（$Z_\mathrm{eff} e$ は有効核電荷で，他の電子が原子核の Ze の電荷を遮蔽するため，実効的に電子は $1 \leq Z_\mathrm{eff} \leq Z$ の電荷を感じる）．以下，$Z_\mathrm{eff} = Z$ とおいて取り扱うことにする．

このとき，シュレーディンガー方程式 (1.16) は (1.15) を用いて

$$\left(\frac{\bm{p}^2}{2m} - \frac{Ze^2}{4\pi\varepsilon_0 r}\right)\varphi(\bm{r}) = E\varphi(\bm{r}) \tag{2.3}$$

ポテンシャル $V(r)$ が r のみの関数である球対称ポテンシャルを取り扱う場合は，シュレーディンガー方程式を球座標（3次元極座標）で表すほうが便利である．図2.1のように，(x,y,z) および (r,θ,ϕ) をとると

$$\begin{aligned}x &= r\sin\theta\cos\phi \\ y &= r\sin\theta\sin\phi \\ z &= r\cos\theta\end{aligned} \tag{2.4}$$

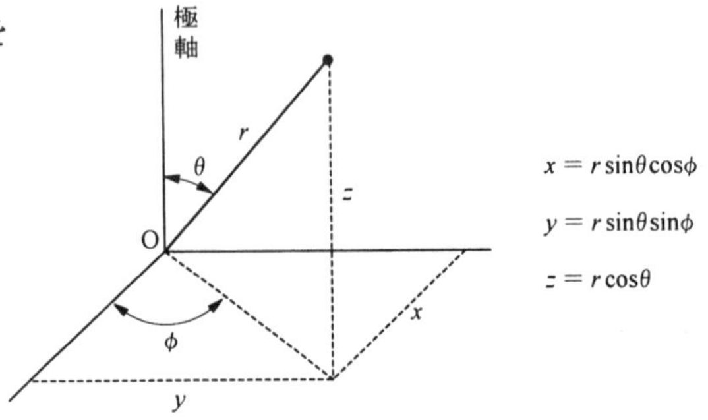

$x = r\sin\theta\cos\phi$
$y = r\sin\theta\sin\phi$
$z = r\cos\theta$

の関係にある．

図2.1 球座標

球座標では，(2.3) の運動エネルギー $p^2/2m$ は動径方向の運動量による寄与と，角運動量 $\hbar\bm{l}$ による寄与に分離できる．$\bm{p}^2$ を (1.15), (2.4) を用いて，球座標に変換すれば

$$\begin{aligned}\bm{p}^2 &= -\hbar^2\left(\frac{\partial^2}{\partial x^2} + \frac{\partial^2}{\partial y^2} + \frac{\partial^2}{\partial z^2}\right) = p_r^2 + \hbar^2\frac{\bm{l}^2}{r^2} \\ p_r^2 &= -\hbar^2\frac{1}{r}\frac{\partial^2}{\partial r^2}r \\ \bm{l}^2 &= -\frac{1}{\sin^2\theta}\left\{\sin\theta\frac{\partial}{\partial\theta}\left(\sin\theta\frac{\partial}{\partial\theta}\right) + \frac{\partial^2}{\partial\phi^2}\right\}, \quad \bm{l}^2 = l_x^2 + l_y^2 + l_z^2\end{aligned} \tag{2.5}$$

(2.3) と (2.5) より次式が得られる．

$$\left\{r^2\left(\frac{1}{r}\frac{\partial^2}{\partial r^2}r + \frac{2Z}{a_0 r} - \kappa^2\right) - \bm{l}^2\right\}\varphi(\bm{r}) = 0 \tag{2.6a}$$

$$a_0 = \frac{4\pi\varepsilon_0\hbar^2}{me^2}, \quad \kappa^2 = -\frac{2mE}{\hbar^2}$$

ポテンシャル $V(r) < 0$ $(\lim_{r\to\infty}V(r) = 0)$ に束縛される電子の全エネルギーは負であるから，エネルギー固有値を $E = -\hbar^2\kappa^2/2m$ によって κ を導入した．

方程式 (2.6a) は変数分離法によって解くことができる．波動関数を動径成分 $R(r)$ と角度成分 $Y(\theta,\phi)$ の積 $\varphi(\bm{r}) = R(r)Y(\theta,\phi)$ の変数分離形で表し，さらに両辺を $R(r)Y(\theta,\phi)$ でわると

$$\frac{r^2}{R(r)}\left(\frac{1}{r}\frac{\partial^2}{\partial r^2}r + \frac{2Z}{a_0 r} - \kappa^2\right)R(r) = \frac{1}{Y(\theta,\phi)}l^2 Y(\theta,\phi) \tag{2.6b}$$

したがって，動径成分＝角度成分＝定数 c_1 でなければならない．よって

$$-\frac{1}{\sin^2\theta}\left\{\sin\theta\frac{\partial}{\partial\theta}\left(\sin\theta\frac{\partial}{\partial\theta}\right) + \frac{\partial^2}{\partial\phi^2}\right\}Y(\theta,\phi) = c_1 Y(\theta,\phi) \tag{2.7}$$

$$\frac{d^2 R(r)}{dr^2} + \frac{2}{r}\frac{dR(r)}{dr} + \left(\frac{2Z}{a_0 r} - \kappa^2 - \frac{c_1}{r^2}\right)R(r) = 0 \tag{2.8}$$

2.2 角運動量と固有値問題

ここで，角運動量演算子について述べておこう．角運動量演算子は運動量演算子 (1.14) を用いて

$$\bm{L} = \hbar\bm{l} = \bm{r} \times \bm{p} \tag{2.9}$$

と定義する．角運動量演算子を $\hbar$ で規格化した $\bm{l}$ の x,y,z 成分は

$$\begin{aligned}
l_x &= \frac{1}{\hbar}(yp_z - zp_y) = -i\left(y\frac{\partial}{\partial z} - z\frac{\partial}{\partial y}\right) \\
l_y &= \frac{1}{\hbar}(zp_x - xp_z) = -i\left(z\frac{\partial}{\partial x} - x\frac{\partial}{\partial z}\right) \\
l_z &= \frac{1}{\hbar}(xp_y - yp_x) = -i\left(x\frac{\partial}{\partial y} - y\frac{\partial}{\partial x}\right)
\end{aligned} \tag{2.10}$$

と書ける．また，規格化した角運動量演算子 $\bm{l}$ （以下 $\bm{l}$ も角運動量演算子とよぶ）の間には次の関係式が成り立つ．

$$\bm{l} \times \bm{l} = i\bm{l} \tag{2.11}$$

あるいは

$$[l_x, l_y] = il_z, \quad [l_y, l_z] = il_x, \quad [l_z, l_x] = il_y$$

角運動量の z 成分を極座標で表せば

$$l_z = \frac{1}{\hbar}(xp_y - yp_x) = -i\frac{\partial}{\partial \phi} \tag{2.12}$$

と変換される．

<u>角度成分と量子数</u>　角度成分に対する方程式(2.7)を解いて，定数 c_1 を決定しよう．(2.7)，(2.8) を得たのと同様に $Y(\theta,\phi) = \Theta(\theta)\Phi(\phi)$ と変数分離し，新たな定数 c_2 を導入すると

$$\left[\frac{1}{\sin\theta}\frac{d}{d\theta}\left(\sin\theta\frac{d}{d\theta}\right) + \left(c_1 - \frac{c_2}{\sin^2\theta}\right)\right]\Theta(\theta) = 0 \tag{2.13}$$

$$\frac{d^2\Phi(\phi)}{d\phi^2} = -c_2\Phi(\phi) \tag{2.14}$$

(2.14)の解は，$\Phi(\phi)$ が周期 2π の周期関数であることを要請すると，$c_2 = m^2$ および固有関数

$$\Phi(\phi) = \Phi_m(\phi) = \frac{1}{\sqrt{2\pi}}e^{im\phi} \quad (\,m = 0 \text{ または正負の整数}\,) \tag{2.15}$$

によって与えられる．この解は (2.12) に対する固有関数でもある．ここに m は磁気量子数とよばれる量子数である．

一方，(2.13)からも定数 $c_1 = \ell(\ell+1)$ および $\Theta(\theta) = \Theta_\ell^m(\theta) = P_\ell^m(\cos\theta)$ の解が得られる．ただし，$P_\ell^m(\cos\theta)$ はルジャンドルの陪関数である．また，ℓ は方位量子数とよばれる量子数で，$\Theta_\ell^m(\theta,\phi)$ が有限な1価関数であるという要請より $\ell \geq |m|$ の整数値をとる．以上より，(2.7)の解は $Y(\theta,\phi) = e^{im\phi}P_\ell^m(\cos\theta)/\sqrt{2\pi}$ と求まる．ここで，$Y(\theta,\phi)$ の定数倍を $Y_\ell^m(\theta,\phi)$ と書けば

$$l^2 Y_\ell^m(\theta,\phi) = \ell(\ell+1) Y_\ell^m(\theta,\phi) \tag{2.16}$$

$$l_z Y_\ell^m(\theta,\phi) = m Y_\ell^m(\theta,\phi) \tag{2.17}$$

固有関数 $Y_\ell^m(\theta,\phi)$ は球面調和関数とよばれ，l^2 および l_z の同時固有関数であり

$$Y_\ell^m(\theta,\phi) = N_{\ell m} P_\ell^m(\cos\theta) e^{im\phi}$$
$$N_{\ell m} = \nu_m \left[\frac{(2\ell+1)}{4\pi} \frac{(\ell-|m|)!}{(\ell+|m|)!} \right]^{1/2}, \quad \nu_m = \begin{cases} (-1)^m, & m \geq 0 \\ 1, & m < 0 \end{cases} \tag{2.18}$$

で与えられる（付録2A）．この関数は1に規格化された関数で，次の直交性と完備性を満足する．

$$\iint Y_\ell^{m*}(\theta,\phi) Y_{\ell'}^{m'}(\theta,\phi) d\Omega(\theta,\phi)$$
$$= \int_0^{2\pi} d\phi \int_0^\pi d\theta \sin\theta\, Y_\ell^{m*}(\theta,\phi) Y_{\ell'}^{m'}(\theta,\phi) = \delta_{\ell\ell'}\delta_{mm'} \tag{2.19}$$

$$\sum_{\ell=0}^\infty \sum_{m=-\ell}^\ell Y_\ell^{m*}(\theta,\phi) Y_\ell^m(\theta',\phi') = \delta(\Omega-\Omega') = \frac{\delta(\theta-\theta')\delta(\phi-\phi')}{\sin\theta} \tag{2.20}$$

$\delta_{\ell\ell'}$ は (1.47) のクロネッカーのデルタ関数で，$\delta(\theta-\theta')$ は (1.52) のディラックのデルタ関数である．立体角 $\Omega(\theta,\phi)$ に対する面積素は(2.19)で定義されるように $d\Omega(\theta,\phi) = \sin\theta d\theta d\phi$ である（図2.2）．

球面調和関数の大切な性質の1つは，空間反転 $(x,y,z) \to (-x,-y,-z)$ に対して $(-1)^\ell$ の偶奇性をもつことである．空間反転を球座標で表すと $(r,\theta,\phi) \to (r,\pi-\theta,\phi+\pi)$ であるから，偶奇性は

$$Y_\ell^m(\pi-\theta,\phi+\pi) = (-1)^\ell Y_\ell^m(\theta,\phi) \tag{2.21}$$

と表される．つまり，波動関数は ℓ が偶数のとき偶関数，ℓ が奇数のとき奇関数である（§2.4参照）．

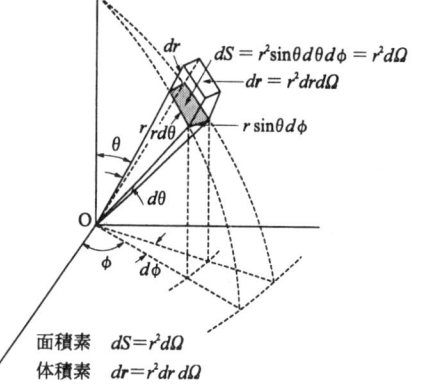

図2.2 体積素

2.3 エネルギー固有値と波動関数

最後に動径方向の関数を求めよう．(2.8) は $c_1 = \ell(\ell+1)$ および $R(r) = R_\ell(r)$ とおいて

$$\frac{d^2R_\ell(r)}{dr^2} + \frac{2}{r}\frac{dR_\ell(r)}{dr} + \left\{\frac{2Z}{a_0 r} - \kappa^2 - \frac{\ell(\ell+1)}{r^2}\right\}R_\ell(r) = 0 \tag{2.22}$$

と書き直せる．$n = Z/\kappa a_0$ により n を導入し，$\xi = 2\kappa r$ によって r を ξ に変数変換して $R_\ell(r) = e^{-\xi/2}\xi^\ell L(\xi)$ と置き直すと

$$\xi\frac{d^2L(\xi)}{d\xi^2} + \left(2(\ell+1) - \xi\right)\frac{dL(\xi)}{d\xi} + (n - \ell - 1)L(\xi) = 0 \tag{2.23}$$

と変形できる．$\xi \to \infty$ で波動関数 $e^{-\xi/2}\xi^\ell L(\xi)$ が発散しないという要請から

$$n - \ell - 1 = n' \geq 0, \quad (n' = 0 \text{ または正の整数}) \tag{2.24}$$

という条件が得られる．ℓ は 0 または正の整数であるから $n = 1, 2, 3, \ldots$ をとる．あるいは，$n = 1, 2, 3, \ldots$ の値に対して，ℓ は $\ell = 0, 1, 2, 3, \ldots n-1$ の値をとる．n は主量子数 (principal quantum number) とよばれる．このとき，解はラゲールの陪多項式 $L_{n+\ell}^{2\ell+1}(\xi)$

$$\begin{aligned}L_p^k(\xi) &= \sum_{s=0}^{p-k}(-1)^{s+1}\frac{(p!)^2}{(p-k-s)!(k+s)!s!}\xi^s \\ &= \frac{d^k}{d\xi^k}e^\xi\frac{d^p}{d\xi^p}(\xi^p e^{-\xi})\end{aligned} \tag{2.25}$$

で与えられる．R_ℓ は n, ℓ に依存するから添字を n, ℓ と改め，規格化条件

$$\int_0^\infty R_{n,\ell}^2(r)r^2 dr = 1 \tag{2.26}$$

を用いて係数を決めれば，固有関数 $R_{n\ell}(r)$ および固有値は，それぞれ

$$R_{n,\ell}(r) = -\left\{\left(\frac{2Z}{na_0}\right)^3\frac{(n-\ell-1)!}{2n\{(n+\ell)!\}^3}\right\}^{1/2}\exp\left(-\frac{\xi}{2}\right)\xi^\ell L_{n+\ell}^{2\ell+1}(\xi), \quad \xi = \frac{2Z}{na_0}r \tag{2.27}$$

$$E_n = -\frac{Z^2 e^2}{8\pi\varepsilon_0 a_0}\frac{1}{n^2} \tag{2.28}$$

と求められる. $R_{n,\ell}(r)$ の $\{n, \ell\} = \{1, 0\}, \{2, 0\}, \{2, 1\}, \{3, 0\}$ に対する表式は(2.25),(2.27)から

$$R_{1,0} = 2\left(\frac{Z}{a_0}\right)^{3/2} \exp\left(-\frac{Zr}{a_0}\right), \qquad R_{2,0} = 2\left(\frac{Z}{2a_0}\right)^{3/2}\left(1 - \frac{Zr}{2a_0}\right)\exp\left(-\frac{Zr}{2a_0}\right)$$

$$R_{2,1} = \frac{1}{\sqrt{3}}\left(\frac{Z}{2a_0}\right)^{3/2}\frac{Zr}{a_0}\exp\left(-\frac{Zr}{2a_0}\right) \tag{2.29}$$

$$R_{3,0} = 2\left(\frac{Z}{3a_0}\right)^{3/2}\left\{1 - \frac{2}{3}\frac{Zr}{a_0} + \frac{2}{3}\left(\frac{Zr}{3a_0}\right)^2\right\}\exp\left(-\frac{Zr}{3a_0}\right)$$

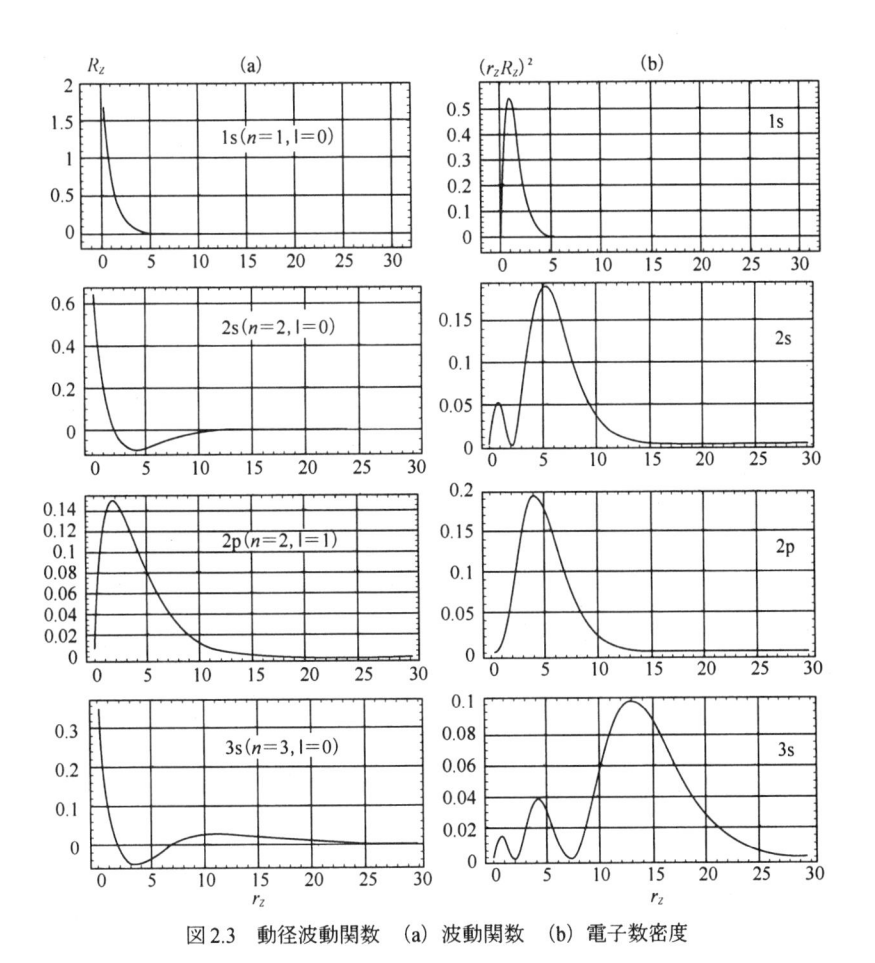

図2.3 動径波動関数 (a) 波動関数 (b) 電子数密度

2 原子の電子構造

で与えられる．この動径関数は $n-\ell-1$ 個の零点をもち，$\ell=0$ の場合のみ原点で 0 でない値 $R_{\ell=0}(0) \neq 0$ をとる．図2.3(a) は規格化した波動関数 $R_{Z;n,\ell} = (a_0/Z)^{3/2} R_{n,\ell}$ を規格化した距離 $r_Z = Zr/a_0$ に対して描いたグラフである．一方，(2.26) より $r^2 R_{n,\ell}^2$ は動径方向の電子の確率密度を与える．図2.3(b)に縦軸を $r_Z^2 R_{Z;n,\ell}^2$，横軸を r_Z としたグラフを示す．

これに対して，エネルギー固有値は (2.28) から理解されるように主量子数以外の量子数に依存しない．すなわち $\{\ell, m\}$ に対して縮退している．n に対して

$$\ell = 0, 1, 2, 3, ..., n-1$$
$$m = -\ell, -\ell+1, ..., 0, ..., \ell-1, \ell \tag{2.30}$$

が許されるから，縮退数は

$$\sum_{\ell=0}^{n-1} (2\ell+1) = n^2 \tag{2.31}$$

となる．つまり，主量子数 n に対して n^2 個のエネルギー準位が等しい値をとる．一般に，多電子系の場合は，(2.2)のポテンシャルの Z_{eff} が ℓ によって異なるため，エネルギーは水素原子の場合と異なって方位量子数にも依存する．つまり，$\ell=0,1,2,...$ の軌道のエネルギーは異なる値をとる．

ℓ に対するこれらの軌道は，通常，次のようによばれる．例えば $n=3$ に対する $\ell=0,1,2$ の軌道は，それぞれ，3s, 3p, 3d 軌道とよばれる（$\ell=0,1,2$ に対する s, p, d の呼び名は、スペクトル線の特徴を記述するために使われたもので，それぞれ，sharp, principal, diffuse の頭文字からとられた）．$\ell=3$ は f (fundamental) とよばれ，4f, 5f, ... と用いられる．

図2.4 水素原子のエネルギー準位

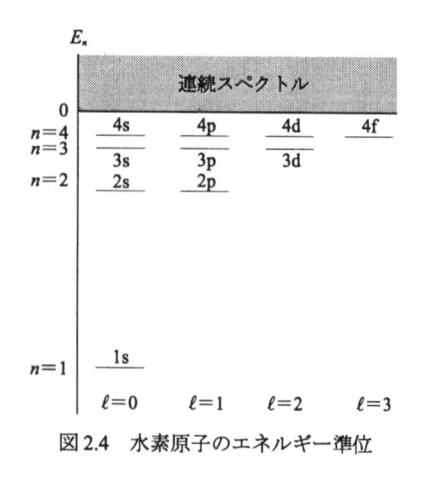

水素原子の場合のエネルギーは $Z=1$ とおいて

$$E_n = -\frac{e^2}{8\pi\varepsilon_0 a_0}\frac{1}{n^2} = -13.6 \times \frac{1}{n^2}[\text{eV}] \tag{2.32}$$

で与えられる．a_0 の値 (2.6a) は水素の基底状態 $n=1$ の波動関数 (2.29) の広がりを示す半径で，ボーア半径とよばれ $a_0 = 0.529[\text{Å}]$ である．図 2.4 に水素原子のエネルギー準位を示した．

結局，半径だけに依存する中心力場の波動方程式の解は，以下のようにまとめられる．電子の平均距離 $<r>_{n,\ell,m}$ も与えておいた．

$$\left\{-\frac{\hbar^2}{2m}\left(\frac{\partial^2}{\partial x^2} + \frac{\partial^2}{\partial y^2} + \frac{\partial^2}{\partial z^2}\right) + V(r)\right\}\varphi(\boldsymbol{r}) = E\varphi(\boldsymbol{r}), \quad V(r) = -\frac{Ze^2}{4\pi\varepsilon_0 r}$$

の波動関数およびエネルギー固有値は

$$\varphi_{n,\ell,m}(\boldsymbol{r}) = R_{n,\ell}(r)Y_\ell^m(\theta,\phi), \quad E_{n,\ell,m} = -13.6 \times \left(\frac{Z}{n}\right)^2 [\text{eV}] \tag{2.33}$$

で表され，波動関数の正規直交性および電子の平均距離は，それぞれ，以下のように与えられる．

$$\int \varphi_{n,\ell,m}{}^*(\boldsymbol{r})\varphi_{n',\ell',m'}(\boldsymbol{r})d\boldsymbol{r}$$
$$= \int R_{n,\ell}{}^*(r)R_{n',\ell'}(r)r^2 dr \int Y_\ell^m{}^*(\theta,\phi)Y_{\ell'}^{m'}(\theta,\phi)d\Omega = \delta_{nn'}\delta_{\ell\ell'}\delta_{mm'}$$

$$<r>_{n,\ell,m} = \int \varphi_{n,\ell,m}{}^*(\boldsymbol{r})r\varphi_{n,\ell,m}(\boldsymbol{r})d\boldsymbol{r} = \frac{n^2 a}{Z}\left[1 + \frac{1}{2}\left\{1 - \frac{\ell(\ell+1)}{n^2}\right\}\right] \tag{2.34}$$

2.4 s, p, d 波動関数

水素原子に基づいて，s, p, d 波動関数をさらに詳しく調べてみよう．

<u>s 軌道</u>　波動関数は，$\ell = 0$ より

$$\varphi_{n,0,0}(\boldsymbol{r}) = R_{n,0}(r)Y_0^0(\theta,\phi) = \frac{1}{\sqrt{4\pi}}R_{n,0}(r) \tag{2.35}$$

である．s軌道関数は角度成分に依存しないから，核を中心として球対称である（例えば 1s は図2.5 (a))．

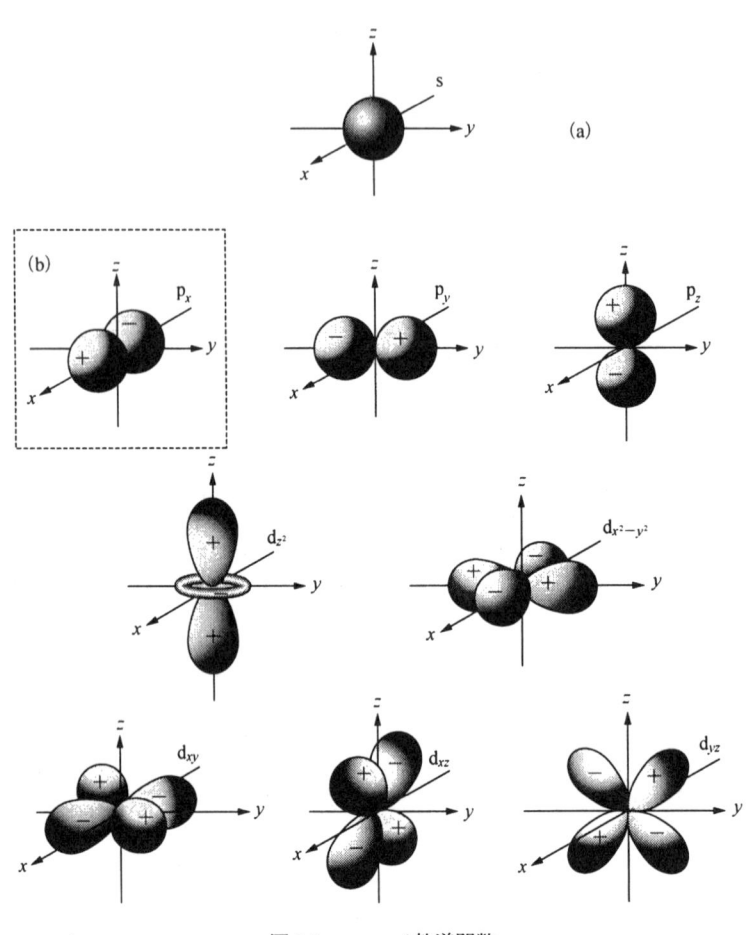

図 2.5 s, p, d 軌道関数

p軌道は，$\ell=1$ から

$$\varphi_{n,1,m}(\boldsymbol{r}) = R_{n,1}(r)Y_1^m(\theta,\phi) = R_{n,1} \times \begin{cases} Y_1^{-1} = -\sqrt{\dfrac{3}{8\pi}}\mathrm{e}^{-i\phi}\sin\theta \\ Y_1^0 = \sqrt{\dfrac{3}{4\pi}}\cos\theta \\ Y_1^1 = -\sqrt{\dfrac{3}{8\pi}}\mathrm{e}^{i\phi}\sin\theta \end{cases} \quad (2.36)$$

である．あるいは，これらの１次結合 $\{-(Y_1^1+Y_1^{-1})/\sqrt{2}, -(Y_1^1-Y_1^{-1})/i\sqrt{2}, Y_1^0\}$ を用いて

$$\psi_{n,1,\alpha}(\boldsymbol{r}) = \sqrt{\frac{3}{4\pi}} R_{n,1} \times \begin{cases} x/r, & (=\sin\theta\cos\phi, \ [\mathrm{p}_x]) \\ y/r, & (=\sin\theta\sin\phi, \ [\mathrm{p}_y]) \\ z/r, & (=\cos\theta, \ [\mathrm{p}_z]) \end{cases} \tag{2.37}$$

と表現することもできる．この波動関数も正規直交性

$$\int \psi^*_{n,1,\alpha}(\boldsymbol{r})\psi_{n,1,\alpha'}(\boldsymbol{r})d\boldsymbol{r} = \delta_{\alpha\alpha'}$$

を満足する．波動関数（2.37）を，上から順に $\mathrm{p}_x, \mathrm{p}_y, \mathrm{p}_z$ 軌道関数とよぶ（図2.5(a)）．上記の α はこの軌道成分を意味し，$\psi_{n,1,x}, \psi_{n,1,y}, \psi_{n,1,z}$ と表示できる．x, y, z 座標で表されているから，分子軌道あるいは結晶の結合を議論する場合に便利である．図2.5(b) に $\psi_{n,1,x}(1,\theta,0) \propto x/r$ の大きさを矢印で示しておいた．

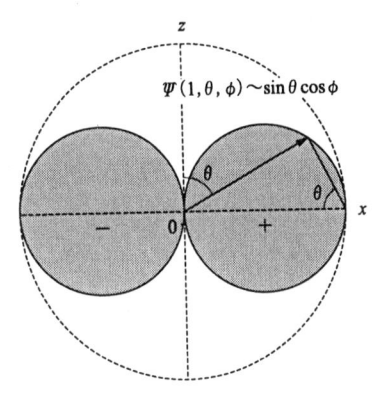

図2.5 (b) p_x 軌道（2.37）の zx 面上の大きさ（矢印）：図2.5参照

<u>d軌道</u>は，$\ell = 2$ から

$$\varphi_{n,2,m}(\boldsymbol{r}) = R_{n,2}(r)Y_2^m(\theta,\phi) = R_{n,2} \times \begin{cases} Y_2^{-2} = \sqrt{\dfrac{15}{32\pi}}\mathrm{e}^{-i2\phi}\sin^2\theta \\[4pt] Y_2^{-1} = -\sqrt{\dfrac{15}{8\pi}}\mathrm{e}^{-i\phi}\sin\theta\cos\theta \\[4pt] Y_2^0 = \sqrt{\dfrac{5}{16\pi}}(3\cos^2\theta - 1) \\[4pt] Y_2^1 = -\sqrt{\dfrac{15}{8\pi}}\mathrm{e}^{i\phi}\sin\theta\cos\theta \\[4pt] Y_2^2 = \sqrt{\dfrac{15}{32\pi}}\mathrm{e}^{i2\phi}\sin^2\theta \end{cases} \tag{2.38}$$

と表される．（2.37）と同様に球面調和関数を次の１次結合 $\{-(Y_2^1-Y_2^{-1})/i\sqrt{2},$

2 原子の電子構造

$-(Y_2^1 + Y_2^{-1})/\sqrt{2}, (Y_2^2 - Y_2^{-2})/i\sqrt{2}, (Y_2^2 + Y_2^{-2})/\sqrt{2}, Y_2^0\}$ によって置き換えれば，次式のようにふたたび直交座標で表すことができる（図2.5(a)）．

$$\psi_{n,2,\alpha}(\boldsymbol{r}) = \sqrt{\frac{15}{4\pi}} R_{n,2} \times \begin{cases} \dfrac{yz}{r^2}, & (= \sin\theta\cos\theta\sin\phi, \ [\mathrm{d}_{yz}]) \\ \dfrac{zx}{r^2}, & (= \sin\theta\cos\theta\cos\phi, \ [\mathrm{d}_{zx}]) \\ \dfrac{xy}{r^2}, & (= \sin^2\theta\sin\phi\cos\phi, \ [\mathrm{d}_{xy}]) \\ \dfrac{x^2 - y^2}{2r^2}, & (= \dfrac{1}{2}\sin^2\theta(\cos^2\phi - \sin^2\phi), \ [\mathrm{d}_{x^2-y^2}]) \\ \dfrac{3z^2 - r^2}{2\sqrt{3}r^2}, & (= \dfrac{1}{2\sqrt{3}}(3\cos^2\theta - 1), \ [\mathrm{d}_{z^2}]) \end{cases} \tag{2.39}$$

この場合も，$\mathrm{d}_{yz}, \mathrm{d}_{zx}, \mathrm{d}_{xy}, \mathrm{d}_{x^2-y^2}, \mathrm{d}_{z^2}$ 軌道関数は正規直交性を満足する．

2.5 スピン量子数

これまで量子数として議論してきたものは，主量子数 n，方位量子数 ℓ，磁気量子数 m の3量子数である．他の量子数としてスピン量子数がある．これは，粒子の回転の自由度になぞられることもあるが，量子状態を特定する量子数の1つである．

スピンの角運動量の z 成分は，$m_s\hbar$（$m_s = 1/2, -1/2$）のいずれかをとることができる．m_s はスピン磁気量子数とよばれる．$+1/2$ をとる状態を上向きスピン (up spin) 状態，$-1/2$ を下向きスピン (down spin) 状態という．これらの状態に対応して，スピン座標 $\varsigma = (1/2, -1/2)$ および ς に依存するスピン関数 $\alpha(\varsigma), \beta(\varsigma)$ を導入する．これらは

$$\begin{cases} \alpha\left(\dfrac{1}{2}\right) = 1 \\ \alpha\left(-\dfrac{1}{2}\right) = 0 \end{cases}, \quad \begin{cases} \beta\left(\dfrac{1}{2}\right) = 0 \\ \beta\left(-\dfrac{1}{2}\right) = 1 \end{cases} \tag{2.40}$$

によって定義される．すなわち，$m_s = 1/2$ を表すスピン関数 α は $\varsigma = 1/2$ のとき1で，$-1/2$ のとき0をとる．β も同様である．2成分ベクトルで書けば

$$\alpha(\varsigma) = \begin{pmatrix} 1 \\ 0 \end{pmatrix}, \quad \beta(\varsigma) = \begin{pmatrix} 0 \\ 1 \end{pmatrix} \tag{2.41}$$

と表現できる．スピン角運動量演算子 s の z 成分を，行列表示を用いて

$$s_z = \frac{1}{2}\begin{pmatrix} 1 & 0 \\ 0 & -1 \end{pmatrix} \tag{2.42}$$

と定義すれば

$$s_z \alpha = \frac{1}{2}\alpha, \quad s_z \beta = -\frac{1}{2}\beta \tag{2.43}$$

の固有値方程式を満たし，スピン角運動量の z 成分が $m_s\,(1/2, -1/2)$ をとることを正しく表現する．

ここで，パウリのスピン行列 σ を $s = (1/2)\sigma$ によって導入する．

$$\sigma_x = \begin{pmatrix} 0 & 1 \\ 1 & 0 \end{pmatrix}, \quad \sigma_y = \begin{pmatrix} 0 & -i \\ i & 0 \end{pmatrix}, \quad \sigma_z = \begin{pmatrix} 1 & 0 \\ 0 & -1 \end{pmatrix} \tag{2.44}$$

もちろん，z 成分は (2.42) を 2 倍したものである．これらを用いると，スピン角運動量演算子の間に

$$[s_x, s_y] = is_z, \quad [s_y, s_z] = is_x, \quad [s_z, s_x] = is_y \tag{2.45}$$

の関係が成り立つことがわかる．この関係式は軌道角運動量演算子の間に成り立つ関係式 (2.11) と同じである．一方

$$\begin{aligned} s^+ &= s_x + is_y \\ s^- &= s_x - is_y \end{aligned} \tag{2.46}$$

によって s^+, s^- を定義すれば

$$\begin{aligned} s^+ \beta &= \alpha, \quad s^- \alpha = \beta \\ s^+ \alpha &= 0, \quad s^- \beta = 0 \end{aligned} \tag{2.47}$$

を満たす．つまり，s^+ は下向きスピンを上に，s^- は上向きスピンを下に向ける演算子である．例えば $s^- \beta = 0$ は，下向きスピンをさらに下に向けることは"不可能"

であることを意味する．また，(2.45), (2.46) を用いれば

$$s^2 = s_x^2 + s_y^2 + s_z^2 = s^+ s^- + s_z^2 - s_z \tag{2.48}$$

であるから，s^2 の固有値は

$$s^2 \alpha = \frac{3}{4}\alpha, \quad s^2 \beta = \frac{3}{4}\beta \tag{2.49}$$

と求められる．角運動量演算子 l^2 に対する固有値 $\ell(\ell+1)$ ((2.16)) と同様に

$$s^2 \alpha = s(s+1)\alpha, \quad s^2 \beta = s(s+1)\beta \tag{2.50}$$

でスピンの大きさ s を定義すれば，(2.49)から $s = 1/2$ である．このように，スピン角運動量に対する性質は軌道角運動量のそれに非常に類似している．

2.6 パウリの原理と周期律表

　電子はエネルギー準位をどのように占有するだろうか．パウリは，1量子準位に2以上の電子は入り得ないという排他(禁制)律を提唱した（パウリの排他律：Pauli exclusion principle）．例えば，希ガス元素の Ne では，$n=2$ のそれぞれの準位に電子が1ずつ配置される．つまり

$$n = 1, \; \ell = 0, \; m_s = \pm \frac{1}{2} \tag{2.51}$$

$$n = 2, \begin{cases} \ell = 0, \; m_s = \pm \frac{1}{2} \\ \ell = 1, \; m = \begin{Bmatrix} 1 \\ 0 \\ -1 \end{Bmatrix}, \; m_s = \pm \frac{1}{2} \end{cases} \tag{2.52}$$

に従って 1s に2個，2s に2個，2p に6個の電子が入ることになる．この様子を示したものが図2.6である．

閉殻構造でない，例えば，原子番号6の炭素原子の電子配置は $(1s)^2(2s)^2(2p)^2$ である．このとき，縮退した 2p 軌道を占める電子は，例えば，p_x 軌道および p_y 軌道で，スピンが平行になるように配置する．このことは，次のフントの規則にまとめられる．

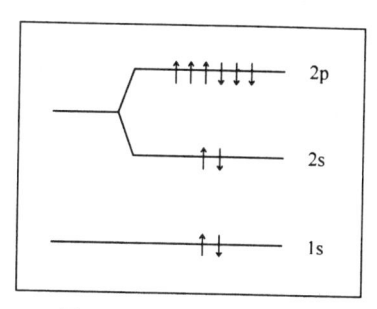

図2.6　パウリの排他律：Ne

<u>フントの規則</u>　軌道に縮退があるとき，(1) 電子は異なる軌道を (2) 全スピンが最大になるように占める．つまり，スピンが平行になるように配列する．電子間に働くクーロン相互作用エネルギーは，電子間の距離が離れているほうが低い．したがって，異なる軌道をスピンが平行になるように配列するほうが，同じ軌道を反平行のスピンが占有するよりは，エネルギー的に低い．この規則も，パウリの排他律に基づくもので，同じスピンは同じ軌道を占めることはできないことに由来する．

パウリの排他律が成り立つのは，スピンが半整数（1/2の奇数培）をとる粒子（電子，陽電子，陽子，中性子，^{3}He，など）で，これらはフェルミ粒子（フェルミオン）とよばれる．これに対して，スピンが0または整数をとる粒子（光子，フォノン，^{4}Heなど）はボース粒子（ボソン）とよばれる．中心力場に遮蔽効果を考慮し，パウリの排他律に従って電子を配置すれば，原子のおおよその電子配置を理解することができる．付録2Bの表1は元素の周期律表に従って，電子配置の様子を示したものである．ほとんどの原子で，エネルギーの低い軌道から，1s, 2s, 2p, 3s, 3p, 4s, 3d, 4p, 5s, 4d, 5p, 6s, 4f, 5d, 6p,... の順になっている．

図2.7 は原子のエネルギー準位を原子番号に対して示したものである．ℓ に対して縮退が解けている（例えば C の 2s, 2p）．また，原子番号3のリチウム（Li）を例にとれば，2個の電子で占められた 1s 準位のエネルギーが，2s 準位のエネルギーと比較して非常に深いところにある．このことは，2個の 1s 電子は非常に安定で 2s 電子ほど外部ポテンシャルの影響を受けない．いわゆる原子の芯を形成することに

2　原子の電子構造

なる．これをリチウム芯あるいは一般に原子芯という．このように，元素の性質は，最外核の電子（Li では 2s 電子）によって左右される．通常，この電子のことを価電子（valence electron）あるいは原子価電子とよぶ．

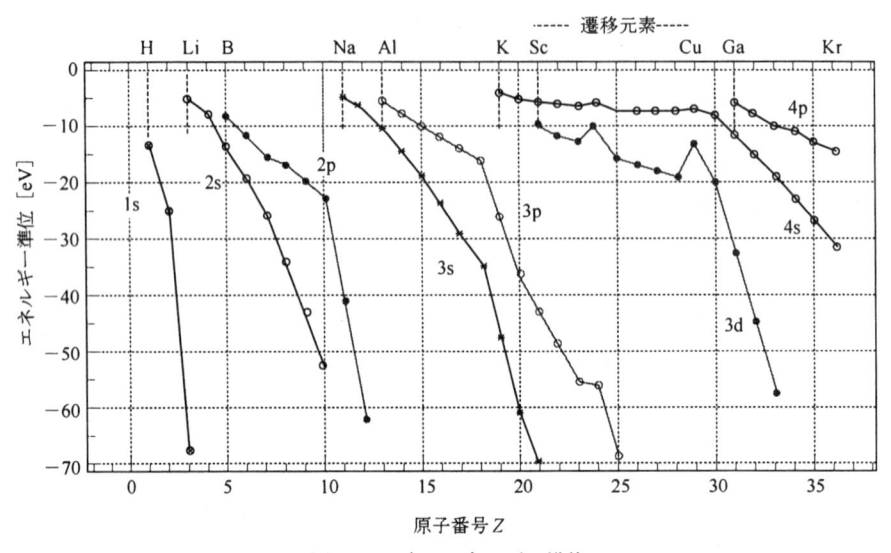

図2.7　元素のエネルギー準位

付録２Ａ　球面調和関数

球面調和関数 $Y_\ell^m(\theta,\phi)$ はルジャンドルの陪関数 P_ℓ^m を用いて

$$Y_\ell^m(\theta,\phi) = N_{\ell m} P_\ell^m(\cos\theta) e^{im\phi}$$
$$N_{\ell m} = (-1)^{(m+|m|)/2} \left[\frac{(2\ell+1)}{4\pi}\frac{(\ell-|m|)!}{(\ell+|m|)!}\right]^{1/2} \tag{2A.1}$$

ルジャンドルの陪関数はルジャンドルの多項式 P_ℓ と次の関係にある．$\mu = \cos\theta$ とおいて

$$P_\ell^m(\mu) = (1-\mu^2)^{|m|/2}\frac{d^{|m|}}{d\mu^{|m|}}P_\ell(\mu)$$
$$P_\ell(\mu) = \frac{1}{2^\ell \ell!}\frac{d^\ell}{d\mu^\ell}(\mu^2-1)^\ell \tag{2A.2}$$
$$P_\ell^0(\mu) = P_\ell(\mu)$$

$P_\ell(\mu)$ の特別な場合の値は，以下の通りである．

$$P_\ell(1) = 1, \quad P_\ell(-1) = (-1)^\ell$$
$$P_\ell^m(1) = P_\ell^m(-1) = 0, \quad m \neq 0 \tag{2A.3}$$

$$P_\ell(0) = \begin{cases} (-1)^p \dfrac{(2p)!}{2^{2p}(p!)^2}, & \ell = 2p \\ 0, & \ell = 2p+1 \end{cases} \tag{2A.4}$$

$$P_0(\mu) = 1, \quad P_1(\mu) = \mu, \quad P_2(\mu) = \frac{1}{2}(3\mu^2-1)$$

一方，$P_\ell^m(\mu)$ は $m = 0, 1, 2, \ldots, \ell-1$ に対して次の漸化式を満足する．

$$(1-\mu^2)\frac{d}{d\mu}P_\ell^m = -\ell\mu P_\ell^m + (\ell+|m|)P_{\ell-1}^m$$
$$= (\ell+1)\mu P_\ell^m - (\ell+1-|m|)P_{\ell+1}^m \tag{2A.5}$$

特に，(2A.1), (2A.2) から

$$Y_\ell^0 = \sqrt{\frac{2\ell+1}{4\pi}} P_\ell(\cos\theta) \tag{2A.6}$$

が得られる．また，$\ell = 0, 1, 2$ に対して

$$\begin{aligned}
Y_0^0 &= \frac{1}{\sqrt{4\pi}} \\
Y_1^0 &= \sqrt{\frac{3}{4\pi}}\cos\theta, \quad Y_1^{\pm 1} = \mp\sqrt{\frac{3}{8\pi}}e^{\pm i\phi}\sin\theta \\
Y_2^0 &= \sqrt{\frac{5}{16\pi}}(3\cos^2\theta - 1), \quad Y_2^{\pm 1} = \mp\sqrt{\frac{15}{8\pi}}e^{\pm i\phi}\sin\theta\cos\theta, \quad Y_2^{\pm 2} = \sqrt{\frac{15}{32\pi}}e^{\pm i2\phi}\sin^2\theta
\end{aligned} \tag{2A.7}$$

付録 2B 周期律表

表 1 電子配置

周期	Z	元素	He 1s	Ne 2s 2p	Ar 3s 3p	Kr 3d 4s 4p	Xe 4d 5s 5p	Rn 4f 5d 6s 6p	5f 6d 7s 7p	イオン化エネルギー*[eV]
1	1	H Hydrogen	1							13.5984
1	2	He Helium	2							24.5874
2	3	Li Lithium	2	1						5.3917
2	4	Be Beryllium	2	2						9.3226
2	5	B Boron	2	2 1						8.2980
2	6	C Carbon	2	2 2						11.2603
2	7	N Nitrogen	2	2 3						14.5341
2	8	O Oxygen	2	2 4						13.6181
2	9	F Fluorine	2	2 5						17.4228
2	10	Ne Neon	2	2 6						21.5645
3	11	Na Sodium	ネオン殻		1					5.1391
3	12	Mg Magnesium			2					7.6462
3	13	Al Aluminium			2 1					5.9858
3	14	Si Silicon			2 2					8.1517
3	15	P Phosphorus			2 3					10.4867
3	16	S Sulfur			2 4					10.3600
3	17	Cl Chlorine			2 5					12.9676
3	18	Ar Argon	2	2 6	2 6					15.7596
4	19	K Potassium	アルゴン殻			1	第一遷移元素			4.3407
4	20	Ca Calcium				2				6.1132
4	21	Sc Scandium				1 2				6.5614
4	22	Ti Titanium				2 2				6.8282
4	23	V Vanadium				3 2				6.7463
4	24	Cr Chromium				5 1				6.7666
4	25	Mn Manganese				5 2				7.4340
4	26	Fe Iron				6 2				7.9024
4	27	Co Cobalt				7 2				7.8810
4	28	Ni Nickel				8 2				7.6398
4	29	Cu Copper				10 1				7.7264
4	30	Zn Zinc				10 2				9.3941
4	31	Ga Gallium				10 2 1				5.9993
4	32	Ge Germanium				10 2 2				7.900
4	33	As Arsenic				10 2 3				9.8152
4	34	Se Selenium				10 2 4				9.7524
4	35	Br Bromine				10 2 5				11.8138
4	36	Kr Krypton	2	2 6	2 6	10 2 6				13.9996
5	37	Rb Rubidium	クリプトン殻				1	第二遷移元素		4.1771
5	38	Sr Strontium					2			5.6948
5	39	Y Yttrium					1 2			6.217
5	40	Zr Zirconium					2 2			6.6339
5	41	Nb Niobium					4 1			6.7589
5	42	Mo Molybdenum					5 1			7.0924
5	43	Tc Technetium					5 2			7.28
5	44	Ru Ruthenium					7 1			7.3605
5	45	Rh Rhodium					8 1			7.4589
5	46	Pd Palladium					10			8.3369
5	47	Ag Silver					10 1			7.5762
5	48	Cd Cadmium					10 2			8.9937
5	49	In Indium					10 2 1			5.7864
5	50	Sn Tin					10 2 2			7.3438
5	51	Sb Antimony					10 2 3			8.64
5	52	Te Tellurium					10 2 4			9.0096
5	53	I Iodine					10 2 5			10.4513
5	54	Xe Xenon	2	2 6	2 6	10 2 6	10 2 6			12.1299

2 原子の電子構造

周期	Z 元素	He 1s	Ne 2s 2p	Ar 3s 3p	Kr 3d 4s 4p	Xe 4d 5s 5p	Rn 4f 5d 6s 6p	5f 6d 7s 7p	イオン化エネルギー*[eV]
	55 Cs Caesium						1		3.8939
	56 Ba Barium						2		5.2117
	57 La Lanthanum						1 2		5.5770
	58 Ce Cerium						1 1 2		5.5387
	59 Pr Praseodymium						3 2		5.464
	60 Nd Neodymium						4 2		5.5250
	61 Pm Promethium						5 2		5.55
	62 Sm Samarium						6 2		5.6437
	63 Eu Europium						7 2		5.6704
	64 Gd Gadolinium		第三遷移元素		キセノン殻		7 1 2		6.1500
	65 Tb Terbium						9 2		5.8639
	66 Dy Dysprosium						10 2		5.9389
	67 Ho Holmium						11 2		6.0216
	68 Er Erbium						12 2		6.1078
	69 Tm Thulium						13 2		6.1843
	70 Yb Ytterbium						14 2		6.2542
6	71 Lu Lutetium						14 1 2		5.4259
	72 Hf Hafnium						14 2 2		6.8251
	73 Ta Tantalum						14 3 2		7.89
	74 W Tungsten						14 4 2		7.98
	75 Re Rhenium						14 5 2		7.88
	76 Os Osmium						14 6 2		8.7
	77 Ir Iridium						14 7 2		9.1
	78 Pt Platinum						14 9 1		9.0
	79 Au Gold						14 10 1		9.2257
	80 Hg Mercury						14 10 2		10.4375
	81 Tl Thallium						14 10 2 1		6.1083
	82 Pb Lead						14 10 2 2		7.4167
	83 Bi Bismuth						14 10 2 3		7.289
	84 Po Polonium						14 10 2 4		8.4167
	85 At Astatine						14 10 2 5		
	86 Rn Radon	2	2 6	2 6	10 2 6	10 2 6	14 10 2 6		10.7485
	87 Fr Francium							1	
	88 Ra Radium							2	5.2789
	89 Ac Actinium							1 2	5.17
	90 Th Thorium							2 2	6.08
	91 Pa Protactinium							2 1 2	5.89
	92 U Uranium							3 1 2	6.1941
	93 Np Neptunium		第四遷移元素		ラドン殻			4 1 2	6.2657
	94 Pu Plutonium							6 2	6.06
7	95 Am Americium							7 2	5.993
	96 Cm Curium							7 1 2	6.02
	97 Bk Berkelium							9 2	6.23
	98 Cf Californium							10 2	6.30
	99 Es Einsteinium							11 2	6.42
	100 Fm Fermium							12 2	6.50
	101 Md Mendelevium							13 2	6.58
	102 No Nobelium							14 2	6.65
	103 Lr Lawrencium								

*D. R. Lide : CRC Handbook of Chemistry and Physics, 75th ed.（CRC Press, Boca Raton, 1994）：中性原子の最外核電子のイオン化エネルギー（第1イオン化エネルギー）．

W. C. Martin et al. : Ground Levels and Ionization Energies for the Neutral Atoms （National Institute of Standards and Technology）には2001年までのデータが収録されている．

練習問題

【1】 以下の問いに答えよ．

(1) q_r を $q_r = -i\hbar \partial/\partial r$ で定義するとき，(2.4) に基づいて次式を示せ．

$$q_r = r^{-1}(xp_x + yp_y + zp_z)$$

(2) p_r を q_r を用いて $p_r = q_r - i\hbar r^{-1}$ と定義する．このとき次式を証明せよ．

$$p_r = -i\hbar \frac{1}{r}\frac{\partial}{\partial r}r, \quad p_r^2 = -\hbar^2 \frac{1}{r}\frac{\partial^2}{\partial r^2}r$$

(3) $\boldsymbol{L}^2 = \hbar^2 l^2 = r^2(p^2 - p_r^2)$ を証明せよ．ただし，$\boldsymbol{L}^2 = L_x^2 + L_y^2 + L_z^2$．

【2】 (2.4) に基づいて

(1) 微分演算子 $(\partial/\partial x, \partial/\partial y, \partial/\partial z)$ および (l_x, l_y, l_z) を球座標で表せ．

(2) l^2 を球座標で表せ．

【3】 ボーア（1913年）は，原子核のまわりの電子は，特別な量子条件を満たしていることを提案した．量子条件は，電子の軌道上の運動量の大きさ p の軌道に沿う積分がプランク定数の自然数倍であるとし，次の式で書くことができる．

$$\oint p\, dq = nh, \quad n = 1, 2, 3, \ldots$$

半径 r の円周軌道にある電子の運動量の大きさを p とすれば，積分は $p2\pi r = nh$ を与え，$p = n\hbar/r$ で決定されるとびとびの値をとる．ドブロイの関係式 $p = h/\lambda$ を用いれば，$n\lambda = 2\pi r$ である．つまり，円周上にちょうど n 波長存在する場合のみ許されるのである．

(1) 水素原子核 ($Z=1$) の周りの1電子が，遠心力とクーロン力のつり合いのもとに運動するとき，半径 r を $m, e, \hbar, n, \varepsilon_0$ で表せ．

(2) (1)から全エネルギー E を求め，(2.28)と一致することを確かめよ．

【4】Ge の価電子は4で，4s 軌道に2と，4p 軌道に2の電子が存在する．中性原子のイオン化エネルギーは，表1から 7.9[eV] である．つまり，4p 軌道のエネルギーは $E_{4p} = -7.9[\text{eV}]$ である．次の問いに答えよ．

(1) 電子はパウリの排他律に従って軌道を占有する．全電子数 (Z) はいくらか．

(2) 4p 軌道の電子は，遮蔽効果等のために 4s 軌道のエネルギー準位より 6.4[eV] 大きい．有効核電荷 Z_{eff} を，単純に，4p 軌道の2電子以外の電子で完全に遮蔽されるとするとき，イオン化エネルギーはいくらか．

(3) 4s 軌道についても同様に考え，エネルギー準位を求めよ．

【5】(2.43), (2.45), (2.47), (2.48), (2.49) を示せ．

練習問題略解

【1】(1) $\dfrac{\partial}{\partial r} = \dfrac{\partial x}{\partial r}\dfrac{\partial}{\partial x} + \dfrac{\partial y}{\partial r}\dfrac{\partial}{\partial y} + \dfrac{\partial z}{\partial r}\dfrac{\partial}{\partial z} = \dfrac{x}{r}\dfrac{\partial}{\partial x} + \dfrac{y}{r}\dfrac{\partial}{\partial y} + \dfrac{z}{r}\dfrac{\partial}{\partial z}$ から

$$q_r = -i\hbar\dfrac{\partial}{\partial r} = r^{-1}(xp_x + yp_y + zp_z)$$

(2) $p_r = -i\hbar\dfrac{\partial}{\partial r} - i\hbar r^{-1} = -i\hbar\dfrac{1}{r}\dfrac{\partial}{\partial r}r$. また, $p_r^2 = -\hbar^2\dfrac{1}{r}\dfrac{\partial}{\partial r}r\dfrac{1}{r}\dfrac{\partial}{\partial r}r = -\hbar^2\dfrac{1}{r}\dfrac{\partial^2}{\partial r^2}r$.

(3) $L_z^2 = (xp_y - yp_x)(xp_y - yp_x) = x^2p_y^2 + y^2p_x^2 - 2(xp_x)(yp_y) + i\hbar(xp_x + yp_y)$ を用いて

$$\begin{aligned}
\boldsymbol{L}^2 &= L_x^2 + L_y^2 + L_z^2 \\
&= r^2p^2 - \Big[x^2p_x^2 + y^2p_y^2 + z^2p_z^2 + 2(xp_x)(yp_y) \\
&\quad + 2(yp_y)(zp_z) + 2(zp_z)(xp_x) - i\hbar\big(xp_x + yp_y + zp_z\big)\Big] \\
&= r^2p^2 - \big(xp_x + yp_y + zp_z\big)\big(xp_x + yp_y + zp_z - i\hbar\big) \\
&= r^2p^2 - r^2p_r^2
\end{aligned}$$

したがって

$$p^2 = \boldsymbol{p}^2 \text{ から,} \quad \boldsymbol{L}^2 = \hbar^2l^2 = r^2(p^2 - p_r^2)$$

【2】(2.4) より

$$r = \sqrt{x^2 + y^2 + z^2}, \quad \theta = \tan^{-1}\dfrac{\sqrt{x^2 + y^2}}{z}, \quad \phi = \tan^{-1}\dfrac{y}{x}$$

と書ける.

(1) これから, 例えば

$$\dfrac{\partial r}{\partial x} = \sin\theta\cos\phi, \quad \dfrac{\partial\theta}{\partial x} = \dfrac{\cos\theta\cos\phi}{r}, \quad \dfrac{\partial\phi}{\partial x} = -\dfrac{\sin\phi}{r\sin\theta}$$

ゆえに

$$\dfrac{\partial}{\partial x} = \dfrac{\partial r}{\partial x}\dfrac{\partial}{\partial r} + \dfrac{\partial\theta}{\partial x}\dfrac{\partial}{\partial\theta} + \dfrac{\partial\phi}{\partial x}\dfrac{\partial}{\partial\phi} = \sin\theta\cos\phi\dfrac{\partial}{\partial r} + \dfrac{\cos\theta\cos\phi}{r}\dfrac{\partial}{\partial\theta} + \dfrac{\sin\phi}{r\sin\theta}\dfrac{\partial}{\partial\phi}$$

同様に

2 原子の電子構造

$$\frac{\partial}{\partial y} = \sin\theta\sin\phi\frac{\partial}{\partial r} + \frac{\cos\theta\sin\phi}{r}\frac{\partial}{\partial\theta} + \frac{\cos\phi}{r\sin\theta}\frac{\partial}{\partial\phi}$$

$$\frac{\partial}{\partial z} = \cos\theta\frac{\partial}{\partial r} - \frac{\sin\theta}{r}\frac{\partial}{\partial\theta}$$

したがって

$$l_x = i\left(\sin\phi\frac{\partial}{\partial\theta} + \frac{\cos\theta\cos\phi}{\sin\theta}\frac{\partial}{\partial\phi}\right)$$

$$l_y = -i\left(\cos\phi\frac{\partial}{\partial\theta} - \frac{\cos\theta\sin\phi}{\sin\theta}\frac{\partial}{\partial\phi}\right)$$

$$l_z = -i\frac{\partial}{\partial\phi}$$

(2) (1) から

$$\boldsymbol{l}^2 = l_x^2 + l_y^2 + l_z^2 = -\frac{1}{\sin^2\theta}\left\{\sin\theta\frac{\partial}{\partial\theta}\left(\sin\theta\frac{\partial}{\partial\theta}\right) + \frac{\partial^2}{\partial\phi^2}\right\}$$

【3】(1) $p = mv$ とおいて, $mv^2/r = e^2/4\pi\varepsilon_0 r^2$.
ゆえに

$$r = 4\pi\varepsilon_0(mvr)^2/me^2 = 4\pi\varepsilon_0(n\hbar)^2/me^2 = a_0 n^2$$

ただし, a_0 は (2.6a) のボーア半径である.

(2) $E = mv^2/2 - e^2/4\pi\varepsilon_0 r = -e^2/8\pi\varepsilon_0 r$ から, $E = -e^2/8\pi\varepsilon_0 a_0 n^2$ となり, 水素原子 $Z = 1$ のエネルギー (2.28) を与える.

【4】(1) $Z = 2(1s) + 2(2s) + 6(2p) + 2(3s) + 6(3p) + 10(3d) + 2(4s) + 2(4p) = 32$

(2) $Z_{\text{eff}} = 32 - 30 = 2, n = 4$ を代入して, $E_{4p} = -3.4\,[\text{eV}]$.

(3) $Z_{\text{eff}} = 4, n = 4$ より $E_{4s} = -13.6\,[\text{eV}]$

【5】(2.48) は

$$\boldsymbol{s}^2 = s_x^2 + s_y^2 + s_z^2 = (s_x + is_y)(s_x - is_y) + i[s_x, s_y] + s_z^2 = s^+ s^- - s_z + s_z^2$$

他は省略.

3 結晶構造

結晶はある構造を単位として周期的な繰り返しからなっている．これを並進対称という．この並進対称性のおかげで，無数の原子から構成される結晶を比較的容易に理解できるのである．

3.1 並進対称

ある仮想格子のすべての格子点（ lattice site ）が，基本並進ベクトル（primitive translation vector）の組 $\{a_1, a_2, a_3\}$ の各整数倍の和によって尽くされるとき，この格子を空間格子（space lattice）あるいはブラベ格子（Bravais lattice）とよぶ．つまり，ある格子点を原点とするベクトル

$$R = m_1 a_1 + m_2 a_2 + m_3 a_3 \tag{3.1}$$

は，整数の組み $\{m_1, m_2, m_3\}$ を選ぶことによってすべての格子点を網羅する．この R を並進ベクトル (translation vector) という．無限に大きい格子全体を R だけ平行移動しても，幾何学的にはもとの格子とまったく一致すると言い換えることもできる．例として，図3.1に2次元正方格子に対する $\{a_1, a_2\}$ が示してある．

基本並進ベクトルが張る最小単位の格子を基本単位格子あるいは基本単位胞

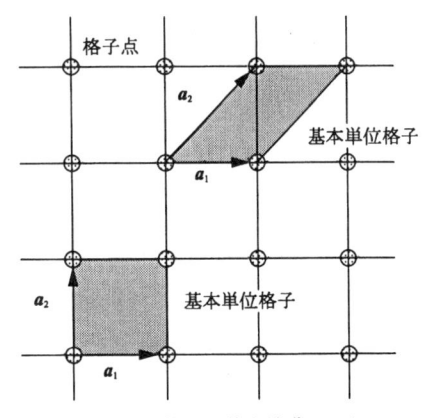

図3.1 空間格子と基本並進ベクトル

(primitive cell) という．図3.1からわかるように，基本単位格子の選び方には任意性がある．この選び方として，隣接する格子点間の垂直２等分面で囲まれる空間を考えることもできる．この基本単位格子をウィグナー・ザイツ胞 (Wigner・Seitz cell) という（図 3.2）．

一般に，ある単位並進ベクトルの組 $\{a_1', a_2', a_3'\}$ が張る格子を単位格子あるいは単位胞（unit cell）という．単位格子は１個またはそれ以上の格子点を含むことができる．最小単位の１格子点を含む場合が上述の基本単位格子である．

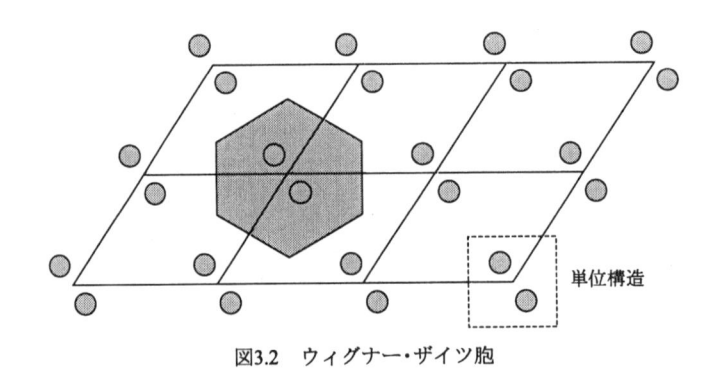

図3.2 ウィグナー・ザイツ胞

結晶構造は，空間格子の各格子点にいくつかの原子からなる単位構造（basis）を配置することによって得られる（図3.2）．すなわち

$$結晶構造＝空間格子＋単位構造 \tag{3.2}$$

<u>体心立方格子（body-centered cubic lattice）</u>　図3.3 の一辺が a の立方格子は，２つの格子点からなる単位格子 (non-primitive cell) である．直交座標系の単位ベクトルを $\{e_1, e_2, e_3\}$ とすれば，単位格子に沿う単位並進ベクトルは，$\{a, b, c\} = a\{e_1, e_2, e_3\}$ である．[*] これを結晶軸ベクトルという．一方，太い点線が示す基本単位格子に沿う基本

---

[*] 本章では $\{i, j, k\}$ の代わりに $\{e_1, e_2, e_3\}$ を用いる．

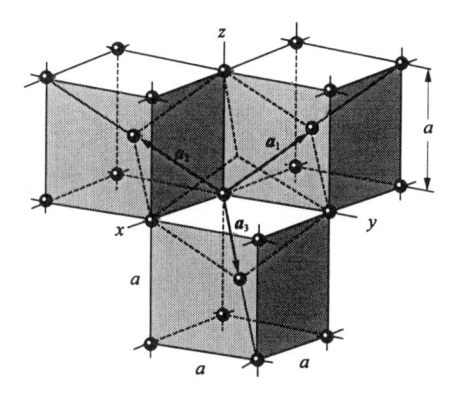

図3.3 体心立方格子における基本単位格子

並進ベクトルは

$$a_1 = \frac{1}{2}a(-e_1 + e_2 + e_3) = \frac{1}{2}(-a + b + c)$$
$$a_2 = \frac{1}{2}a(e_1 - e_2 + e_3) = \frac{1}{2}(-a + b + c) \quad (3.3)$$
$$a_3 = \frac{1}{2}a(e_1 + e_2 - e_3) = \frac{1}{2}(a + b - c)$$

で表される．これを(3.1)に代入すれば，すべての格子点を生成することができる．$m_1 + m_2 + m_3$ が偶数か奇数かによって，R は立方体の角か中心を表す．

ブラベ格子は，基本単位格子から構成される格子であることは先に述べたが，対称性から図3.4 のように１４種類の格子に分類される．図3.4の格子は必ずしも基本単位格子そのものでなく，格子の対称性が理解しやすい通常の単位格子によって示されている．格子の大きさを表す量（軸長 a, b, c と３つの角度 α, β, γ（図3,4））を格子定数といい，この単位格子に基づいて定義される．a, b, c を格子定数とよぶ場合も多い．例えば，立方晶の場合は立方体の１辺の長さ $a(a = b = c)$ を格子定数とよぶ．また，立方晶の単純格子Pの軸ベクトルは基本並進ベクトルでもある．

$$\{a_1, a_2, a_3\} = \{a, b, c\}$$

3　結晶構造

結晶系	格子の数	単位格子の軸と角度の関係	格子の記号
三斜晶系 (Triclinic)	1	$a \neq b \neq c$ $\alpha \neq \beta \neq \gamma$	P (primitive):単純 I (body centered or 'innennzentrierte'):体心
単斜晶系 (Monoclinic)	2	$a \neq b \neq c$ $\alpha = \gamma = 90° \neq \beta$	
斜方晶系 (Orthorhombic)	4	$a \neq b \neq c$ $\alpha = \beta = \gamma = 90°$	
正方晶系 (Tetragonal)	2	$a = b \neq c$ $\alpha = \beta = \gamma = 90°$	F (face centered):面心
立方晶系 (Cubic)	3	$a = b = c$ $\alpha = \beta = \gamma = 90°$	C (side face centered):底心
菱面体晶系 (Rhombohedral)	1	$a = b = c$ $\alpha = \beta = \gamma < 120°, \neq 90°$	
六方晶系 (Hexagonal)	1	$a = b \neq c$ $\alpha = \beta = 90°$ $\gamma = 120°$	R (rhombohedral):菱面体

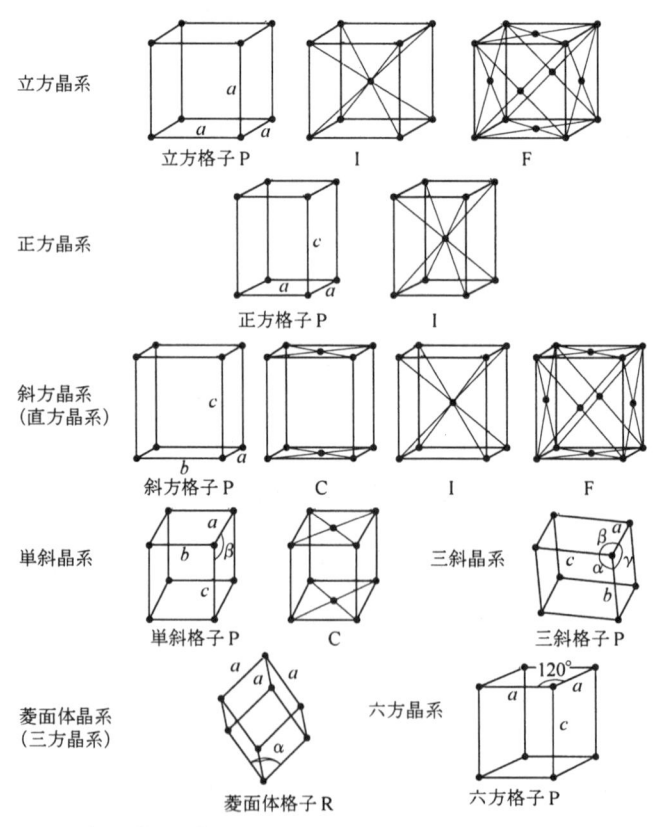

図3.4 14のブラベ格子(格子は,必ずしも基本単位格子そのものを示していない.)

3.2 基本並進ベクトルの周期関数
3.2.1 周期関数のフーリエ級数

結晶は無数の原子で構成されており,その諸性質を理解することは容易ではないように思われる.しかし,3.1で述べた並進対称の性質をうまく利用することで,かなりの部分が比較的容易に理解できる.本節ではその基本となる基本並進ベクトルの周期関数について調べてみよう.

<u>1次元格子</u> 関数 $u(x)$ が周期 a の1次元周期関数(図3.5)であるとき,この関数は整数 n に対して

$$u(x) = \sum_{n=-\infty}^{\infty} c_n \mathrm{e}^{iG_n x}$$
$$c_n = \frac{1}{a}\int_0^a u(x)\mathrm{e}^{-iG_n x}dx, \quad G_n = \frac{2n\pi}{a} \tag{3.4}$$

のようにフーリエ級数で表される.したがって,任意の並進 $R = ma$ (m:整数)に対して

$$u(x+R) = \sum_{n=-\infty}^{\infty} c_n \mathrm{e}^{iG_n(x+R)} = \sum_{n=-\infty}^{\infty} c_n \mathrm{e}^{iG_n x} = u(x) \tag{3.5}$$
$$\because G_n R = \frac{2\pi}{a}nma = 2\pi s, \quad s = nm = 0, \pm 1, \pm 2, \pm 3, \ldots$$

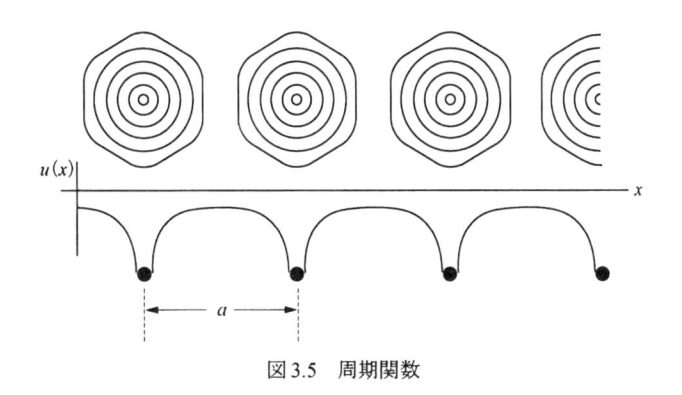

図3.5 周期関数

となり，並進対称性を保証する．

単純立方格子（simple cubic lattice（図3.4の立方格子P））　直交軸方向に基本並進ベクトル $\{a_1, a_2, a_3\} = a\{e_1, e_2, e_3\}$ をとれば

$$u(r) = \sum_{n_1=-\infty}^{\infty}\sum_{n_2=-\infty}^{\infty}\sum_{n_3=-\infty}^{\infty} c_{n_1,n_2,n_3} e^{i(G_{n_1}x+G_{n_2}y+G_{n_3}z)} = \sum_{\{n\}} c_n e^{iG_n \cdot r}, \quad c_n \equiv c_{n_1,n_2,n_3}$$

$$c_n = \frac{1}{a^3}\int_0^a\int_0^a\int_0^a u(r) e^{-iG_n \cdot r} dx dy dz = \frac{1}{v_c}\int_{\text{cell}} u(r) e^{-iG_n \cdot r} dr, \quad v_c \equiv a^3 \tag{3.6}$$

$$G_{n_i} = \frac{2\pi}{a} n_i ; \quad i = 1, 2, 3$$

ここで，v_c は基本単位格子の体積，ベクトル r は $r = xe_1 + ye_2 + ze_3$ であり，G_n は

$$G_n = G_{n_1}e_1 + G_{n_2}e_2 + G_{n_3}e_3 = \frac{2\pi}{a}(n_1 e_1 + n_2 e_2 + n_3 e_3) \tag{3.7}$$
$$(n_i = 0, \pm 1, \pm 2, \pm 3, ...)$$

で表される．したがって，任意の並進に対して対称である：

$$u(r+R) = \sum_{\{n\}} c_n e^{iG_n \cdot (r+R)} = \sum_{\{n\}} c_n e^{iG_n \cdot r} = u(r) \tag{3.8}$$

$$\because \quad G_n \cdot R = G_{n_1}R_1 + G_{n_2}R_2 + G_{n_3}R_3$$
$$= 2\pi(n_1 m_1 + n_2 m_2 + n_3 m_3) = 2\pi s$$

ベクトル G_n と R の内積 $G_n \cdot R$ について

$$e^{iG_n \cdot R} = 1 \tag{3.9}$$

が成立するとき並進対称性が保証される．

3.2.2　逆格子ベクトル

(3.4), (3.7) の G_n を逆格子ベクトル（reciprocal lattice vector）という．一般に，直交しない基本並進ベクトルに対する逆格子の基本並進ベクトルは，次のように定

義できる．

$$b_1 = \frac{2\pi}{a_1}\hat{b}_1, \quad b_2 = \frac{2\pi}{a_2}\hat{b}_2, \quad b_3 = \frac{2\pi}{a_3}\hat{b}_3 \qquad (3.10)$$

$$\hat{b}_1 = \frac{\hat{a}_2 \times \hat{a}_3}{\hat{a}_1 \cdot (\hat{a}_2 \times \hat{a}_3)}, \quad \hat{b}_2 = \frac{\hat{a}_3 \times \hat{a}_1}{\hat{a}_2 \cdot (\hat{a}_3 \times \hat{a}_1)}, \quad \hat{b}_3 = \frac{\hat{a}_1 \times \hat{a}_2}{\hat{a}_3 \cdot (\hat{a}_1 \times \hat{a}_2)}$$

$$\boldsymbol{a}_i \cdot \boldsymbol{b}_j = 2\pi \delta_{i,j}, \quad \hat{\boldsymbol{a}}_i \cdot \hat{\boldsymbol{b}}_j = \delta_{i,j} \qquad (3.11)$$

この場合の逆格子の並進ベクトルは，(3.10) および任意の整数 $\{n_1, n_2, n_3\}$ を用いて

$$\boldsymbol{G}_n = n_1 \boldsymbol{b}_1 + n_2 \boldsymbol{b}_2 + n_3 \boldsymbol{b}_3 \qquad (3.12)$$

と定義できる．ただし，$\{\hat{\boldsymbol{a}}_1, \hat{\boldsymbol{a}}_2, \hat{\boldsymbol{a}}_3\}$ は $\{\boldsymbol{a}_1, \boldsymbol{a}_2, \boldsymbol{a}_3\} = \{a_1\hat{\boldsymbol{a}}_1, a_2\hat{\boldsymbol{a}}_2, a_3\hat{\boldsymbol{a}}_3\}$ で定義する単位ベクトルで，$\{\hat{\boldsymbol{b}}_1, \hat{\boldsymbol{b}}_2, \hat{\boldsymbol{b}}_3\}$ は (3.10) で定義するベクトルである（必ずしも単位ベクトルではない）．

並進ベクトル $\boldsymbol{R}$ との内積は

$$\begin{aligned}\boldsymbol{G}_n \cdot \boldsymbol{R} &= (n_1 \boldsymbol{b}_1 + n_2 \boldsymbol{b}_2 + n_3 \boldsymbol{b}_3) \cdot (m_1 \boldsymbol{a}_1 + m_2 \boldsymbol{a}_2 + m_3 \boldsymbol{a}_3) \\ &= 2\pi (n_1 m_1 + n_2 m_2 + n_3 m_3) = 2\pi s\end{aligned} \qquad (3.13)$$

となり並進対称性が保証される．したがって，一般に周期関数は (3.12) を用いて

$$\begin{aligned}u(\boldsymbol{r}) &= \sum_{\{n\}} c_n \mathrm{e}^{i \boldsymbol{G}_n \cdot \boldsymbol{r}} \\ c_n &= \frac{1}{v_\mathrm{c}} \int_\mathrm{cell} u(\boldsymbol{r}) \mathrm{e}^{-i \boldsymbol{G}_n \cdot \boldsymbol{r}} d\boldsymbol{r}, \quad v_\mathrm{c} = \boldsymbol{a}_1 \cdot (\boldsymbol{a}_2 \times \boldsymbol{a}_3)\end{aligned} \qquad (3.14)$$

とフーリエ級数で表現できる．

3.2.3 逆格子ベクトルとミラー指数

(3.12) の整数の値 $\{n_1, n_2, n_3\}$ を最大公約数で簡約した既約な整数を (h, k, ℓ) とする．このとき，$\boldsymbol{G}_n$ 方向の逆格子点を示す最小のベクトルは

$$\boldsymbol{G}_{hk\ell} = h\boldsymbol{b}_1 + k\boldsymbol{b}_2 + \ell\boldsymbol{b}_3 \qquad (3.15)$$

と定義できる．$\hat{\boldsymbol{G}}_n$ を $\boldsymbol{G}_n$ の単位ベクトルと定義すれば，(3.13) から $\boldsymbol{R}$ の $\hat{\boldsymbol{G}}_n$ への

射影長さ d は

$$\begin{aligned} d &= \boldsymbol{R} \cdot \hat{\boldsymbol{G}}_n = \boldsymbol{R} \cdot \hat{\boldsymbol{G}}_{hk\ell} \\ &= \frac{\boldsymbol{R} \cdot \boldsymbol{G}_{hk\ell}}{|\boldsymbol{G}_{hk\ell}|} \end{aligned} \quad (3.16)$$

である（例：図3.6(a)）．このとき，(3.16)で $d=$ 一定 を満足する格子点 $\{m_1, m_2, m_3\}$ は無数に存在し，$\hat{\boldsymbol{G}}_n$ に垂直な格子面を形成する（例：図3.6(a)の太い斜線）．

(3.13)より $\boldsymbol{G}_n$ の $\boldsymbol{R}$ に対する射影の最小位相の大きさは 2π である．すなわち，最小の大きさをもつ逆格子ベクトル $\boldsymbol{G}_{hk\ell}$ のとき，$\boldsymbol{R}$ 方向に面間隔だけ移動すれば位相が 2π だけ変化する．したがって，面間隔は(3.16)より

$$d_{hk\ell} = \frac{\boldsymbol{R} \cdot \boldsymbol{G}_{hk\ell}}{|\boldsymbol{G}_{hk\ell}|} = \frac{2\pi}{|\boldsymbol{G}_{hk\ell}|} \quad (3.17)$$

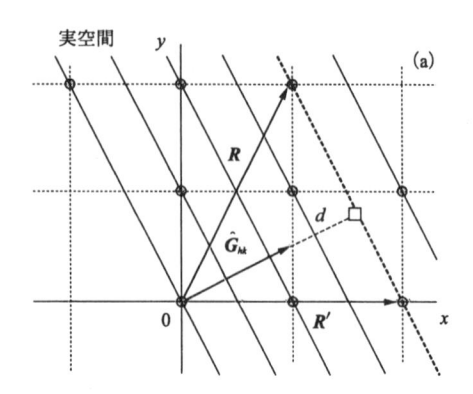

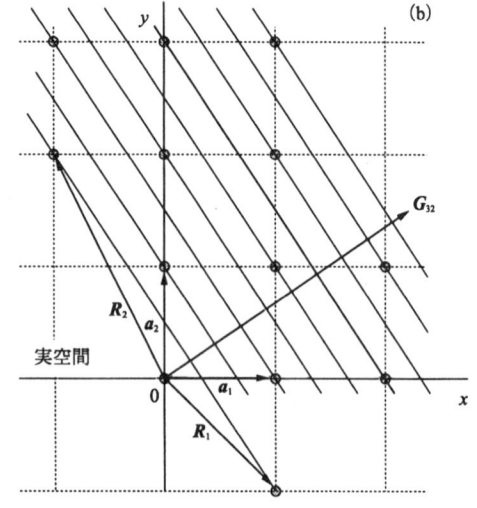

図3.6 2次元正方格子：逆格子ベクトル方向の格子面間隔（G は実空間上に重ねて示してあり，方向だけが意味をもつ）．

【例】2次元正方格子の面間隔

図3.6(b)の2次元正方格子上のベクトル $\boldsymbol{R}_1 = a(\boldsymbol{e}_1 - \boldsymbol{e}_2)$ および $\boldsymbol{R}_2 = a(-\boldsymbol{e}_1 + 2\boldsymbol{e}_2)$ は，原点から $\boldsymbol{G}_{32}$ 方向へ1面だけずれた格子面上の格子点を表すベクトルである．このとき

$$\boldsymbol{G}_{32} \cdot \boldsymbol{R}_1 = \boldsymbol{G}_{32} \cdot \boldsymbol{R}_2 = 2\pi \quad (3.18)$$

が確かめられる．$|\boldsymbol{G}_{32}| = (2\pi/a)\sqrt{h^2+k^2} = \sqrt{13}(2\pi/a)$ であるから，面間隔は (3.17)

より $d_{32} = 2\pi/|G_{32}| = a/\sqrt{13}$ である．

<u>2次元格子のミラー指数</u>　　2次元格子の基本並進ベクトル $\{a_1, a_2\}$ に対する逆格子の基本並進ベクトル $\{b_1, b_2\}$，および共通因子を含まない既約な整数 (h, k) を用いて逆格子ベクトル

$$G_{hk} = hb_1 + kb_2 \tag{3.19}$$

を考えよう．これに垂直な格子面を表す線分が $\{a_1, a_2\}$ 軸を切る点を，それぞれ，$R_1 = m_1 a_1$，$R_2 = m_2 a_2$ とすれば，$G_{hk} \cdot R_1 = G_{hk} \cdot R_2$ （あるいは $G_{hk} \cdot (R_1 - R_2) = 0$）である．これから

$$h m_1 = k m_2 \tag{3.20}$$

の関係が得られる．したがって

$$h : k = \frac{1}{m_1} : \frac{1}{m_2} \tag{3.21}$$

図3.7の2次元正方格子で，$m_1 = 2$，$m_2 = 3$（$R_1 = 2a_1$，$R_2 = 3a_2$）のとき，既約な整数 h, k は (3.21) から $h = 3$，$k = 2$ である．この $(h k)$ をミラー指数 (Miller indices) とよぶ．ミラー指数は逆格子 (3.19) に垂直な直線群を指定する．

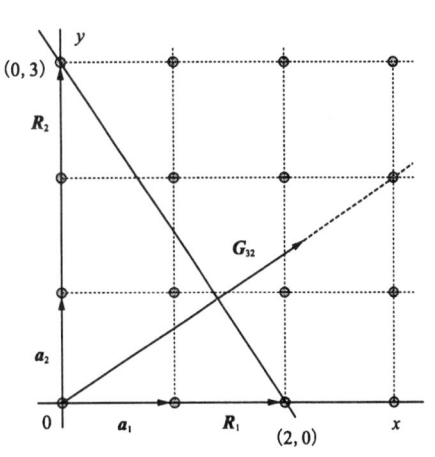

図3.7　ミラー指数 (32)：逆格子ベクトルに垂直な直線を意味する．

<u>3次元格子のミラー指数</u>　　3次元逆格子ベクトル G_n に垂直な面が，座標軸を切る点を $(m_1, 0, 0)$，$(0, m_2, 0)$，$(0, 0, m_3)$ とすると，2次元の場合と同様に，(3.15) の h, k, ℓ は m_1, m_2, m_3 と

$$h : k : \ell = \frac{1}{m_1} : \frac{1}{m_2} : \frac{1}{m_3} \tag{3.22}$$

の関係にある．このとき，ミラー指数 $(h k \ell)$ は (3.15) に垂直な面群を指定する．

3　結晶構造　　　　　　　　　　　　　　　　　　　　　　　　　　　　　61

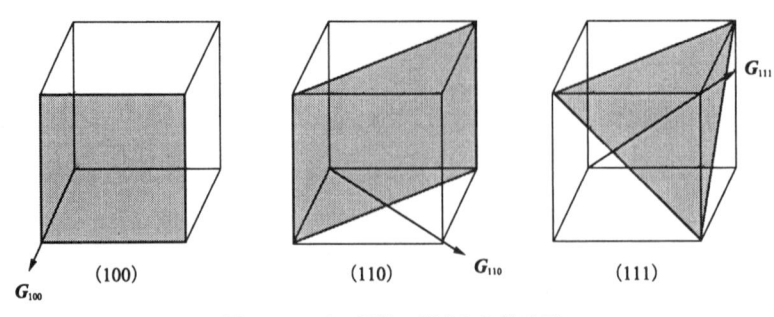

図3.8 ミラー指数で指定した格子面

例えば，単純立方格子において，ミラー指数(100),(110),(111)で指定される面は，図 3.8 で示される．

ミラー指数を定義するのに基本単位格子に基づいて行ったが，通常，図3.4の単位格子の結晶軸ベクトルを基準にして定義する．例えば，立方晶では，単位並進ベクトルは $(a, b, c) = a(e_1, e_2, e_3)$ である．体心立方格子に対する (200) 面は (100) 面に平行で，a 軸を $a/2$ で垂直に切り取る面を意味する．体心位置にある原子を含む面を指定するが，$h:k:\ell = 2:0:0 = 1:0:0$ より，等価な面 (100) に属する（図3.6参照）．

一方，1組の共通因子を含まない整数 u, v, w を用いて結晶軸の方向を [ ] で定義する．例えば，単純立方格子の $a_1 = a$ 軸の方向は [100] である．負の方向を示す場合は数字の上に－を付して表す．$-a_2 = -b$ 軸の方向は $[0\bar{1}0]$ である．$1,1,-1$ に対しては，$[11\bar{1}]$ で表す．この場合も，通常，図3.4の単位格子の結晶軸ベクトルを基準にして定め，したがって，立方晶では単純立方格子と同じ指数で定義する．結晶の等価な方向は ⟨⋯⟩ で表す．例えば，立方晶の8つの対角線方向 [111], $[\bar{1}11]$, $[1\bar{1}1]$,…は ⟨111⟩ で示す．同様にミラー指数に対しても，$-1,1,1$ に対して $(\bar{1}11)$ と表現する．この場合も，等価な面に対して {111} のように表す．また，立方対称な結晶のミラー指数 $(hk\ell)$ が表す面は，$[hk\ell]$ 方向に垂直な面を表す．

62

3.3 周期 L の周期関数

基本並進ベクトルの周期関数 $u(\boldsymbol{r}+\boldsymbol{R})=u(\boldsymbol{r})$ を理解するうえで，逆格子ベクトルは重要な役割を演ずるが，加えて，結晶が周期 L の周期性をもつ場合は，どのような量で特徴づけられるであろうか．

長さ L の1次元格子を考え，関数 $\varphi(x)$ が周期境界条件

$$\varphi(x+L)=\varphi(x) \tag{3.23}$$

を満足するものとする．

位置座標 x が基本並進ベクトル a だけ並進するごとに，関数 $\varphi(x)$ の位相が $\tau=\mathrm{e}^{i\theta}$ だけ変化するとすれば，$L=Na$ のとき

$$\begin{aligned}\varphi(x+Na) &= \tau\varphi(x+(N-1)a) \\ &= \tau^2\varphi(x+(N-2)a)=\ldots\ldots=\tau^N\varphi(x)\end{aligned} \tag{3.24}$$

(3.23) を満足するためには $\tau^N=1$ でなければならない．したがって，$\mathrm{e}^{i2\pi n}=1$ を用いて

$$\tau^N=\mathrm{e}^{i\theta N}=\mathrm{e}^{i2\pi n} \tag{3.25}$$

により θ が決定される．格子点の数だけ異なった N 個の整数値を用いて

$$\theta_n=\frac{2\pi}{N}n,\quad n=0,1,2,\ldots,N-1 \tag{3.26}$$

と書ける．n は N 個の $n=0,\pm1,\pm2,\ldots$ を選ぶこともできる．

$R=ma$ の並進に対して

$$\varphi(x+ma)=\mathrm{e}^{im\theta_n}\varphi(x)=\mathrm{e}^{ik_n R}\varphi(x),\quad k_n=\frac{\theta_n}{a}=\frac{2\pi n}{L} \tag{3.27}$$

と書ける．波長を $\lambda_n=L/n$ で定義すれば，λ_n^{-1} は単位長さ当たりに対する波の数であるから，$k_n=2\pi/\lambda_n$ を波数という．（以下，k_n の添字 n を省略する）．(3.23) の解として，$\theta_n+2\pi l$ ($l=0,\pm1,\pm2,\ldots$) を選ぶこともできる．このとき，$\mathrm{e}^{im(\theta_n+2\pi l)}\varphi(x)=\mathrm{e}^{i(k_n+G_l)R}\varphi(x)=\mathrm{e}^{ik_n R}\varphi(x)$ である．G_l は逆格子であり，逆格子の隙間を埋めるのが (3.27) の k_n であることがわかる（図3.9）．

図 3.9　1 次元波数空間

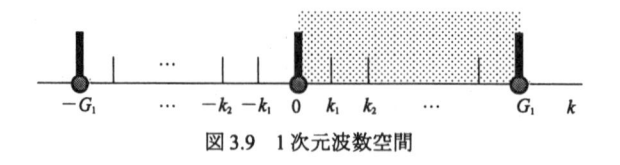

3 次元結晶　基本並進ベクトル $\{a_1, a_2, a_3\}$ 方向の周期が $L = (L_1, L_2, L_3)$ の 3 次元周期関数 $\varphi(\mathbf{r})$ の場合も，(3.27) と同様に

$$\varphi(\mathbf{r} + \mathbf{R}) = e^{i\mathbf{k}\cdot\mathbf{R}} \varphi(\mathbf{r}) \tag{3.28}$$

が成り立つ．これをブロッホの定理という．ただし，波数ベクトル $\mathbf{k}$ は (3.10) の $\{\hat{b}_1, \hat{b}_2, \hat{b}_3\}$ を用いて

$$\mathbf{k} = k_1\hat{b}_1 + k_2\hat{b}_2 + k_3\hat{b}_3 \tag{3.29}$$

$$k_i = \frac{2\pi}{L_i}n_i, \quad 0 \leq n_i \leq N_i - 1, \quad i = 1, 2, 3$$

と表される．あるいは，n_i として N_i 個の $n_i = 0, \pm1, \pm2,\ldots$ を選ぶこともできる．ここで，$L_i = N_i a_i$ の関係を利用した．n_i が N_i の整数倍のとき，$\mathbf{k}$ は逆格子 $\mathbf{G}$ を形成する．

3.4　ブラッグ反射

結晶の構造解析の 1 手段として X 線回折が用いられる．回折像はブラッグ反射により決定される．結晶ポテンシャルが並進に対して対称 $V(\mathbf{r} + \mathbf{R}) = V(\mathbf{r})$ であるとすれば，(3.14) に従ってフーリエ級数でかける．本節では，簡単のため $\{a_1, a_2, a_3\}$ は直交する基本並進ベクトルとし，結晶は体積 $\Omega = L^3$ の立方体であるとする．波数ベクトル $\mathbf{k}$ の入射 X 線（平面波）$\varphi_k(\mathbf{r}) = e^{i\mathbf{k}\cdot\mathbf{r}}/\sqrt{\Omega}$ がこのポテンシャルにより $\mathbf{k}'$ 方向へ散乱されるときの行列要素は

$$V(\mathbf{r}) = \sum_{\{m\}} V_m e^{i\mathbf{G}_m \cdot \mathbf{r}}$$

を用いて

$$\int \varphi_{k'}{}^*(r)V(r)\varphi_k(r)dr = \frac{1}{\Omega}\sum_{\{m\}} V_m \int_\Omega e^{-i(k'-k-G_m)\cdot r} dr \tag{3.30}$$

となる．(3.30)の体積積分を得るために積分，$\int_\Omega e^{-i k \cdot r} dr$, $k=(k_1,k_2,k_3)$ を考えよう．x 成分の積分は

$$\int_0^L e^{-ik_1 x} dx = \begin{cases} \dfrac{e^{-ik_1 L}-1}{-ik_1}=0, & k_1 \neq 0 \\ L, & k_1=0 \end{cases} = L\,\delta(k_1) \tag{3.31}$$

ここで，$k_1 \neq 0$ の場合は，周期性 $k_1 L = 2\pi n_1$ の関係から積分が0を与えることに注意しよう．y,z 成分についても同様に計算すると

$$\frac{1}{\Omega}\int_\Omega e^{-ik\cdot r}dr = \frac{1}{\Omega}\int_0^L e^{-ik_1 x}dx\int_0^L e^{-ik_2 y}dy\int_0^L e^{-ik_3 z}dz = \delta(k_1)\delta(k_2)\delta(k_3) \equiv \delta(k) \tag{3.32}$$

したがって，(3.30) は

$$\int \varphi_{k'}{}^*(r)V(r)\varphi_k(r)dr = \sum_{\{m\}} V_m \delta(k'-k-G_m) \tag{3.33}$$

(3.33) は散乱波と入射波の波数ベクトルの差がちょうど逆格子ベクトルに等しい

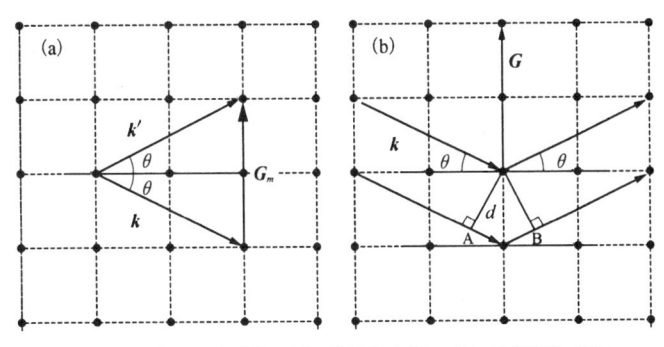

図 3.10 ブラッグ反射：(a) 逆格子空間 (b) 実空間に逆格子を重ねて示してある．

3 結晶構造

($k' - k = G_m$) ときに散乱強度が存在することを意味する（図3.10）．弾性散乱では散乱の前後でエネルギーは変化しないから，運動量の大きさ $|p| = |\hbar k|$ は変化しない．したがって $|k'|=|k|$ である．

$$|k' - G_m| = |k| = |k'| \tag{3.34}$$

両辺を2乗して

$$2k' \cdot G_m = G_m^2 \quad \therefore \quad 2k\sin\theta = G_m \tag{3.35}$$

G_m は最大公約数 n を用いて $G_m = nG_{hk\ell}$ と書けるから((3.15))，$2k\sin\theta = nG_{hk\ell}$．ここで，関係式 $k = 2\pi/\lambda$ および (3.17) の最隣接面間隔 $2\pi/G_{hk\ell} = d_{hk\ell}$ を用いれば，次のブラッグの回折条件が得られる．簡単のため $d_{hk\ell} = d$ とおいて

$$2d\sin\theta = n\lambda \tag{3.36}$$

この式は図3.10(b) で，光路差 AB が波長 λ の整数倍であれば，反射波が強め合うことを意味する．

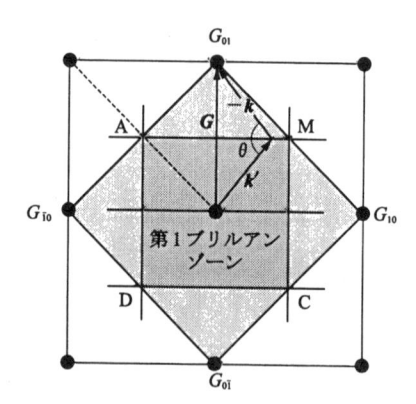

図3.11 ブリルアンゾーン（逆格子空間）
$k' - k = G$

ブリルアンゾーン　図3.11に逆格子の2次元正方格子が示してある．最近接格子点は

$$\begin{aligned} G_{10} &= b_1, \quad G_{\bar{1}0} = -b_1 \\ G_{01} &= b_2, \quad G_{0\bar{1}} = -b_2, \quad b_1 = b_2 = \frac{2\pi}{a} \end{aligned} \tag{3.37}$$

である．ブラッグ反射を示す波数は (3.35) から $k\sin\theta = G_m/2$ であるから，G_m として (3.37) をとれば，この波数 k は G_m の垂直2等分線により形成される正方形 AMCD 上の値をとる（図3.11）．AMCDで囲まれる領域を第1ブリルアンゾーンという．

3.5 非周期固体

これまで述べてきた結晶構造は，すべて周期構造により理解することができる．しかし，固体が常に周期構造をもつとは限らない．ここで，その例を述べておこう．

3.5.1 超イオン導電体

典型的な超イオン導電体の1つであるα-AgIは，温度421-830[K]で安定に存在する．沃素（I^-）イオンは体心立方構造をとり，枠組イオン（cage ion）とよばれる．一方，可動イオン（mobile ion）とよばれる銀（Ag^+）イオンは周期的な結晶構造をとらず無秩序に分布する．Ag^+は図3.12の単位格子あたり2個存在し，面上の12d位置と呼ばれる格子点を統計的に分布する．一面に4つの格子点があるから，単位格子あたり12の格子点からなる．したがって，1/6の割合で占有することになる．このように銀イオンは液体状に分布するため，通常の結晶では考えられない高いイオン伝導率をもつ（イオン伝導度ともいう）．

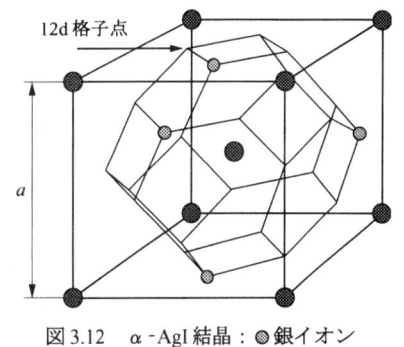

図3.12 α-AgI結晶：●銀イオン ●沃素イオン

3.5.2 ガラス

例えば，図3.13で液体の温度をT_1（A）から徐々に下げれば，温度T_m（B）で結晶が得られる．一方，ガラスは液体を急冷することによって得られる固体である．ガラスを形成する液体（ガラス形成液体）を急速に冷却すると，融点Bを超えても固体にならず過冷却液体の

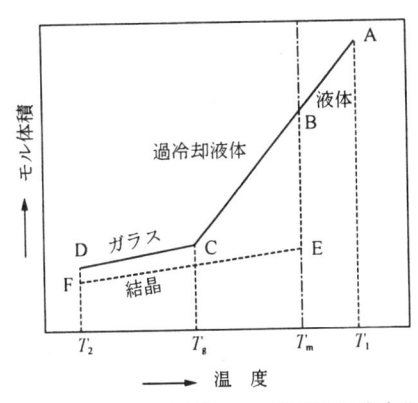

図3.13 ガラス形成体のモル体積の温度変化

状態を保つ．ガラス転移点（C）に達したとき固化するが，結晶のような周期構造はとらない．このCに対する温度 T_g はガラス転移温度とよばれ冷却速度に依存する．

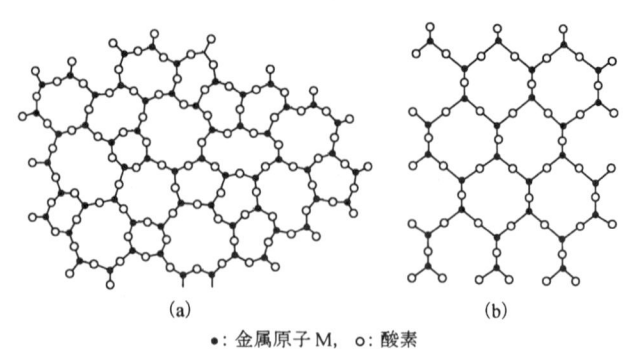

●：金属原子M，o：酸素
図3.14　酸化物M_xO_yの（a）ガラスと（b）結晶

　結晶化にはある時間が必要である．というのは，結晶化のために原子が配置換えをしなければならないからである．ある冷却速度で冷却すれば，原子が結晶化のための配置換えを完了する前にB点を通過する．温度低下とともに粘性が大きくなり，やがてB点を超えたあるC点で固化する．図3.14(a)は酸化物M_xO_yガラス（Mは金属原子で，Oは酸素）である．図3.14(b)に結晶が対比して示されている．

練習問題

【1】単純立方格子の基本並進ベクトルは

$$a_1 = ae_1, \quad a_2 = ae_2, \quad a_3 = ae_3$$

で，逆格子の基本並進ベクトルは (3.10) から

$$b_1 = \frac{2\pi}{a}e_1, \quad b_2 = \frac{2\pi}{a}e_2, \quad b_3 = \frac{2\pi}{a}e_3$$

この逆格子の基本並進ベクトルが生成する格子上のウィグナー・ザイツセルは第1ブリルアンゾーンとよばれる．図3.11に習って第1ブリルアンゾーンを描け．

【2】面心立方格子（図3.4の立方格子F）について以下の問いに答えよ．
(1) 基本並進ベクトルを求めよ．
(2) 基本単位格子の体積および逆格子の基本並進ベクトルを求めよ．
(3) (111)面の面間隔を求めよ．
(4) ウィグナー・ザイツセルを描け．

【3】体心立方格子の基本並進ベクトルは (3.3) で与えられる．
(1) 基本単位格子の体積および逆格子の基本並進ベクトルを求めよ．
(2) (111)面の面間隔を求めよ．
(3) ウィグナー・ザイツセルを描け．

【4】格子定数をaとする正方格子がある．図3.1の2つの基本単位格子に対する基本並進ベクトルを基準に考えるとき，図3.15の線分（点線）のミラー指数はどのように表されるか．

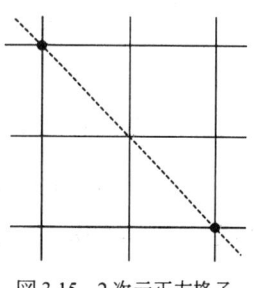

図3.15 2次元正方格子

【5】以下の問いに答えよ．

(1) 面心立方格子の第1ブリルアンゾーンと体心立方格子のウィグナー・ザイツセルの構造を比較せよ．

(2) 体心立方格子の第1ブリルアンゾーンと面心立方格子のウィグナー・ザイツセルの構造を比較せよ．

【6】六方最密構造 (hexsagonal close-packed structure)（図3.16(a),(b)）は単位構造として，原点と
$$\frac{1}{2}a\boldsymbol{e}_1 + \frac{\sqrt{3}}{6}a\boldsymbol{e}_2 + \frac{1}{2}c\boldsymbol{e}_3$$
に2個の原子をもつ（ブラベ格子は図3.4の六方格子P）．

(1) 基本並進ベクトルを求めよ．
(2) 基本単位格子の体積および逆格子の基本並進ベクトルを求めよ．

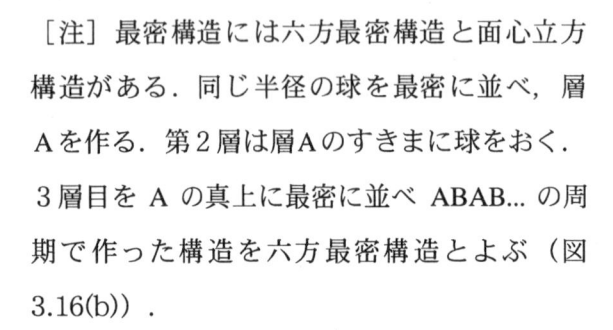

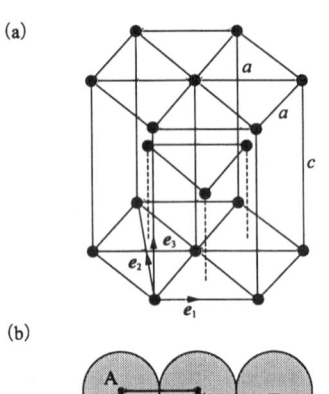

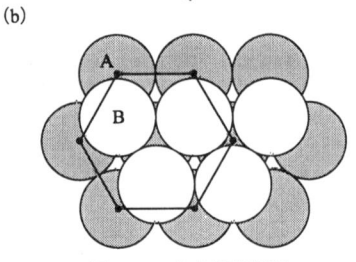

図3.16 六方最密構造

［注］最密構造には六方最密構造と面心立方構造がある．同じ半径の球を最密に並べ，層Aを作る．第2層は層Aのすきまに球をおく．3層目をAの真上に最密に並べABAB...の周期で作った構造を六方最密構造とよぶ（図3.16(b)）．

3層目をAの真上でないすきまに最密に並べると面Cができる（図3.17）．このようにABCABC...の周期で作った最密構造は面心立方構造となる．

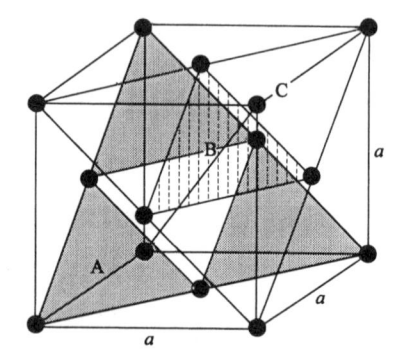

図3.17 立方最密構造（面心立方構造）：C面は1原子のみ描いてある．

【7】面心立方構造，六方最密構造および菱面体格子（図3.4）の基本単位格子の差異を述べよ．

練習問題略解

【1】省略

【2】(1) $a_1 = \frac{1}{2}a(e_1+e_2)$, $a_2 = \frac{1}{2}a(e_2+e_3)$, $a_3 = \frac{1}{2}a(e_3+e_1)$

(2) $v_\text{cell} = a_1 \cdot (a_2 \times a_3) = \frac{1}{4}a^3$

$b_1 = \frac{2\pi}{a}(e_1+e_2-e_3)$, $b_2 = \frac{2\pi}{a}(-e_1+e_2+e_3)$, $b_3 = \frac{2\pi}{a}(e_1-e_2+e_3)$

(3) $G_{111} = b_1+b_2+b_3$, $d = \frac{2\pi}{|G_{111}|} = \frac{a}{3}$. (4) 省略.

【3】(1) $v_\text{cell} = \frac{1}{2}a^3$

$b_1 = \frac{2\pi}{a}(e_2+e_3)$, $b_2 = \frac{2\pi}{a}(e_3+e_1)$, $b_3 = \frac{2\pi}{a}(e_1+e_2)$

(2) $d = \frac{2\pi}{|G_{111}|} = \frac{a}{\sqrt{6}}$. (3) 省略.

【4】(1) 基本並進ベクトルが $a_1 = ae_1$, $a_2 = ae_2$ の場合, 逆格子の基本並進ベクトルは $b_1 = \frac{2\pi}{a}e_1$, $b_2 = \frac{2\pi}{a}e_2$ となる. このときのミラー指数は $h:k=1:1$ であるから (1 1) となり, 面に垂直な逆格子ベクトルは

$$G_{11} = b_1+b_2 = \frac{2\pi}{a}(e_1+e_2)$$

この場合は, (1 1) と [1 1] は直交する. (1 1) を表すベクトルは $a(e_2-e_1)$ で [1 1] を表すベクトルは $a(e_1+e_2)$ であるから, $a^2(e_2-e_1) \cdot (e_1+e_2) = 0$.

(2) 基本並進ベクトルが $a_1 = ae_1$, $a_2 = a(e_1+e_2)$ の場合は, 逆格子の基本並進ベクトルは

$$b_1 = \frac{2\pi}{a}(e_1-e_2), \quad b_2 = \frac{2\pi}{a}e_2$$

となる. このときのミラー指数は $h:k = 1/2:1 = 1:2$ であるから, (1 2) である. 面に垂直な逆格子ベクトルは

$$G_{12} = b_1+2b_2 = \frac{2\pi}{a}(e_1-e_2+2e_2) = \frac{2\pi}{a}(e_1+e_2)$$

となり，当然ではあるが一致する．このとき，(1 2) を表すベクトルは $a_2 - 2a_1 = a(e_2 - e_1)$ で，[1 2] を表すベクトルは $a_1 + 2a_2 = a(3e_1 + 2e_2)$ であるから $a^2(e_2 - e_1) \cdot (3e_1 + 2e_2) \neq 0$ となり直交しない．

【5】省略

【6】(1) $a_1 = ae_1$, $a_2 = \frac{1}{2}ae_1 + \frac{\sqrt{3}}{2}ae_2$, $a_3 = ce_3$. (2) $v_{\text{cell}} = \frac{\sqrt{3}}{2}a^2 c$.

【7】<u>面心立方構造</u>の基本並進ベクトル（【2】参照）．図3.18は［111］方向からみた図（図3.17参照）．面間の長さは $a/\sqrt{3}$．基本並進ベクトル間の角度は $\theta = \cos^{-1}\left(\frac{1}{2}\right) = 120°$

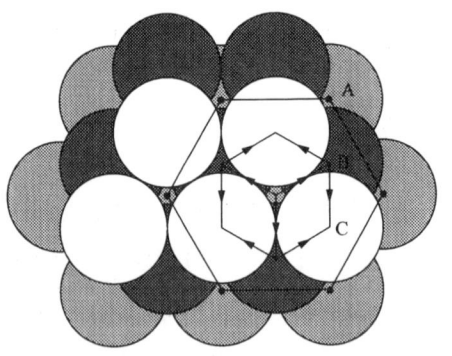

図3.18 立方最密構造（ABCABC…）：→は基本並進ベクトルが作る平行6面体の一部である．

<u>菱面体格子</u>の角度は $\alpha = \beta = \gamma \neq 90°$ かつ $\alpha = \beta = \gamma < 120°$ であるから，基本並進ベクトルは面心立方構造のそれを［111］方向に引き伸ばした，あるいは，縮めたベクトルである．

<u>六方最密構造</u>は【6】参照．軸比は

$$\frac{c}{a} = \frac{2\sqrt{2}}{\sqrt{3}} = 1.633$$

4 結晶の結合エネルギー

結晶構造は14種類のブラベ格子に，種々の原子からなる単位構造を配列したものである．これらの原子を結晶化する結合力はどのようなものかを本章で述べる．結合力によって結晶を分類すると，次のようになる．

1. 分子性結晶（molecular crystal）
2. イオン結晶（ionic crystal）
3. 共有結晶（covalent crystal）
4. 金属結晶（metallic crystal）
5. 水素結合結晶（hydrogen-bonded crystal）

4.1 結晶の結合

結晶は単位構造の並進によって理解できるが，その結合の様式となるとかなり複雑である．典型的には，① 分子性結晶（molecular crystal），② イオン結晶（ionic crystal），③ 共有結晶（covalent crystal），④ 金属結晶（metallic crystal），⑤ 水素結合結晶（hydrogen-bonded crystal）の5種類に分類される．典型的なこれらの結合について量子力学的に考察する．

2章でみたように，中心力場の1電子に対する波動方程式の解は厳密に求めることができ，それに基づいて，各元素の電子軌道の様子のおおよそを知ることができた．しかし，原子は水素原子を除いて2以上の電子で構成され，さらに進んで結合がどのようなものかを理解するには，2原子以上についての正しい知識が必要となる．最近では，コンピュータが高度に発達し第一原理計算が可能となり，かなりの部分まで正確に計算できるようになったが，結合様式を物理的に理解するためには，やはり解析的な手段が最も基礎的なものである．このため，波動方程式のより進んだ解析方法を学習することは重要である．ここでは，結合が弱い場合について，ま

ずその方法を修得しよう．

4.1.1 摂動論

結合の弱い典型的な例は，希ガス元素で構成される希ガス結晶にみられる．ここで，無限に離れた2つの原子を徐々に近づけることを考えよう．2原子が無限に離れた完全孤立系の一電子問題は2章で学んだ．2原子を近づけると，相互作用のため波動関数，エネルギー固有値が一電子状態のそれとは異なる値をとる．相互作用が弱い場合は，相互作用のないときの一電子状態からのずれとして解を求めるのが得策である．この弱い相互作用を表す項を摂動項とよぶ．

ハミルトニアン H は無摂動項 H_0 と摂動項 H_1 との和 $H = H_0 + H_1$ で与えられる．無摂動系の解 φ および E_0 は (1.40) の

$$H_0|\varphi\rangle = E_0|\varphi\rangle \tag{4.1}$$

を解くことによって得られる（2章）．量子数 $\{n, \ell, m, m_s\}$ を α で代表すると，これらの解は $\{\varphi_\alpha, E_{0,\alpha}\}$ によって与えられる．

摂動を考慮する場合は摂動項の多項展開による解法が用いられる．これを摂動展開とよぶ．系の波動関数および固有値を ψ, E とし，ハミルトニアンの摂動項を特に λH_1 と書けば，波動方程式は

$$(H_0 + \lambda H_1)|\psi\rangle = E|\psi\rangle \tag{4.2}$$

λ は摂動の次数を明確に示すために導入したもので，後で $\lambda = 1$ とおく．

波動関数と固有値は摂動 λH_1 の存在により，それぞれ，無摂動状態の値 φ および E_0 からずれる．このずれの部分を λ のベキ乗を用いて，次のように展開する．

$$\begin{aligned}|\psi\rangle &= |\varphi\rangle + \lambda|\psi_1\rangle + \lambda^2|\psi_2\rangle + \lambda^3|\psi_3\rangle + \dots \\ E &= E_0 + \lambda E_1 + \lambda^2 E_2 + \lambda^3 E_3 + \dots\end{aligned} \tag{4.3}$$

ここで，量子数 α に対するエネルギー準位および波動関数が，摂動のためにどのように変化するかをみてみよう．(4.1) の解のうち，α で表されるエネルギー準位およ

び波動関数は次式に従う．

$$H_0|\varphi_\alpha\rangle = E_{0,\alpha}|\varphi_\alpha\rangle \tag{4.4}$$

(4.3) の φ と E_0 を φ_α および $E_{0,\alpha}$ と読み替え，(4.3)を(4.2)に代入する．λ の同じ次数の係数は左辺と右辺で恒等的に等しい，とおくと

$$\begin{aligned}
(H_0 - E_{0,\alpha})|\varphi_\alpha\rangle &= 0 \\
(H_0 - E_{0,\alpha})|\psi_1\rangle &= (E_1 - H_1)|\varphi_\alpha\rangle \\
(H_0 - E_{0,\alpha})|\psi_2\rangle &= (E_1 - H_1)|\psi_1\rangle + E_2|\varphi_\alpha\rangle \\
&\cdots\cdots\cdots\cdots
\end{aligned} \tag{4.5}$$

の関係式が得られる．

(4.1) の無摂動解 $\{\varphi_\alpha\}$ は 2 章でみたように正規直交関数系である．(4.5) の任意次数の波動関数 $\{\psi_i | i = 1,2,3,...\}$ はこれを用いて次のように展開できる．

$$|\psi_i\rangle = \sum_\beta c_{i,\beta}|\varphi_\beta\rangle \tag{4.6}$$

<u>1 次摂動</u>　(4.6) を (4.5) の第 2 式に代入すると

$$\sum_\beta c_{1,\beta}(E_{0,\beta} - E_{0,\alpha})|\varphi_\beta\rangle = (E_1 - H_1)|\varphi_\alpha\rangle \tag{4.7}$$

となり，さらに左から $\langle\varphi_\alpha|$ をかけ直交関係を使うと

$$E_1 = \langle\varphi_\alpha|H_1|\varphi_\alpha\rangle \tag{4.8}$$

が得られる．

【計算】(4.7) 左辺から
$$\langle\varphi_\alpha|\sum_\beta c_{1,\beta}(E_{0,\beta} - E_{0,\alpha})|\varphi_\beta\rangle = \sum_\beta c_{1,\beta}(E_{0,\beta} - E_{0,\alpha})\langle\varphi_\alpha|\varphi_\beta\rangle$$
$$= \sum_\beta c_{1,\beta}(E_{0,\beta} - E_{0,\alpha})\delta_{\alpha\beta} = 0$$

右辺は
$$\langle\varphi_\alpha|(E_1 - H_1)|\varphi_\alpha\rangle = E_1\langle\varphi_\alpha|\varphi_\alpha\rangle - \langle\varphi_\alpha|H_1|\varphi_\alpha\rangle = E_1 - \langle\varphi_\alpha|H_1|\varphi_\alpha\rangle$$

両辺を等しくおけば，(4.8) が得られる．

(4.7) の左から $\tau \neq \alpha$ に対する $\langle \varphi_\tau |$ をかければ，同様の計算から

$$c_{1,\tau} = \frac{\langle \varphi_\tau | H_1 | \varphi_\alpha \rangle}{E_{0,\alpha} - E_{0,\tau}}, \quad \tau \neq \alpha \tag{4.9}$$

が得られる．(4.3), (4.6), (4.9) から，量子数 α に対する1次摂動の波動関数は，次のように求めることができる．

$$\begin{aligned}|\psi_\alpha\rangle &= |\varphi_\alpha\rangle + \lambda |\psi_1\rangle|_{\lambda=1} \\ &= |\varphi_\alpha\rangle + c_{1,\alpha}|\varphi_\alpha\rangle + \sum_{\beta \neq \alpha} \frac{|\varphi_\beta\rangle\langle \varphi_\beta | H_1 | \varphi_\alpha\rangle}{E_{0,\alpha} - E_{0,\beta}}\end{aligned} \tag{4.10}$$

$c_{1,\alpha}$ は波動関数 (4.10) に対する規格化条件，$\langle \psi_\alpha | \psi_\alpha \rangle = 1$，を用いて決定できる．$\lambda$ の1次まで考慮すれば

$$\begin{aligned}\langle \psi_\alpha | \psi_\alpha \rangle &= \left((1 + \lambda c_{1,\alpha}{}^*)\langle \varphi_\alpha | + \lambda \sum_{\beta \neq \alpha} \frac{\langle \varphi_\alpha | H_1 | \varphi_\beta\rangle\langle \varphi_\beta |}{E_{0,\alpha} - E_{0,\beta}} \right) \\ &\quad \times \left(|\varphi_\alpha\rangle(1 + \lambda c_{1,\alpha}) + \lambda \sum_{\beta' \neq \alpha} \frac{|\varphi_{\beta'}\rangle\langle \varphi_{\beta'} | H_1 | \varphi_\alpha\rangle}{E_{0,\alpha} - E_{0,\beta'}} \right) \\ &= (1 + \lambda c_{1,\alpha}{}^*)(1 + \lambda c_{1,\alpha}) + O(\lambda^2) \approx 1 + \lambda c_{1,\alpha}{}^* + \lambda c_{1,\alpha}\end{aligned}$$

$O(\lambda^2)$ は λ^2 以上の次数の項を意味する．右辺は1でなければならないから

$$c_{1,\alpha} = 0 \tag{4.11}$$

と求まる．結局，波動関数は次のように書ける．

$$|\psi_\alpha\rangle = |\varphi_\alpha\rangle + \sum_{\beta \neq \alpha} \frac{|\varphi_\beta\rangle\langle \varphi_\beta | H_1 | \varphi_\alpha\rangle}{E_{0,\alpha} - E_{0,\beta}} \tag{4.12}$$

<u>2次摂動</u>　級数展開 (4.6) を (4.5) の第3式に代入し，左から $\langle \varphi_\alpha |$ をかけ $c_{1,\alpha} = 0$ を考慮すれば

$$E_2 = \sum_\beta c_{1,\beta} \langle \varphi_\alpha | H_1 | \varphi_\beta \rangle = \sum_{\beta \neq \alpha} \frac{|\langle \varphi_\alpha | H_1 | \varphi_\beta \rangle|^2}{E_{0,\alpha} - E_{0,\beta}} \tag{4.13}$$

が得られる．したがって，(4.3) のエネルギーを E_α と書いて，(4.8), (4.13) から

$$E_\alpha = E_{0,\alpha} + \langle \varphi_\alpha | H_1 | \varphi_\alpha \rangle + \sum_{\beta \neq \alpha} \frac{|\langle \varphi_\alpha | H_1 | \varphi_\beta \rangle|^2}{E_{0,\alpha} - E_{0,\beta}} \qquad (4.14)$$

とまとめられる．

4.1.2 双極子—双極子相互作用

希ガス元素の原子は閉殻構造をとるが，核電荷と電子による双極子場を形成する．このため，原子間に弱いファンデルワールス引力が働き結晶を構成する．この

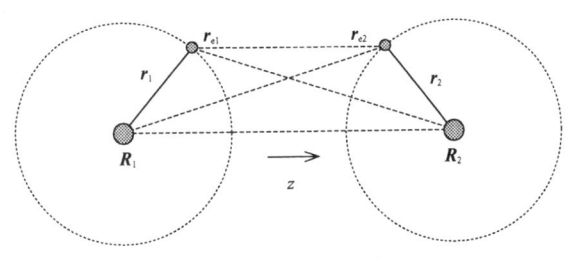

図 4.1 クーロン相互作用

ファンデルワールス引力の起源を探るために，最も簡単な水素原子を取り上げよう．

電荷 e の核および1電子（電荷 $-e$）の水素原子が，ある距離をおいて相互作用している（図4.1）．このとき，それぞれの核の位置を $\boldsymbol{R}_1, \boldsymbol{R}_2$，電子の位置を $\boldsymbol{r}_{e1}, \boldsymbol{r}_{e2}$ とすると，この系における相互作用のエネルギーは

$$V = \frac{e^2}{4\pi\varepsilon_0} \left[\frac{1}{|\boldsymbol{R}_1 - \boldsymbol{R}_2|} - \frac{1}{|\boldsymbol{r}_{e1} - \boldsymbol{R}_1|} - \frac{1}{|\boldsymbol{r}_{e2} - \boldsymbol{R}_2|} \right. \\ \left. + \frac{1}{|\boldsymbol{r}_{e1} - \boldsymbol{r}_{e2}|} - \frac{1}{|\boldsymbol{r}_{e1} - \boldsymbol{R}_2|} - \frac{1}{|\boldsymbol{r}_{e2} - \boldsymbol{R}_1|} \right] \qquad (4.15)$$

である．$\boldsymbol{R} = \boldsymbol{R}_2 - \boldsymbol{R}_1$，$R = |\boldsymbol{R}|$，$\boldsymbol{r}_1 = \boldsymbol{r}_{e1} - \boldsymbol{R}_1$，$\boldsymbol{r}_2 = \boldsymbol{r}_{e2} - \boldsymbol{R}_2$ と置き換え，原子間距離に比べて，各電子の核からの距離が充分小さい $R \gg r_1, r_2$ とすれば，V は

$$V = \frac{e^2}{4\pi\varepsilon_0}\left[\frac{1}{R} - \frac{1}{r_1} - \frac{1}{r_2} + \frac{1}{|R - r_1 + r_2|} - \frac{1}{|R - r_1|} - \frac{1}{|R + r_2|}\right]$$

$$\approx \frac{e^2}{4\pi\varepsilon_0}\left[-\frac{1}{r_1} - \frac{1}{r_2} + \frac{x_1 x_2 + y_1 y_2 - 2 z_1 z_2}{R^3}\right], \quad r_i = (x_i, y_i, z_i), \quad i = 1, 2 \qquad (4.16)$$

と近似できる．(4.16) 第2式の右辺3項目の電子間相互作用は1，2項目に比して $(r/R)^3$ の大きさであり非常に小さい．この項が原子1, 2 間の双極子一双極子相互作用である．つまり，クーロンポテンシャルそのものによるのではなく，均一な電荷の中性からずれた双極子によるものである．実際，閉殻原子では，電荷の中性がより完全であり，この相互作用が重要になる．

ハミルトニアンは，(4.16) に電子の運動エネルギーを考慮して

$$\begin{aligned}
&H = H_0 + H_1, \quad H_0 = H_{01} + H_{02} \\
&H_{0i} = \frac{p_i^2}{2m} - \frac{e^2}{4\pi\varepsilon_0 r_i}, \quad i = 1, 2 \\
&H_1 = \frac{e^2}{4\pi\varepsilon_0 R^3}(x_1 x_2 + y_1 y_2 - 2 z_1 z_2)
\end{aligned} \qquad (4.17)$$

と書ける．H_{0i} は相互作用のない場合のハミルトニアンで，H_0 は (4.4) を満足する．H_1 は H_{0i} に比して弱い相互作用を表す摂動である．以上，V および H は変数 r_1, r_2 等の関数であるが，簡単のため V および H と記した．

<u>相互作用のない場合の基底状態</u>　孤立水素原子の基底状態は 1s ($n = 1, \ell = 0, m = 0$) である．一般に，2電子系の波動関数は，パウリの排他律および粒子の無個別性に由来する波動関数の対称性から付録4Aで与えられる．水素原子の結合を調べる場合はこれを考慮しなければならない．

ここでは，充分離れた中性原子間の，弱い双極子一双極子相互作用の起源を探るため，無相互作用における基底状態の波動関数を，各原子に属する波動関数の積で表せば十分である．基底状態の波動関数 $\varphi_g(r_1, r_2)$ は (2.29)，(2.35) を用いて一電子状態の積

$$\varphi_g(\boldsymbol{r}_1, \boldsymbol{r}_2) = \varphi_{1s}(\boldsymbol{r}_1)\varphi_{1s}(\boldsymbol{r}_2) = \left(\frac{1}{\sqrt{\pi a_0^3}}\right)^2 e^{-\frac{r_1}{a_0}} e^{-\frac{r_2}{a_0}} \quad (4.18)$$

で表される．このとき

$$\begin{aligned} H_0 \varphi_g(\boldsymbol{r}_1, \boldsymbol{r}_2) &= (H_{01} + H_{02})\varphi_{1s}(\boldsymbol{r}_1)\varphi_{1s}(\boldsymbol{r}_2) \\ &= (E_{0,1s} + E_{0,1s})\varphi_{1s}(\boldsymbol{r}_1)\varphi_{1s}(\boldsymbol{r}_2) = E_{0,g}\varphi_g(\boldsymbol{r}_1,\boldsymbol{r}_2) \\ E_{0,g} &= 2E_{0,1s} \end{aligned} \quad (4.19)$$

<u>相互作用エネルギーの評価</u>　(4.8) の 1 次の摂動エネルギーは

$$\begin{aligned} E_1 &= \frac{e^2}{4\pi\varepsilon_0 R^3}\int d\boldsymbol{r}_1 d\boldsymbol{r}_2\, \varphi_{1s}^*(\boldsymbol{r}_2)\varphi_{1s}^*(\boldsymbol{r}_1)(x_1 x_2 + y_1 y_2 - 2z_1 z_2)\varphi_{1s}(\boldsymbol{r}_1)\varphi_{1s}(\boldsymbol{r}_2) \\ &\equiv \frac{e^2}{4\pi\varepsilon_0 R^3}\langle \varphi_g | x_1 x_2 + y_1 y_2 - 2z_1 z_2 | \varphi_g \rangle \\ &= \frac{e^2}{4\pi\varepsilon_0 R^3}\{\langle \varphi_{1s}|x_1|\varphi_{1s}\rangle\langle \varphi_{1s}|x_2|\varphi_{1s}\rangle + \langle \varphi_{1s}|y_1|\varphi_{1s}\rangle\langle \varphi_{1s}|y_2|\varphi_{1s}\rangle \\ &\quad - 2\langle \varphi_{1s}|z_1|\varphi_{1s}\rangle\langle \varphi_{1s}|z_2|\varphi_{1s}\rangle\} = 0 \end{aligned} \quad (4.20)$$

となる．波動関数 (4.18) は原子 1，2 の周りで中心対称で，x, y, z が奇関数であるから期待値は 0 である．したがって，相互作用によるエネルギーは (4.14) から

$$\Delta E = E_g - E_{0,g} = -\sum_{\beta \neq g} \frac{|\langle \varphi_g | H_1 | \varphi_\beta \rangle|^2}{E_{0,\beta} - E_{0,g}} \quad (4.21)$$

1s のすぐ上のエネルギー準位は 2s 準位である．このエネルギーを $E_{0,\mathrm{ex}} = 2E_{0,2s}$ で表して

$$\begin{aligned} -\Delta E &= \sum_{\beta \neq g} \frac{|\langle \varphi_g|H_1|\varphi_\beta\rangle|^2}{E_{0,\beta} - E_{0,g}} < \sum_{\beta \neq g}\frac{|\langle \varphi_g|H_1|\varphi_\beta\rangle|^2}{E_{0,\mathrm{ex}} - E_{0,g}} \\ &= \sum_\beta \frac{\langle \varphi_g|H_1|\varphi_\beta\rangle\langle \varphi_\beta|H_1|\varphi_g\rangle}{E_{0,\mathrm{ex}} - E_{0,g}} = \frac{\langle \varphi_g|H_1^2|\varphi_g\rangle}{E_{0,\mathrm{ex}} - E_{0,g}} = \frac{2e^2 a_0^5}{\pi \varepsilon_0 R^6} \end{aligned} \quad (4.22)$$

$$\langle \varphi_g|H_1^2|\varphi_g\rangle = \frac{3e^4 a_0^4}{8\pi^2\varepsilon_0^2 R^6}, \quad E_{0,\mathrm{ex}} - E_{0,g} = \frac{3e^2}{16\pi\varepsilon_0 a_0}$$

4　結晶の結合エネルギー

と計算できる．無摂動エネルギー $E_{0,g}$, $E_{0,ex}$ は (4.19)，(4.22) で表される 2 電子の値で，(2.28) から得られる．また，$\langle \varphi_g | H_1^2 | \varphi_g \rangle$ の計算は (4.18) を用いて遂行できる．(4.22) の 1 行目の不等号は $E_{0,ex} \leq E_{0,\beta}$，2 行目の等号は $\langle \varphi_g | H_1 | \varphi_g \rangle = 0$ を，3 行目の等号は (1.53b) の完備性を用いた．a_0 は (2.6a) で定義された水素原子のボーア半径で，$\hbar^2$ に比例する量である．

相互作用エネルギー ΔE は，摂動のため波動関数が中心対称からずれるために生じるエネルギーである．波動関数 $\{\varphi_\beta\}$ が中心対称であれば，(4.21) は明らかに 0 である．(4.21)，(4.22) から，ΔE はエネルギーの下限値 $\Delta E_L = -2e^2 a_0^5 / \pi \varepsilon_0 R^6$ より大きい値をとることがわかる．上限値は次節の変分法を利用して得ることができる．

4.1.3 変分法

ハミルトニアンを H，規格化されていない波動関数を ψ とすれば，エネルギーの期待値は

$$E = \frac{\int \psi^* H \psi \, d\mathbf{r}}{\int \psi^* \psi \, d\mathbf{r}} = \frac{\langle \psi | H | \psi \rangle}{\langle \psi | \psi \rangle} \tag{4.23}$$

で与えられる．(4.23) の極小値が求まれば，それはシュレーディンガー方程式の解を求めることと同じである．エネルギーが極小値であるためには，(4.23) の波動関数に対する変分が 0 でなければならない．つまり

$$\begin{aligned}
\delta E &= \delta \left\{ \frac{\int \psi^* H \psi \, d\mathbf{r}}{\int \psi^* \psi \, d\mathbf{r}} \right\} \\
&= \frac{\int \delta\psi^* H \psi \, d\mathbf{r} + \int \psi^* H \delta\psi \, d\mathbf{r}}{\int \psi^* \psi \, d\mathbf{r}} - \frac{\int \delta\psi^* \psi \, d\mathbf{r} + \int \psi^* \delta\psi \, d\mathbf{r}}{\int \psi^* \psi \, d\mathbf{r}} E \\
&= \frac{\int \delta\psi^* (H\psi - E\psi) \, d\mathbf{r} + \int \psi^* (H - E) \delta\psi \, d\mathbf{r}}{\int \psi^* \psi \, d\mathbf{r}} = 0
\end{aligned} \tag{4.24}$$

$\delta\psi^*, \delta\psi$ は独立な任意の変分量と考えていいから，再び，次の波動方程式を得る．

$$H\psi = E\psi \tag{4.25}$$

4.1.4 ファンデルワールス引力

波動関数そのものを変分関数として用い，シュレーディンガー方程式を得た．我々の目的は，摂動項が存在するときにエネルギーのおおよその値を見積もることにある．そこで，ある変数を含んだ具体的な波動関数を与え，変分法を利用してこの変数を求めてみよう．

相互作用 H_1 (4.17) のもとにおける波動関数は，1次摂動から (4.12) のように H_1 の1次式で求められる．したがって，(4.24) の試行関数として実数 γ を変分パラメータとする

$$\psi(\boldsymbol{r}_1, \boldsymbol{r}_2) = (1 + \gamma H_1)\varphi_g \tag{4.26}$$

を選ぼう．無摂動系の基底状態は §4.1.2 の計算と同様，(4.18) の φ_g を用いる．

変分によって求められるエネルギーは，系の基底状態のエネルギーに等しいか，またはそれより大きい（付録4B）．つまり，基底状態の真のエネルギー $E_{0,g} + \Delta E$ は変分によって求められるエネルギーに等しいか，またはそれより小さい．H_1^2 の次数まで考慮すれば

$$\begin{aligned} E_{0,g} + \Delta E &\leq \frac{\int \psi(\boldsymbol{r}_1,\boldsymbol{r}_2)^* H \psi(\boldsymbol{r}_1,\boldsymbol{r}_2) d\boldsymbol{r}_1 d\boldsymbol{r}_2}{\int \psi(\boldsymbol{r}_1,\boldsymbol{r}_2)^* \psi(\boldsymbol{r}_1,\boldsymbol{r}_2) d\boldsymbol{r}_1 d\boldsymbol{r}_2} \\ &= \frac{\int \varphi_g^* (1+\gamma H_1)(H_0 + H_1)(1+\gamma H_1)\varphi_g d\boldsymbol{r}_1 d\boldsymbol{r}_2}{\int \varphi_g^* (1+\gamma H_1)^2 \varphi_g d\boldsymbol{r}_1 d\boldsymbol{r}_2} \\ &\approx \frac{E_{0,g} + 2\gamma \langle \varphi_g | H_1^2 | \varphi_g \rangle + \gamma^2 \langle \varphi_g | H_1 H_0 H_1 | \varphi_g \rangle}{1 + \gamma^2 \langle \varphi_g | H_1^2 | \varphi_g \rangle} \end{aligned}$$

ただし，H_1 の期待値は (4.20) より 0 であることを用いた．また，$\langle \varphi_g | H_1 H_0 H_1 | \varphi_g \rangle$ も (4.18) の波動関数を用いて 0 であることが示されるから

$$\begin{aligned} E_{0,g} + \Delta E &\leq \{E_{0,g} + 2\gamma \langle \varphi_g | H_1^2 | \varphi_g \rangle\}\{1 - \gamma^2 \langle \varphi_g | H_1^2 | \varphi_g \rangle\} \\ &\approx E_{0,g} + 2\gamma \langle \varphi_g | H_1^2 | \varphi_g \rangle - \gamma^2 E_{0,g} \langle \varphi_g | H_1^2 | \varphi_g \rangle \end{aligned} \tag{4.27}$$

が得られる．

(4.27) の右辺は変分パラメータ γ の関数で，$\gamma = 1/E_{0,g}$ のとき極小値をとる．この値を (4.27) に代入し，(4.19) の $E_{0,g} = 2 \times (-e^2/8\pi\varepsilon_0 a_0)$ および (4.22) を用いれば

$$E_{0,g} + \Delta E \leq E_{0,g} + \frac{\langle \varphi_g | H_1^2 | \varphi_g \rangle}{E_{0,g}} = E_{0,g} - \frac{3e^2 a_0^5}{2\pi\varepsilon_0 R^6} \tag{4.28}$$

の関係が得られる．したがって (4.22) とから

$$-\frac{2e^2 a_0^5}{\pi\varepsilon_0 R^6} \leq \Delta E \leq -\frac{3e^2 a_0^5}{2\pi\varepsilon_0 R^6} \tag{4.29}$$

ここで定数 A を導入し，改めて ΔE を $V_{\mathrm{VDW}}(R)$ で表せば

$$V_{\mathrm{VDW}}(R) = -\frac{A}{R^6} \tag{4.30}$$

これをファンデルワールス相互作用（エネルギー）とよぶ．

4.2 分子性結晶

このように，原子あるいは分子自身が電気的に中性であっても，双極子―双極子相互作用による電子雲のひずみが，ファンデルワールス引力を誘起する．安定な閉殻構造をもつ Ne（融点 $T_m = 24.6[\mathrm{K}]$），Ar（$T_m = 83.8[\mathrm{K}]$）等の希ガス元素は低温で固体になるが，この弱い結合による．メタン（$T_m = 90.6[\mathrm{K}]$）や酸素（$T_m = 54.4[\mathrm{K}]$）の固体等もファンデルワールス結合による．このファンデルワールス引力に起因する結晶のことを，一般に分子性結晶という．

一方，閉殻構造を持つ希ガス原子が互いに重なり合うほどに接近すると，パウリの排他律に由来して原子間距離に依存する強い斥力が働く．つまり，原子１の電子によって占められている準位に，原子２の電子が占有しようとすると，排他律によっていずれかの電子はエネルギーの高い準位を占めざるを得なくなる．このためエネルギーを下げようとして強い斥力が働く．式で書けば $e^{(\sigma_1 + \sigma_2 - R)/\rho}$ に比例する斥力で与えられる．σ_1, σ_2 はイオン半径で ρ は定数である．この斥力は，しばしば，経験

的なレナード・ジョンズのポテンシャル C/R^{12} によって近似的に置き換えられる.

<u>平衡位置</u>　(4.30)の A および上記の定数 C を，$A = 4\varepsilon\sigma^6$, $C = 4\varepsilon\sigma^{12}$ と置き直せば，距離 R だけ離れた2原子の対ポテンシャルエネルギーは

$$V(R) = 4\varepsilon\left\{\left(\frac{\sigma}{R}\right)^{12} - \left(\frac{\sigma}{R}\right)^6\right\} \tag{4.31}$$

表4.1　ポテンシャルの係数
（気体の実験から得られた値）

	$\varepsilon [\times 10^{-23} \mathrm{J}]$	$\sigma [\text{Å}]$
He	14	2.56
Ne	50	2.74
Ar	167	3.40
Kr	225	3.65
Xe	320	3.98

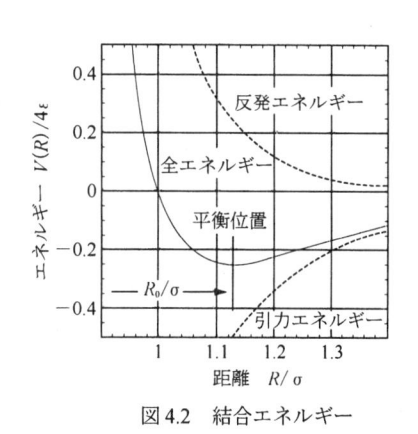

図4.2　結合エネルギー

と書ける（図4.2）. 通常 (4.31) をレナード・ジョンズポテンシャルとよぶ. この2つのパラメータ ε, σ の値は気体に対する実験から得られる. これらの値が表4.1に与えてある. 固体原子の平衡位置 R_0 は，ポテンシャル (4.31) が $\partial V(R)/\partial R|_{R=R_0} = 0$ を満足しなければならないことから

$$\frac{R_0}{\sigma} = 2^{1/6} = 1.12 \tag{4.32}$$

一方，実験値は表4.1の σ の値と固体から得られる R_0 を利用して表4.2で与えられ，(4.32) との一致はよい.

4　結晶の結合エネルギー

表4.2 希ガス結晶の実験値
(表4.1のσを用いて得られた値)

	Ne	Ar	Kr	Xe
R_0/σ	1.14	1.11	1.10	1.09

<u>結合エネルギー</u>　平衡位置におけるエネルギーは (4.31), (4.32) から $V(R_0) = -\varepsilon$ である．ファンデルワールス引力は非常に弱いため，希ガス結晶は最密な面心立方（fcc）構造をとる（図3.17）．最隣接原子数は 12 であるから1原子あたりのボンドの数は 6 である．全粒子数を N とすれば，バラバラの原子にするのに必要なエネルギーは

$$U(R_0) = 0 - 6N \times (-\varepsilon) = 6N\varepsilon \tag{4.33}$$

である．このエネルギーは，バラバラの原子状態と凝集した状態のエネルギー差で，凝集エネルギーあるいは結合エネルギーとよばれる．ちなみに，Ne 1原子あたりの凝集エネルギーは，表4.1で与えられる値 $\varepsilon = 50 \times 10^{-23}$[J] を(4.33)に用い，$U(R_0)/N = 6\varepsilon = 3 \times 10^{-21}$[J] = 0.019[eV] と求まる．実験値は 0.02[eV] であるからよく一致している．このことから，希ガス固体が (4.31) のポテンシャルで結合していると考えることができる．

<u>体積弾性率</u>　圧力 P は，ヘルムホルツの自由エネルギー $F = U - TS$ を用いて，体積Ωによる偏微分 $P = -(\partial F/\partial \Omega)_{T,N}$ で与えられる．結晶の体積を $\Delta\Omega$ だけ増加すれば内部圧力は ΔP だけ減少する．したがって，等温体積弾性率 B は $\Delta P/\Delta\Omega = -B/\Omega$ によって定義できる．

$$B = -\Omega \left(\frac{\partial P}{\partial \Omega}\right)_{T,N} = \Omega \left(\frac{\partial^2 F}{\partial \Omega^2}\right)_{T,N} = \Omega \left(\frac{\partial^2 U}{\partial \Omega^2}\right)_{T,N} \tag{4.34}$$

エントロピーの効果は無視できるから，右辺3項目は $F = U$ と置いて示してある．面心立方格子の格子定数を a とすると（図3.17），原子あたりの体積は $a^3/4$ であるから $\Omega = Na^3/4 = NR^3/\sqrt{2}$ である．ただし，R は最近接原子間距離である．内部エネルギー $U = 6NV(R)$（$V(R)$ は (4.31)）を (4.34) に代入し，$R = R_0$ における値 (4.32) を用いれば，体積弾性率は $B = 48\sqrt{2}\varepsilon/R_0^3$ と求まる．

Ne に対する理論値は，(4.32) と表 4.1 の σ の値から得られる $R_0 = 3.07$ [Å] および $6\varepsilon = 0.019$ [eV] を用い，$B = 0.012 \times 10^{11}$ [N/m^2] と求まる．4[K] における実験値 0.010×10^{11} [N/m^2] とほぼ一致する．

4.3 イオン結晶

NaCl 結晶は図4.3に示される岩塩構造をとる．Na および Cl 原子の電子配置は

$$\text{Na} : (1s)^2(2s)^2(2p)^6(3s)^1$$
$$\text{Cl} : (1s)^2(2s)^2(2p)^6(3s)^2(3p)^5 \quad (4.35a)$$

Na$^+$ および Cl$^-$ イオンの電子配置は

$$\text{Na}^+ : (1s)^2(2s)^2(2p)^6$$
$$\text{Cl}^- : (1s)^2(2s)^2(2p)^6(3s)^2(3p)^6 \quad (4.35b)$$

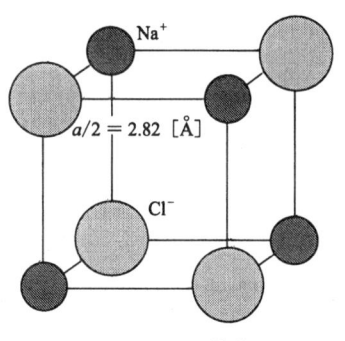

図 4.3　NaCl 結晶

である．NaCl 結晶は Na から Cl への電荷移動による Na$^+$ イオンおよび Cl$^-$ イオンからなる．この電荷移動は，Na の 3s 電子のエネルギー準位（−5.139[ev]）が Cl の 3p 準位（−12.97[ev]）より大きいこと（表2-1），3s 電子の平均距離が (2.34) で $Z_{\text{eff}} = 1$ とすれば $<r>_{3s} \sim 7.2$ [Å] となり，3s 電子の密度が結晶の最隣接距離をこえて広がっていること（図2.3），2p のそれが最隣接距離に比して十分に小さいこと，また，Cl の 3p 電子も最隣接距離に比して十分に小さいと見積もられること，に由来すると考えられる．

それぞれのイオンは Ne および Ar の閉殻構造をとり，イオン間引力により結合する．

マーデルング定数 イオン対（1分子）当たりの結合エネルギーを古典的に求めよう．ある Cl⁻イオンを原点にとれば，距離が $R = a/2$ に存在する最隣接イオン Na⁺ の数は 6，距離 $\sqrt{2}R$ にある第 2 隣接イオン Cl⁻ の数は 12 個である．第 3 隣接イオンの数は 8 で距離は $\sqrt{3}R$ である．したがって，Na⁺，Cl⁻ の総数を $2N_p$ とすれば，系の静電エネルギーは

$$\begin{aligned}
U_c &= \frac{1}{2}\sum_{i\neq j}\frac{e_i e_j}{4\pi\varepsilon_0 r_{ij}} = \frac{1}{2}\times 2N_p \sum_j \frac{e_0 e_j}{4\pi\varepsilon_0 r_{0j}} \\
&= N_p \frac{-e^2}{4\pi\varepsilon_0 R}(6 - \frac{12}{\sqrt{2}} + \frac{8}{\sqrt{3}} - ...) \\
&= N_p \frac{-e^2}{4\pi\varepsilon_0 R}\alpha \\
\alpha &= 6 - \frac{12}{\sqrt{2}} + \frac{8}{\sqrt{3}} - ... = 6 - 8.485 + 4.618 - ... = 2.133..
\end{aligned} \qquad (4.36)$$

と求めることができる．α はマーデルング定数とよばれ構造によって決定される定数である．この方法では，3 項目まで考慮して $\alpha = 2.133$ である．正しい値は $\alpha = 1.7475...$ であるから，(4.36) の計算方法はかなり収束が悪いことを示している．次に示すエブジェン (Evjen) の方法は収束がはやい．

ある Cl⁻ を原点にとり，$\pm R$ の立方体を考えこれを第 1 殻とする（図4.4）．このときそれぞれのイオンの電荷を殻あたりの電荷に分割すれば，電荷の総数 Q_1 は

$$Q_1 = -1 + (\frac{1}{2}\times 6 - \frac{1}{4}\times 12 + \frac{1}{8}\times 8)_1 = 0 \qquad (4.37)$$

となる．次に $\pm 2R$ の立方体を第 2 殻としてとり，同様に電荷を分割する．第 1 殻の残りの電荷と第 2 殻の電荷の和 Q_2 はやはり 0 である．

$$\begin{aligned}
Q_2 = &(\frac{1}{2}\times 6 - \frac{3}{4}\times 12 + \frac{7}{8}\times 8)_1 + \\
&(-\frac{1}{2}\times 6 + \frac{1}{2}\times 24 - \frac{1}{2}\times 24 + \frac{1}{4}\times 24 - \frac{1}{4}\times 12 - \frac{1}{8}\times 8)_2 = 0
\end{aligned} \qquad (4.38)$$

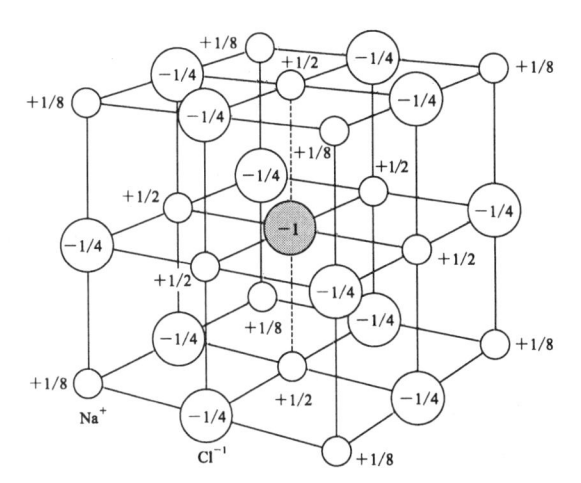

図 4.4 NaCl 型結晶に対するマーデルング定数の計算（第 1 殻）

このような分割のもとにエネルギーを計算すると，第 1 殻では

$$V_1 = N_\mathrm{p} \frac{-e^2}{4\pi\varepsilon_0 R}\left(\frac{1}{2}\times 6 - \frac{1}{\sqrt{2}}\times\frac{1}{4}\times 12 + \frac{1}{\sqrt{3}}\times\frac{1}{8}\times 8 - \ldots\right)_1$$
$$= N_\mathrm{p}\frac{-e^2}{4\pi\varepsilon_0 R}\alpha, \quad \alpha = 1.456 \tag{4.39}$$

となる．第 2 殻まで考慮すると $\alpha = 1.750$ となる．第 3 殻まで計算すると $\alpha = 1.748$ となり，正しい値に近い値を与える．

<u>体積弾性率と結合エネルギー</u>　イオン結晶でも，分子性結晶のところで述べたファンデルワールス引力と，電子雲の重なりに由来する量子力学的な斥力ポテンシャルが働く．NaCl の最隣接イオン数は 6 だから，イオン対当たり 6 のボンドが存在する．したがって，1 分子（イオン対）あたりの結合エネルギーは

4　結晶の結合エネルギー

$$V_{\text{pair}} = -\frac{\alpha e^2}{4\pi\varepsilon_0 R} + 24\varepsilon\left\{(\frac{\sigma}{R})^{12} - (\frac{\sigma}{R})^6\right\} \tag{4.40a}$$

ファンデルワールス項はクーロン引力に比して十分小さいので，右辺第3項目を無視し，次のように定数 C および n を用いて表そう．

$$V_{\text{pair}} = -\frac{\alpha e^2}{4\pi\varepsilon_0 R} + \frac{C}{R^n} \tag{4.40b}$$

<u>平衡位置</u>　R_0 におけるエネルギーは，$dV_{\text{pair}}/dR|_{R=R_0} = 0$ を利用して次のように求まる．

$$V_{\text{pair}}^0 = -\frac{\alpha e^2}{4\pi\varepsilon_0 R_0}(1 - \frac{1}{n}) \tag{4.41}$$

一方，体積弾性率は，$\Omega = 2N_p R^3$, $U = N_p V_{\text{pair}}$ を用いて (4.34) を遂行し，(4.41) の $R = R_0$ を用いれば

$$B = \frac{(n-1)\alpha e^2}{72\pi\varepsilon_0 R_0^4} \tag{4.42}$$

となる．

NaClの室温での実験値は $B = 2.40 \times 10^{10}$[N/m^2] であるから，マーデルング定数 $\alpha = 1.75$ および実験値 $R_0 = 2.82$[Å] を用いて，$n = 8.8$ と計算される．この n の値を (4.41) に用いれば $V_{\text{pair}}^0 = 1.27 \times 10^{-18}$[J] $= 9.27 \times 10^4$[K] が得られる．あるいはアボガドロ数をかければ 183.3[kcal/mol] となり，室温における実験値 182.6[kcal/mol] に近い値が得られる．

4.4　共有結晶
4.4.1　分子軌道法

共有結合は電子を共有することによる結合を意味し，これからなる結晶を共有結晶とよぶ．この結合を理解するために，まず分子の電子状態を分子軌道法によって考えよう．分子軌道法は，原子の1電子軌道関数（2章）を求めるのと同様，分子に対する1電子軌道を求めるものである．

分子を構成する原子それぞれの価電子状態に通し番号 $m = 1, 2, 3, ..., n$ を付し，分子の１電子状態を，対応する原子軌道関数の１次結合（Linear Combination of Atomic Orbital [LCAO]）で表す．

$$|\psi\rangle = \sum_m c_m |\psi_m\rangle \tag{4.43}$$

これを LCAO 分子軌道とよぶ．ここで，原子軌道関数の組み $\{\psi_m\}$ は，正規直交性

$$\langle \psi_m | \psi_n \rangle = \int \psi_m{}^*(\boldsymbol{r}) \psi_n(\boldsymbol{r}) d\boldsymbol{r} = \delta_{mn} \tag{4.44}$$

および完備性をなすものとする（§1.7，§1.8）．波動関数 ψ を展開するこのような関数の組みを基底とよぶ．

ここで，$\{c_m\}$ を変分パラメータとし，変分法によってエネルギーの極小値を求めよう．(4.43) を (4.24) 右辺に代入し，$c_m{}^*$ に対して変分をとると

$$\begin{aligned}
\delta E &= \delta \frac{\langle \psi | H | \psi \rangle}{\langle \psi | \psi \rangle} = \frac{(\delta \langle \psi | H | \psi \rangle)\langle \psi | \psi \rangle - \langle \psi | H | \psi \rangle \delta \langle \psi | \psi \rangle}{(\langle \psi | \psi \rangle)^2} \\
&= \frac{\delta \langle \psi | H | \psi \rangle - E \delta \langle \psi | \psi \rangle}{\langle \psi | \psi \rangle} \\
&= \frac{1}{\langle \psi | \psi \rangle} \left[\sum_m \delta c_m{}^* \left\{ \sum_{m'} H_{mm'} c_{m'} - E c_m \right\} \right] = 0
\end{aligned} \tag{4.45}$$

となり

$$\sum_{m'} H_{mm'} c_{m'} - E c_m = 0 \tag{4.46}$$

の連立１次方程式が得られる．

4.4.2 等極結合

同種２原子間の結合を等極結合とよぶ．最も単純な例として，等極結合をなす水素分子について説明しよう．水素原子１および２の 1s 基底状態を示す２つの軌道を $|\psi_1\rangle, |\psi_2\rangle$ で表せば，(4.46) は

$$\begin{bmatrix} H_{11} - E & H_{12} \\ H_{21} & H_{22} - E \end{bmatrix} \begin{bmatrix} c_1 \\ c_2 \end{bmatrix} = 0 \tag{4.47}$$

ここで，$H_{11} = H_{22} = \varepsilon_s$ とおける．$|\psi_1\rangle, |\psi_2\rangle$ 間の行列要素 $H_{12} = H_{21} = -V_2 < 0$ は分子を形成するための引力を表し，V_2 は共有エネルギーとよばれる．(4.47)から

$$E_\pm = \varepsilon_s \pm V_2, \quad V_2 > 0 \tag{4.48}$$

の解が得られる．$E_+ > E_-$ であるから，水素分子はエネルギーのより低い安定な状態 E_- をとる．これを結合状態 (bonding state) という．これに対して E_+ を反結合状態 (antibonding state) とよぶ．これらの固有値を(4.47)に代入し，規格化条件 $\langle \psi | \psi \rangle = 1$ のもとに c_1, c_2 が求められる．結合状態では $c_1 = c_2 = 1/\sqrt{2}$，反結合状態では $c_1 = -c_2 = 1/\sqrt{2}$ の係数が得られる．したがって固有状態は，それぞれ

$$\begin{aligned} \psi_- &= \frac{1}{\sqrt{2}}(\psi_1 + \psi_2), \quad \text{bonding} \\ \psi_+ &= \frac{1}{\sqrt{2}}(\psi_1 - \psi_2), \quad \text{antibonding} \end{aligned} \tag{4.49}$$

で表される（波動関数の下付添字 ± は便宜的なものである）．水素分子はパウリの排他律に従い，結合状態にスピン↑↓の２電子が占めることになる．結合軌道は図4.5のように中心に対して対称で，結合に預かる２電子は中心部に局在しようとする傾向がある．このような結合様式は等極結合とよばれる．

以上の計算では，簡単のため重なり積分を $\langle \psi_1 | \psi_2 \rangle = \int \psi_1^*(r - R_1) \psi_2(r - R_2) dr = 0$ とおいた．実際には $\langle \psi_1 | \psi_2 \rangle \neq 0$ であり，このことを考慮しなければならない．しかし，付録4Cおよび練習問題【9】から理解できるように，(4.48)，(4.49)の係数が変化するのみで，議論の本質は変わらない．以下，重なり積分は0とする．

このような等極結合からなる結晶は等極結合結晶 (homopolar-bonded crystal)，あるいは共有結晶とよばれる。等極結合結晶にはダイヤモンド構造をなすC, Si, Ge などがある（図4.6）．例えば，炭素は最外殻に $(2s)^2(2p)^2$ の４個の電

図4.5 等極結合

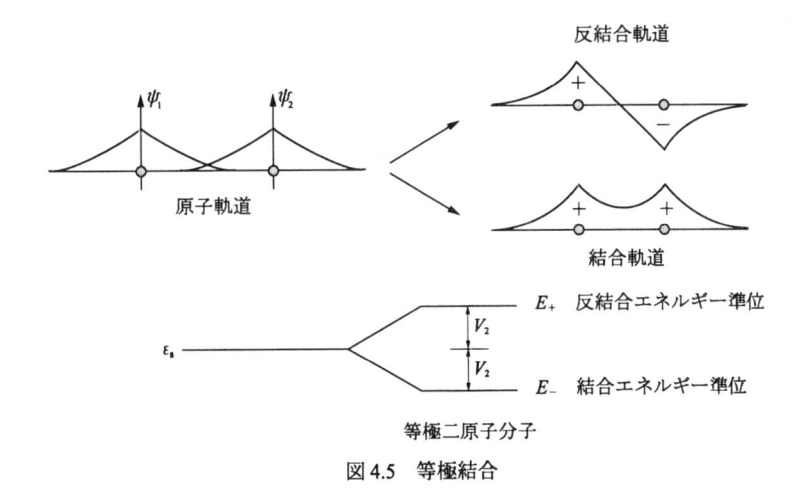

子をもつ．ダイヤモンドは図4.6から理解されるように正四面体で形成されるから，[111]方向に等価な4つの等極結合からなる．このため $(2s)^2(2p)^2$ の4電子は結合にあたって $(2s)(2p)^3$ の sp^3 混成軌道をつくると考えられる．それに応じて，基底として $\{\psi_s, \psi_{p_x}, \psi_{p_y}, \psi_{p_z}\}$ が混成した次式の $\{\psi_m\} = \{\psi_{[111]}, \psi_{[\bar{1}\bar{1}1]}, \psi_{[1\bar{1}\bar{1}]}, \psi_{[\bar{1}1\bar{1}]}\}$ を選ぶ．

$$\begin{aligned}
\psi_{[111]} &= \frac{1}{2}(\psi_s + \psi_{p_x} + \psi_{p_y} + \psi_{p_z}) \\
\psi_{[1\bar{1}\bar{1}]} &= \frac{1}{2}(\psi_s + \psi_{p_x} - \psi_{p_y} - \psi_{p_z}) \\
\psi_{[\bar{1}1\bar{1}]} &= \frac{1}{2}(\psi_s - \psi_{p_x} + \psi_{p_y} - \psi_{p_z}) \\
\psi_{[\bar{1}\bar{1}1]} &= \frac{1}{2}(\psi_s - \psi_{p_x} - \psi_{p_y} + \psi_{p_z})
\end{aligned} \tag{4.50}$$

このとき (4.50) は (4.44) を満足し，混成エネルギーは

$$\varepsilon_m = \langle \psi_m | H | \psi_m \rangle = \frac{1}{4}(\varepsilon_s + 3\varepsilon_p), \quad m = [111], [\bar{1}\,\bar{1}1], [1\,\bar{1}\,\bar{1}], [\bar{1}1\bar{1}] \tag{4.51}$$

の値をとる．このエネルギーは $(2s)^2(2p)^2$ の平均エネルギー $(2\varepsilon_s + 2\varepsilon_p)/4$ より数 [eV] 大きいが，水素分子と同様，隣り合う2原子間の結合軌道を，スピン↑↓の2電子が占めることによるエネルギー低下のため，結合が安定化するのである．

4 結晶の結合エネルギー

4.4.3 バンド

水素分子では，それぞれの原子に属する2つの縮退した1s準位が，相互作用のために結合軌道と反結合軌道に分裂した（縮退が解ける）．ここで，準位の総数2は相互作用の有無にかかわらず保存されることに注意しよう．

ダイヤモンドの場合も，最隣接炭素原子間の相互作用のため水素分子と同じように結合・反結合軌道を形成すると説明

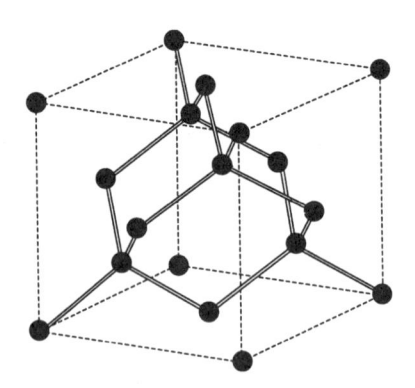

図4.6 ダイヤモンド構造

した．しかし，炭素の数は2つではなくおびただしい数（N）存在する．このことは1原子あたりボンドの数が2あるから、結合・反結合軌道に属する準位の数は，それぞれ$2N$存在することを意味する．つまり，相互作用を通して$2N$重の縮退が解けバンド（帯）を形成することになる（図4.7）．価電子の総数は$4N$であるから，結合軌道からなるバンドに下から電子↑↓を配置すれば，このバンドは電子で完全に占有されることになる．このバンドのことを価電子帯（valence band），上の空のバンドのことを伝導帯(conduction band)，それらの間隙を禁制帯(forbidden band)，あるいは，バンドギャップもしくは単にギャップともよぶ．ダイヤモンドではギャップ（図4.7）の大きさが5.33[eV]で，室温では電子の伝導帯への熱的励起は

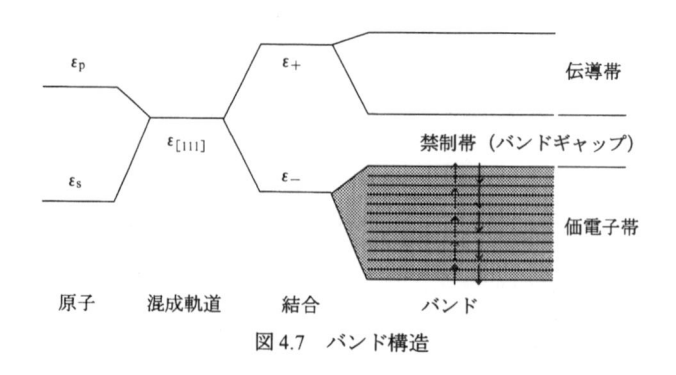

図4.7 バンド構造

ほとんどなく絶縁体である．Geのギャップは300[K]で 0.66[eV]，Si では 300[K]で 1.11[eV] とかなり小さく，半導体に分類される．半導体と絶縁体の分類の境界値はおおよそ2[eV]程度である．

4.4.4 異極結合

等極結合は，同種原子に対する状態の1次結合からなり，結合状態は結合の中心に対して対称で，中心部に電子が集まる傾向を示した．しかし結晶を構成する構成原子が常に同種原子からなるとは限らない．例えば，2つの原子が異なる LiH 分子（LiH 結晶は岩塩（NaCl）構造）の場合はどのような結合となるだろうか．この場合，考えられる最も簡単な結合は，水素の 1s 軌道と Li の 2s 軌道の1次結合であろう．(4.47)は，$H_{11} = \varepsilon_{1s}$, $H_{22} = \varepsilon_{2s}$ および $H_{12} = H_{21} = -V_2$ とし

$$\bar{\varepsilon} = \frac{1}{2}(\varepsilon_{2s} + \varepsilon_{1s}), \quad V_3 = \frac{1}{2}(\varepsilon_{2s} - \varepsilon_{1s}), \quad \varepsilon_{2s} > \varepsilon_{1s} \tag{4.52}$$

と定義すれば

$$\begin{bmatrix} \bar{\varepsilon} - V_3 - E & -V_2 \\ -V_2 & \bar{\varepsilon} + V_3 - E \end{bmatrix} \begin{bmatrix} c_1 \\ c_2 \end{bmatrix} = 0 \tag{4.53}$$

となる．これから固有値

$$E_\mu = \bar{\varepsilon} + \mu\sqrt{V_2^2 + V_3^2}, \quad \mu = \pm 1 \tag{4.54}$$

が得られる．V_3 は2原子それぞれに属する電子のエネルギー差に関係する量で，極性エネルギーとよばれる．この差が大きいほど電子分布に大きな偏りが生じる（図4.8）．このことは，次の固有関数に対する係数から理解される．固有関数の係数の間には

$$\frac{c_{1,\mu}}{c_{2,\mu}} = \frac{V_2}{-\mu\sqrt{V_2^2 + V_3^2} - V_3} \tag{4.55}$$

の関係が成立する．したがって，電子は原子1および原子2に，それぞれ

$$\rho_1 = \frac{c_{1,\mu}^2}{c_{1,\mu}^2 + c_{2,\mu}^2}, \quad \rho_2 = \frac{c_{2,\mu}^2}{c_{1,\mu}^2 + c_{2,\mu}^2} \tag{4.56}$$

図 4.8 異極結合

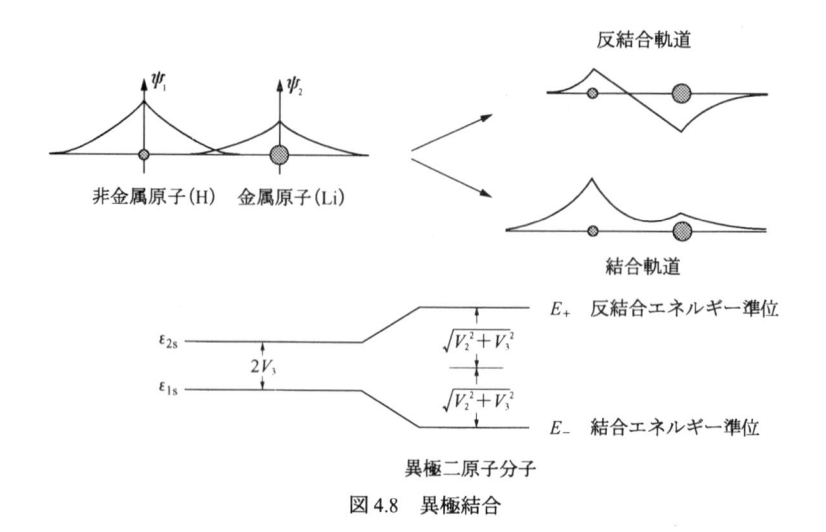

に従って分布する．ここで，電子の偏りを表す極性度（polarity）α_p を関係式

$$\alpha_p = \frac{V_3}{\sqrt{V_2^2 + V_3^2}} \tag{4.57}$$

で定義すれば，(4.56)から結合状態（$\mu = -1$）の電子分布は $\rho_1 = (1 + \alpha_p)/2$，$\rho_2 = (1 - \alpha_p)/2$ である．$V_3 \gg V_2$ では $\alpha_p \approx 1$ であるから $\rho_1 \approx 1$，$\rho_2 \approx 0$ となる．一方，共有性を表す尺度として

$$\alpha_c = \sqrt{1 - \alpha_p^2} = \frac{V_2}{\sqrt{V_2^2 + V_3^2}} \tag{4.58}$$

なる共有性度（covalency）が定義できる．

　異極結合の場合の議論から，共有性度の大きい結晶は共有結晶的であり，極性度の大きい結晶はイオン結晶的であるといえる．LiHそれぞれの原子の第1イオン化エネルギーは，付録2Bより $-\varepsilon_{1s} \sim 13.60\text{[eV]}$，$-\varepsilon_{2s} \sim 5.39\text{[eV]}$ である．したがって，極性エネルギーは(4.52)より $V_3 = 4.11\text{[eV]}$ である．一方，共有エネルギーは原子間距離 $a/2 = 2.04\text{[Å]}$ をハリソンの式 (Harrison [8]) に用いて $V_2 = 2.54\text{[eV]}$ となる．したがって，(4.57)から極性度は $\alpha_p = 0.85$ と求まり，イオン性がかなり強い．このことは，

結合状態 $\mu = -1$ の電子分布（$\rho_H \sim 0.92$, $\rho_{Li} \sim 0.08$）からも理解できる．

4.5 水素結合結晶

水素結合は，氷の結晶に見られるように（図4.9），極性をもつ水分子と水分子が水素原子を介して生ずる結合である．この結合は，ファンデルワールス結合より強い．図4.9の結合 $O^{2\delta-}=H^{\delta+}$ は共有結合を，$H^{\delta+}--O^{2\delta-}$ はイオン結合を意味し，結合は左右非対称である．ここで，δ は $\delta < 1$ の部分電荷を表すものとする．この左右2つの結合は，図4.9（下）のように，条件によって交互に入れ替わることもある．このような結合は，例えば，氷の他にも KH_2PO_4, $NH_4H_2PO_4$, あるいは，有機分子や有機分子間の結合にもみられる重要なものである．

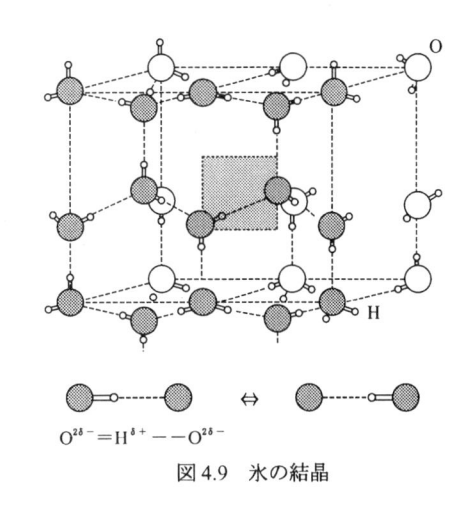

図4.9 氷の結晶

4.6 金属結晶

金属結晶の性質については5章で詳述するので，ここでは簡単に特徴だけを述べよう．金属はよく知られているように，電気伝導，熱伝導の良導体であり，光に対して金属光沢をもつ．この金属光沢は光の反射が顕著であることを示すものである．これらの特徴は，結晶中を自由に動くことのできる電子の海によって説明することができる．

例えば，Li, Na, K, Rb, Cs, .. のアルカリ金属の価電子は，それぞれ，1s, ..., 5s 軌道にあり，それ以外の電子は閉殻構造を形成する．このすべての陽イオン殻のポテンシャルを価電子全体で共有し，いわば，全体に広がった分子軌道をつくっているのが金属である．

付録４Ａ　２粒子系の波動関数

１．波動関数の対称性

２原子分子の波動方程式の解に関連して，基本的な事柄を述べておく．これまで見てきたように，量子力学では波動関数とエネルギー固有値が系を決定する．波動関数は確率波を表すが，波動関数がもつ物理的な意味は確率密度（1.24）によって表される．確率密度は粒子の空間的分布を意味し，複数の粒子が存在する系では，確率密度から粒子の個別性を主張することができない．これは古典力学が個々の粒子の軌道を確定し得るのとは対照的である．*

ここで２粒子系を考える．空間座標およびスピン座標をξで代表すると，波動関数は$\psi(\xi_1,\xi_2)$と書ける．粒子の同等性のため相互の座標の入れ替えによって得られる系の確率密度は等しくなければならない．

$$\rho(\xi_1,\xi_2) = |\psi(\xi_1,\xi_2)|^2 = |\psi(\xi_2,\xi_1)|^2$$

このことは，波動関数自身は粒子の交換に対して，位相因子だけが変化することを意味する．P_{12}を粒子１，２の交換に対する演算子とすれば

$$P_{12}\,\psi(\xi_1,\xi_2) = \psi(\xi_2,\xi_1) = e^{i\theta}\,\psi(\xi_1,\xi_2) \tag{4A.1}$$

ただし，θは実数定数である．さらに，２度目の交換により最初の状態に戻るから

$$P_{12}^2\,\psi(\xi_1,\xi_2) = P_{12}e^{i\theta}\psi(\xi_1,\xi_2) = e^{i2\theta}\,\psi(\xi_1,\xi_2) \tag{4A.2}$$

である．右辺は$\psi(\xi_1,\xi_2)$に等しいから，$e^{i2\theta}=1$，すなわち，$e^{i\theta}=\pm1$でなければならない．このように波動関数は座標の交換に対して対称か反対称という性質をもつ．

$$\psi(\xi_1,\xi_2) = \pm\psi(\xi_2,\xi_1) \tag{4A.3}$$

対称波動関数で表される粒子をボソン（Boson），反対称波動関数で表される粒子をフェルミオン（Fermion）という．

---

* ある時刻で粒子に番号をつければ任意の時刻でその粒子を特定することができる．したがって，古典力学では同種粒子でも個別性を失わない．

例えば，2粒子系の波動関数を

$$\psi(\xi_1,\xi_2) = \frac{1}{\sqrt{2}}\{\varphi(\xi_1,\xi_2) \pm \varphi(\xi_2,\xi_1)\} \tag{4A.4}$$

で表せば，座標の交換に対して $\psi(\xi_2,\xi_1) = \pm\psi(\xi_1,\xi_2)$ となり，＋がボソン，－がフェルミオンの波動関数を表す．

2．2電子系の波動関数

具体的に，2電子系に対する反対称波動関数を調べよう．電子の空間座標を r，スピン座標 $\varsigma = (1/2, -1/2)$ を $\varsigma = (\uparrow, \downarrow)$ で表し，スピン以外の量子数を κ とする．このとき，状態 $(\kappa, \uparrow)$ の波動関数は (2.41) のスピン関数 $\alpha(\varsigma)$ を用いて $\varphi_\kappa(r)\alpha(\varsigma)$ である．したがって，2電子のスピンが平行，かつ，κ, κ' である状態は個々の波動関数の積

$$\varphi_{\kappa\uparrow,\kappa'\uparrow}(\xi_1,\xi_2) = \varphi_\kappa(r_1)\alpha(\varsigma_1)\varphi_{\kappa'}(r_2)\alpha(\varsigma_2) \tag{4A.5}$$

で表すことができる．さらに，座標の交換に対して反対称（(4A.4) の－符号）であることを要請すれば，波動関数は次のように書ける．

$$\begin{aligned}\psi_{\kappa\uparrow,\kappa'\uparrow}(\xi_1,\xi_2) &= \frac{1}{\sqrt{2}}\{\varphi_\kappa(r_1)\alpha(\varsigma_1)\varphi_{\kappa'}(r_2)\alpha(\varsigma_2) - \varphi_\kappa(r_2)\alpha(\varsigma_2)\varphi_{\kappa'}(r_1)\alpha(\varsigma_1)\} \\ &= \frac{1}{\sqrt{2}}\begin{vmatrix}\varphi_\kappa(r_1)\alpha(\varsigma_1) & \varphi_{\kappa'}(r_1)\alpha(\varsigma_1) \\ \varphi_\kappa(r_2)\alpha(\varsigma_2) & \varphi_{\kappa'}(r_2)\alpha(\varsigma_2)\end{vmatrix}\end{aligned} \tag{4A.6}$$

右辺第2の表式をスレータ行列式とよぶ．$(\downarrow,\downarrow),(\uparrow,\downarrow),(\downarrow,\uparrow)$ に対する波動関数も，それぞれ，同様に表すことができる．

$$\psi_{\kappa\downarrow,\kappa'\downarrow}(\xi_1,\xi_2) = \frac{1}{\sqrt{2}}\begin{vmatrix}\varphi_\kappa(r_1)\beta(\varsigma_1) & \varphi_{\kappa'}(r_1)\beta(\varsigma_1) \\ \varphi_\kappa(r_2)\beta(\varsigma_2) & \varphi_{\kappa'}(r_2)\beta(\varsigma_2)\end{vmatrix} \tag{4A.7}$$

$$\psi_{\kappa\uparrow,\kappa'\downarrow}(\xi_1,\xi_2) = \frac{1}{\sqrt{2}}\begin{vmatrix}\varphi_\kappa(r_1)\alpha(\varsigma_1) & \varphi_{\kappa'}(r_1)\beta(\varsigma_1) \\ \varphi_\kappa(r_2)\alpha(\varsigma_2) & \varphi_{\kappa'}(r_2)\beta(\varsigma_2)\end{vmatrix} \tag{4A.8}$$

$$\psi_{\kappa\downarrow,\kappa'\uparrow}(\xi_1,\xi_2) = \frac{1}{\sqrt{2}}\begin{vmatrix} \varphi_\kappa(r_1)\beta(\varsigma_1) & \varphi_{\kappa'}(r_1)\alpha(\varsigma_1) \\ \varphi_\kappa(r_2)\beta(\varsigma_2) & \varphi_{\kappa'}(r_2)\alpha(\varsigma_2) \end{vmatrix} \tag{4A.9}$$

(4A.6)–(4A.9) をスピン関数とそれ以外の部分の単純な積になるように変形しよう．次のスピン座標を除いた2つの波動関数を定義する．

$$\begin{aligned}\psi_+ &= \frac{1}{\sqrt{2}}\{\varphi_\kappa(r_1)\varphi_{\kappa'}(r_2) + \varphi_\kappa(r_2)\varphi_{\kappa'}(r_1)\} \\ \psi_- &= \frac{1}{\sqrt{2}}\{\varphi_\kappa(r_1)\varphi_{\kappa'}(r_2) - \varphi_\kappa(r_2)\varphi_{\kappa'}(r_1)\}\end{aligned} \tag{4A.10}$$

同じようにスピン関数についても

$$\theta_+ = \begin{cases} \alpha(\varsigma_1)\alpha(\varsigma_2) \\ \frac{1}{\sqrt{2}}\{\alpha(\varsigma_1)\beta(\varsigma_2) + \alpha(\varsigma_2)\beta(\varsigma_1)\} \\ \beta(\varsigma_1)\beta(\varsigma_2) \end{cases} \tag{4A.11a}$$

$$\theta_- = \frac{1}{\sqrt{2}}\{\alpha(\varsigma_1)\beta(\varsigma_2) - \alpha(\varsigma_2)\beta(\varsigma_1)\} \tag{4A.11b}$$

と定義する．

まず θ_+, θ_- がどのような状態かを調べよう．2電子に対するスピン角運動量演算子の内積 $s_1\cdot s_2$ の固有値は (2.43), (2.46), (2.47) を用いて

$$\begin{aligned} s_1\cdot s_2\, \theta_+ &= (1/4)\theta_+ \\ s_1\cdot s_2\, \theta_- &= -(3/4)\theta_- \end{aligned} \tag{4A.12}$$

と求まる．$s_1 + s_2 = S$ により2電子のスピン角運動量演算子 S を導入すれば，(4A.12) を援用して

$$\begin{aligned} (s_1+s_2)^2 \theta_+ &= 2\theta_+ \\ (s_1+s_2)^2 \theta_- &= 0\theta_- \end{aligned} \tag{4A.13}$$

2電子スピンの大きさを S で表せば，(2.50) と同様 $S^2\theta_\pm = S(S+1)\theta_\pm$ の関係にある．したがって，(4A.13) から θ_+ に対しては $S=1$，θ_- に対しては $S=0$ である．さらに，z 成分に対する固有値は，(4A.11a) の3つの状態それぞれに対して

$S_z\theta_+ = \{1, 0, -1\}\theta_+$, (4A.11b) に対しては $S_z\theta_- = 0\theta_-$ と求まる．これらのことから，状態 θ_+ はスピンが平行な状態に，θ_- は反平行な状態に対応していると解釈できる．前者は3重項 (triplet)，後者は1重項 (singlet) とよばれる．

(4A.6), (4A.7) の右辺の行列式は

$$\psi_-\theta_+ = \psi_T \quad (4A.14)$$

と変形でき，3重項に対する波動関数であることがわかる．同様に $\{(4A.8) \pm (4A.9)\}/\sqrt{2}$ を計算すると，＋符号から (4A.14) が，－符号から1重項に対する波動関数

$$\psi_+\theta_- = \psi_S \quad (4A.15)$$

が求まる．したがって，(4A.14), (4A.15) は，スレータ行列式 (4A.6)-(4A.9) と等価な2電子系の波動関数であることが理解できる．

付録4B　変分原理

1．変分原理補足

(4.24) から (4.25) を結論するとき，$\delta\psi$ および $\delta\psi^*$ を独立変数とみなした．しかし，これらは文字どおり解釈すると複素共役な量を表しているから，独立ではないよう思われる．(4.24) の分子

$$\int \delta\psi^*(H\psi - E\psi)d\boldsymbol{r} + \int \psi^*(H - E)\delta\psi d\boldsymbol{r} = 0 \qquad (4\text{B}.1)$$

における変分 $\delta\psi$ および $\delta\psi^*$ は任意の無限小量である．したがって，$i\delta\psi$ を変分量としてとってもよい．つまり

$$-i\int \delta\psi^*(H\psi - E\psi)d\boldsymbol{r} + i\int \psi^*(H - E)\delta\psi d\boldsymbol{r} = 0 \qquad (4\text{B}.2)$$

も成り立つ．(4B.1) および (4B.2) から

$$\int \psi^*(H - E)\delta\psi d\boldsymbol{r} = 0, \quad \int \delta\psi^*(H\psi - E\psi)d\boldsymbol{r} = 0$$

となる．(4B.1) の $\delta\psi$ および $\delta\psi^*$ は，一般に，それぞれ任意で独立な変分とみなせる．

2．補助定理

どのような力学状態に対しても，そのエネルギーの平均値は，基底状態でとり得る固有エネルギーより小さくはない．

系の基底状態（$\varepsilon=0$ で表す）の正しい解 ψ_0 に対して，(4.25) は

$$H\psi_0 = E_0\psi_0 \qquad (4\text{B}.3)$$

を満足する。(4.25) の正しい解の代わりにある試行関数 ψ を選び (4.24) によって最適な関数を求めよう．

(4.25) の正しい解 $\{\psi_\varepsilon \mid \varepsilon = 0,1,2,...\}$ が得られたとすれば，試行関数 ψ は

$$\psi = \sum_{\varepsilon=0} c_\varepsilon \psi_\varepsilon \tag{4B.4}$$

と級数に展開できる．$\{\psi_\varepsilon\}$ の直交性（§1.7）を用いれば

$$E - E_0 = \frac{\int \psi^* H \psi \, d\mathbf{r} - E_0 \int \psi^* \psi \, d\mathbf{r}}{\int \psi^* \psi \, d\mathbf{r}}$$

$$= \frac{\sum_{\varepsilon=0} c_\varepsilon^* c_\varepsilon (E_\varepsilon - E_0)}{\sum_{\varepsilon=0} c_\varepsilon^* c_\varepsilon} \geq 0, \quad \therefore E_\varepsilon \geq E_0 \tag{4B.5}$$

が得られる．すなわち，試行関数によるエネルギーの期待値は基底状態のエネルギーに等しいか，またはより大きな値を与える．

付録4C 水素分子のハイトラー・ロンドンの方法

水素分子を議論するのに分子軌道法を用いたが（§4.1.1），2電子系に対する波動関数を直接導入し，変分法を応用して吟味しよう．ここでは，§4.1.2の核の位置 R_1, R_2 を R_a, R_b と読み替え，水素原子の基底状態 1s に対する波動関数

$$\varphi_{a,1s}(r_{e1}) = \varphi_{1s}(r_{e1} - R_a), \quad \varphi_{b,1s}(r_{e2}) = \varphi_{1s}(r_{e2} - R_b) \tag{4C.1}$$

を用いて，(4.43)の波動関数を

$$\psi_1(r_{e1}, r_{e2}) = \varphi_{a,1s}(r_{e1})\varphi_{b,1s}(r_{e2}), \quad \psi_2(r_{e1}, r_{e2}) = \varphi_{a,1s}(r_{e2})\varphi_{b,1s}(r_{e1})$$

と選ぶ．それぞれの波動関数は実数で1に規格化されているものとする．

$$\int \varphi_{1s}*(r - R_a)\varphi_{1s}(r - R_a)dr = \int \varphi_{1s}^2(r - R_a)dr = 1, \quad \int \varphi_{1s}^2(r - R_b)dr = 1 \tag{4C.2}$$

異なる波動関数の重なり積分を，次式の S で表す．

$$\int \varphi_{1s}(r - R_a)\varphi_{1s}(r - R_b)dr = S \tag{4C.3}$$

1．行列要素

水素原子の相互作用エネルギー(4.15)を，$R = R_b - R_a$, $R = |R|$, $r = r_{e1} - r_{e2}$, $r = |r|$ により書き改めると，ハミルトニアンは

$$H(r_{e1}, r_{e2}) = \sum_{i=1,2} \frac{p_i^2}{2m} + V(r_{e1}, r_{e2}) \tag{4C.4}$$

$$V(r_{e1}, r_{e2}) = \frac{e^2}{4\pi\varepsilon_0}\left[\frac{1}{R} + \frac{1}{r} - \frac{1}{|r_{e1} - R_a|} - \frac{1}{|r_{e2} - R_b|} - \frac{1}{|r_{e1} - R_b|} - \frac{1}{|r_{e2} - R_a|}\right]$$

と書ける．$H_{11} = \langle \psi_1 | H | \psi_1 \rangle$ は

$$H_{11} = \int dr_{e1} dr_{e2}\, \varphi_{a,1s}(r_{e1})\varphi_{b,1s}(r_{e2}) H \varphi_{a,1s}(r_{e1})\varphi_{b,1s}(r_{e2}) = 2E_{0,1s} + Q \tag{4C.5}$$

$$E_{0,1s} = \int dr_{e1} \varphi_{a,1s}(r_{e1}) H_{01} \varphi_{a,1s}(r_{e1}) \tag{4C.6}$$

$$Q = \frac{e^2}{4\pi\varepsilon_0} \int dr_{e1} dr_{e2} \varphi^2{}_{a,1s}(r_{e1}) \varphi^2{}_{b,1s}(r_{e2}) \left[\frac{1}{R} + \frac{1}{r} - \frac{1}{|r_{e1} - R_b|} - \frac{1}{|r_{e2} - R_a|}\right] \tag{4C.7}$$

$H_{22} = \langle \psi_2 | H | \psi_2 \rangle$ は，$H(r_{e1}, r_{e2}) = H(r_{e2}, r_{e1})$ であるから，次の積分で r_{e1} と r_{e2} を入れ替えて

$$H_{22} = \int dr_{e1} dr_{e2} \varphi_{a,1s}(r_{e2}) \varphi_{b,1s}(r_{e1}) H \varphi_{a,1s}(r_{e2}) \varphi_{b,1s}(r_{e1}) = H_{11} \tag{4C.8}$$

$H_{12} = \langle \psi_1 | H | \psi_2 \rangle$ は

$$\begin{aligned}
H_{12} &= \int dr_{e1} dr_{e2} \varphi_{a,1s}(r_{e1}) \varphi_{b,1s}(r_{e2}) H \varphi_{a,1s}(r_{e2}) \varphi_{b,1s}(r_{e1}) \\
&= \int dr_{e1} dr_{e2} \varphi_{a,1s}(r_{e2}) \varphi_{b,1s}(r_{e1}) \left(\sum_{i=1,2} H_{0i}\right) \varphi_{a,1s}(r_{e1}) \varphi_{b,1s}(r_{e2}) + J \\
&= 2E_{0,1s} \int dr_{e1} dr_{e2} \varphi_{a,1s}(r_{e2}) \varphi_{b,1s}(r_{e1}) \varphi_{a,1s}(r_{e1}) \varphi_{b,1s}(r_{e2}) + J \\
&= 2E_{0,1s} S^2 + J = H_{21}
\end{aligned} \tag{4C.9}$$

ただし

$$\begin{aligned}
J = \frac{e^2}{4\pi\varepsilon_0} \int dr_{e1} dr_{e2} \varphi_{a,1s}(r_{e1}) \varphi_{b,1s}(r_{e2}) \varphi_{a,1s}(r_{e2}) \varphi_{b,1s}(r_{e1}) \\
\times \left(\frac{1}{R} + \frac{1}{r} - \frac{1}{|r_{e1} - R_b|} - \frac{1}{|r_{e2} - R_a|}\right)
\end{aligned} \tag{4C.10}$$

2．変分法の応用

(4C.3) のように異なる波動関数は直交しないので，このことを考慮しなければならない．このとき，(4.45) の2行目の分子から次式が得られる．

$$\begin{aligned}
\delta\langle\psi|H|\psi\rangle - E\delta\langle\psi|\psi\rangle \\
= \sum_m \delta c_m{}^* \sum_{m'} (H_{mm'} - E\langle\psi_m|\psi_{m'}\rangle) c_{m'} = 0
\end{aligned} \tag{4C.11}$$

したがって，$\langle\psi_m|\psi_{m'}\rangle = K_{mm'}$ とおけば

$$\sum_{m'} (H_{mm'} - EK_{mm'}) c_{m'} = 0 \tag{4C.12}$$

(4C.3) より $K_{12} = K_{21} = S^2$ であるから，(4C.12) は(4C.5)-(4C.9)を用いて

$$\begin{bmatrix} 2E_{0,1s} + Q - E & 2E_{0,1s}S^2 + J - ES^2 \\ 2E_{0,1s}S^2 + J - ES^2 & 2E_{0,1s} + Q - E \end{bmatrix} \begin{bmatrix} c_1 \\ c_2 \end{bmatrix} = 0 \quad (4C.13)$$

と表される．これより，エネルギーおよび1に規格化した波動関数は

$$\begin{cases} E_\mu = 2E_{0,1s} + \dfrac{Q + \mu J}{1 + \mu S^2} \\ \psi_\mu = \dfrac{1}{\sqrt{2(1 + \mu S^2)}} (\psi_1 + \mu \psi_2) \end{cases}, \quad \mu = \pm 1 \text{（複号同順）} \quad (4C.14)$$

と求められる．

(4C.7) の Q の $\varphi^2_{a,1s}(r_{e1})\varphi^2_{b,1s}(r_{e2})/r$ の項は，電子1（$\varphi^2_{a,1s}(r_{e1})$）および電子2（$\varphi^2_{b,1s}(r_{e2})$）の間のクーロン相互作用に由来するので，クーロン積分（Coulomb integral）とよばれる．一方，(4C.10) の $\varphi_{a,1s}(r_{e1})\varphi_{b,1s}(r_{e2})\varphi_{a,1s}(r_{e2})\varphi_{b,1s}(r_{e1})/r$ 項は，波動関数 $\varphi_{a,1s}(r_{e1})\varphi_{b,1s}(r_{e2})$ と，その位置を交換した波動関数の積に関係する量で，交換積分 (exchange integral) といい量子力学的な効果を表す．

重なり積分が非常に小さいとき，$S^2 \to 0$ である．また，クーロン積分の項 Q は§4.1.2で学んだように弱いファンデルワールス引力を与える．水素分子では交換積分の絶対値は大きく，かつ，負符号である．$J = -|J|$ とおけば，1電子当たりのエネルギー $E_{1,\mu}$ は

$$\begin{cases} E_{1,\mu} \sim E_{0,1s} - \mu |J|/2 \\ \psi_\mu = \dfrac{1}{\sqrt{2}} (\psi_1 + \mu \psi_2) \end{cases}, \quad \mu = \pm 1 \quad (4C.15)$$

したがって，結合状態は $\psi_+ = \dfrac{1}{\sqrt{2}}(\psi_1 + \psi_2)$ で，反結合状態は $\psi_- = \dfrac{1}{\sqrt{2}}(\psi_1 - \psi_2)$ で表される．このときのエネルギーは，それぞれ，$E_{1,+} = E_{0,1s} - |J|/2$ および $E_{1,-} = E_{0,1s} + |J|/2$ である．付録 (4A.15) から，結合状態はスピン反平行の1重項 $\psi_S = \psi_+ \theta_-$ であり，励起状態である反結合状態はスピン平行の3重項 $\psi_T = \psi_- \theta_+$ であることが理解できる．

練習問題

【1】 (4.9), (4.10), (4.11) および (4.13) を確かめよ．

【2】 (4.16), (4.20), (4.22) を確かめよ．

【3】 (4.27) の $\langle \varphi_g | H_1 H_0 H_1 | \varphi_g \rangle = 0$ を確かめよ．

【4】 1次元上に正負のイオンが等間隔 R で交互に並んだ系を考える（図4.10）．この系のマーデルング定数を求めよ．必要なら次の公式を用いよ．

$$\ln(1+x) = x - \frac{x^2}{2} + \frac{x^3}{3} - \frac{x^4}{4} + \cdots$$

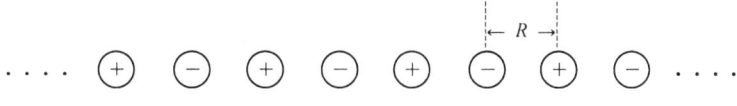

図4.10 正負のイオンが1次元上に交互に並んだ系

【5】 NaCl 結晶のマーデルング定数を求めるとき，エブジェンの方法を用いた．第2, 3殻を考慮した値は $\alpha = 1.748$ である．これを具体的に計算せよ．

【6】 KCl は NaCl 同様，面心立方格子をブラベ格子とするイオン結晶である．$\sigma = 3.4$[Å]，$\varepsilon = 10.4 \times 10^{-3}$[eV] であるとき，最隣接距離 R_0 およびイオン対あたりのエネルギーを(4.40a)を用いて求めよ．ただし，$\alpha = 1.75$ とし，数値計算により有効数字3桁まで与えよ（参考：低温における実験値は，それぞれ，$R_0 = 3.12$[Å]，$V_{\text{pair}}^0 = 7.36$[eV] である）．

【7】(4.49) を確かめよ.

【8】LiH 結晶は水素の 1s 軌道と Li の 2s 軌道の結合による．このとき，共有エネルギー V_2 はハリソン (Harrison [8]) によって

$$V_2 = \eta \frac{\hbar^2}{md^2}, \quad \eta = 1.40$$

と与えられる．ただし，m は電子の質量で，d は原子間距離である．これを用いて LiH 結晶に対する共有エネルギー V_2 および共有性度の値を求めよ．

【9】1s 基底状態で，直交しない状態 $|\psi_1\rangle, |\psi_2\rangle$ の 1 次結合

$$|\psi\rangle = c_1 |\psi_1\rangle + c_2 |\psi_2\rangle$$

を考える．この場合の等極結合を議論せよ．波動関数は実数関数で

$$S = \langle \psi_1 | \psi_2 \rangle = \int \psi_1(r) \psi_2(r-R) dr$$

とする．

練習問題略解

【1】省略.

【2】$\boldsymbol{R}$ を z 軸にとり，$r/R \ll 1$ としてテーラー展開をする.

$$\frac{1}{|\boldsymbol{R}-\boldsymbol{r}|} = \frac{1}{\sqrt{R^2+r^2-2Rz}} \approx \frac{1}{R}\left(1+\frac{z}{R}-\frac{r^2}{2R^2}+\frac{3z^2}{2R^2}+\ldots\right)$$

(4.16) はこれを用いて導出する.

(4.22) は

$$\langle \varphi_g | H_1^2 | \varphi_g \rangle = \left(\frac{1}{\sqrt{\pi a_0^3}}\right)^4 \left(\frac{e^2}{4\pi\varepsilon_0 R^3}\right)^2 \int dr_1 dr_2\, e^{-\frac{2r_1}{a_0}} e^{-\frac{2r_2}{a_0}} \left(x_1^2 x_2^2 + \ldots\right)$$

$$= \left(\frac{1}{\sqrt{\pi a_0^3}}\right)^4 \left(\frac{e^2}{4\pi\varepsilon_0 R^3}\right)^2 \left(\int d\boldsymbol{r}\, e^{-\frac{2r}{a_0}} x^2\right)^2 + \ldots$$

これに

$$\int d\boldsymbol{r}\, e^{-\frac{2r}{a_0}} x^2 = \frac{1}{3}\int r^2 e^{-\frac{2r}{a_0}} d\boldsymbol{r} = \frac{4\pi}{3}\int_0^\infty r^4 e^{-\frac{2r}{a_0}} dr = \frac{4\pi}{3}\left(\frac{a_0}{2}\right)^5 4!$$

等を用いると

$$\langle \varphi_g | H_1^2 | \varphi_g \rangle = \frac{e^4 a_0^4}{16\pi^2\varepsilon_0^2 R^6} \times 6 = \frac{3e^4 a_0^4}{8\pi^2\varepsilon_0^2 R^6}$$

【3】$I \equiv \langle \varphi_{1,0,0} | x H_0 x | \varphi_{1,0,0} \rangle$ を計算する。H_0 を $a_0 = \dfrac{4\pi\varepsilon_0\hbar^2}{me^2}$ を用いて書き直すと

$$H_0 = -\frac{\hbar^2 \nabla^2}{2m} - \frac{e^2}{4\pi\varepsilon_0 r} = -\frac{\hbar^2\nabla^2}{2m} - \frac{\hbar^2}{ma_0 r}$$

$\varphi_{1,0,0}(r) = \varphi(r)$ と改めて

$$I = \int d\boldsymbol{r}\, \varphi(r) x \left(-\frac{\hbar^2}{2m}\nabla^2 - \frac{\hbar^2}{ma_0}\frac{1}{r}\right) x\varphi(r)$$

$$= -\frac{\hbar^2}{2m}\int d\boldsymbol{r}\, \varphi(r) x \left\{ x\nabla^2 \varphi(r) + 2\left(\partial_x \varphi(r) + \frac{x}{a_0 r}\varphi(r)\right)\right\}$$

ここで

$$\nabla^2 \varphi(r) = \frac{1}{r^2}\frac{\partial}{\partial r}\left(r^2 \frac{\partial \varphi(r)}{\partial r}\right) = -\frac{1}{a_0}\left(\frac{2\varphi(r)}{r} - \frac{\varphi(r)}{a_0}\right)$$

$$\partial_x \varphi(r) = -\frac{x}{a_0 r}\varphi(r)$$

4 結晶の結合エネルギー

を用いて

$$I = \frac{\hbar^2}{2ma_0}\int d\mathbf{r}\,\varphi(r)x^2\left(\frac{2\varphi(r)}{r} - \frac{\varphi(r)}{a_0}\right) = \frac{\hbar^2}{2ma_0}\frac{4\pi}{3}\int_0^\infty dr\left(2r^3\varphi^2(r) - \frac{1}{a_0}r^4\varphi^2(r)\right) = 0$$

【4】 $U = N_p \sum_j \frac{e_0 e_j}{4\pi\varepsilon_0 r_{0j}} = N_p \frac{-e^2}{4\pi\varepsilon_0 R}2(1 - \frac{1}{2} + \frac{1}{3} - ...) = N_p \frac{-\alpha e^2}{4\pi\varepsilon_0 R}, \quad \alpha = 2\ln 2.$

【5】省略.

【6】(4.40a) を R で微分して, $\left(\frac{\sigma}{R_0}\right)^6 = 0.25\left(1 + \sqrt{1 + \left(\frac{V_c}{18\varepsilon}\right)}\right)$, $V_c = \frac{\alpha e^2}{4\pi\varepsilon_0 R_0}$ を得る. 数値計算により $R_0 = 3.05 [\text{Å}]$, $V_{\text{pair}}^0 = 7.82 [eV]$.

【7】省略.

【8】
$$V_2 = 1.40 \times \frac{(1.05 \times 10^{-34})^2}{9.11 \times 10^{-31} \times (2.04 \times 10^{-10})^2} = 4.07 \times 10^{-19}[J] = 2.54[eV]$$

ゆえに, 共有性度は

$$\alpha_c = \frac{2.54}{\sqrt{2.54^2 + 4.11^2}} = 0.53$$

【9】 $\begin{bmatrix} \varepsilon_s - E & -V_2 - ES \\ -V_2 - ES & \varepsilon_s - E \end{bmatrix}\begin{bmatrix} c_1 \\ c_2 \end{bmatrix} = 0$ から $E = \begin{cases} \dfrac{\varepsilon_s + V_2}{1 - S} \\ \dfrac{\varepsilon_s - V_2}{1 + S} \end{cases}$ と求められる. このとき, 結合状態では $c_1 = c_2 = \dfrac{1}{\sqrt{2(1+S)}}$ で反結合状態では $c_1 = -c_2 = \dfrac{1}{\sqrt{2(1-S)}}$ である.

5 金属中の伝導電子

ダイヤモンドでは，$(2s)^2(2p)^2$ の電子が sp^3 混成軌道を作り，結合・反結合軌道を形成する．それぞれの軌道が結晶全体にわたる影響のためバンドを形成することは前章で述べた．このとき電子は結合バンドを埋めつくし絶縁体であった．一方，金属では価電子が連続的な結合・反結合バンドを部分的に占有し，空の非占有軌道を利用して電流を運ぶ．

5.1 金属

Na は $(1s)^2(2s)^2(2p)^6(3s)^1$ の電子配置で，結合に預かるのは 3s 軌道にある 1 電子である．原子が結晶化すれば，同一のエネルギー準位にある N の 3s 軌道は縮退がとけ連続的なバンドを形成する．したがって，N の電子をエネルギー最低の軌道から 2 ずつ順につめればバンドが半分つまることになる（図5.1）．つまり，Na は金属（bcc）である．

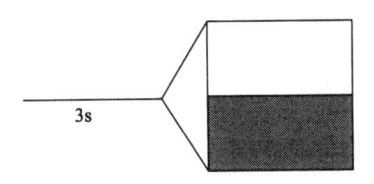

図5.1　Na 金属のバンド

2 価金属である Mg（$(1s)^2(2s)^2(2p)^6(3s)^2$）の価電子数は，Na 金属の倍である．したがって絶縁体になるように思われる．しかし，3s, 3p 準位は非常に接近しており，バンド形成に伴って 3s バンドと 3p バンドがエネルギー的に一部重なりあう．この場合は下のバンドが一杯になる前に上のバンドも占めることになり，そのため金属（hcp）となる（図5.2）．このように，金属ではバンドの中に非占有

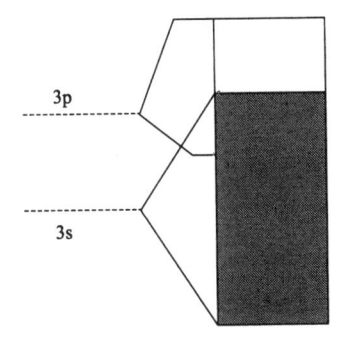

図5.2　Mg 金属のバンド

軌道が存在し，電子はこの非占有軌道を介して電流を運ぶことができる．

我々は1電子近似に基づいて，原子軌道，分子軌道について学習し，その延長線上に結晶のバンドを導入した．すなわち，電子の局在を出発点として電子状態を考えてきた．しかし，一方では，固体を形成するほどに原子が接近すると，互いの電子軌道の重なりが大きくなり電子は結晶全体に広がる．ここでは，金属の電子状態を，すべてのイオンの影響を考慮した電子の波動関数を考えることにより調べることにする．

正イオン（原子芯）からなる結晶中を N の価電子が運動するとして，改めて結晶の電子状態を考えてみよう．正イオンと $N-1$ の電子が形成する平均ポテンシャル場の中を1電子が運動する場合（1電子模型）について考察する．このとき，電子のハミルトニアンは，(3.1)で定義した並進ベクトル $\boldsymbol{R}$ を用いて

$$H = -\frac{\hbar^2 \nabla^2}{2m} + V(\boldsymbol{r}), \quad V(\boldsymbol{r}) = V(\boldsymbol{r} + \boldsymbol{R}) \tag{5.1}$$

と書ける．この $V(\boldsymbol{r})$ は周期ポテンシャルとよばれる．このような1電子模型は，簡素化した近似模型ではあるが，金属における電子の種々の基本的性質を教えてくれる．

図5.1と周期ポテンシャルを考慮してエネルギー準位図を書けば，図5.3のようになる（電子で満たされたバンドは一般に充満帯とよばれる）．

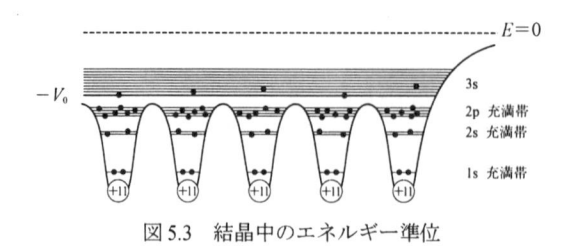

図5.3 結晶中のエネルギー準位

5.2 空格子における自由電子模型

5.2.1 波動関数とエネルギー固有値

一辺が $L = \ell a$ の単純立方格子からなる立方体中の電子が，一定なポテンシャルの影響のもとに運動することを考えよう．(5.1)の周期ポテンシャルを図5.3の伝導帯の底のエネルギー値で置き換える（$V(\boldsymbol{r}) = -V_0$）．このとき，シュレーディンガー方程式は

$$\left[-\frac{\hbar^2}{2m}\left(\frac{\partial^2}{\partial x^2} + \frac{\partial^2}{\partial y^2} + \frac{\partial^2}{\partial z^2}\right) - V_0\right]\varphi(\boldsymbol{r}) = E\varphi(\boldsymbol{r}) \tag{5.2}$$

エネルギーを $E = -V_0 + \varepsilon$ とおいて，バンドの底から計れば

$$-\frac{\hbar^2}{2m}\left(\frac{\partial^2}{\partial x^2} + \frac{\partial^2}{\partial y^2} + \frac{\partial^2}{\partial z^2}\right)\varphi(\boldsymbol{r}) = \varepsilon\varphi(\boldsymbol{r}) \tag{5.3}$$

となる．(5.3)はポテンシャルが存在しない場合の波動方程式である．このように，ポテンシャルの影響を与えない格子のことを空格子 (empty lattice) という．この方程式の解は結晶の体積 $\Omega = L^3$ を用いて

$$\varphi_{\boldsymbol{k}}(\boldsymbol{r}) = \frac{1}{\sqrt{\Omega}} e^{i\boldsymbol{k}\cdot\boldsymbol{r}} \tag{5.4}$$

$$\varepsilon(\boldsymbol{k}) = \frac{\hbar^2}{2m}(k_x^2 + k_y^2 + k_z^2) = \frac{\hbar^2 \boldsymbol{k}^2}{2m} \tag{5.5}$$

と求められる．$\boldsymbol{k} = (k_x, k_y, k_z)$ は波数ベクトルである．波動関数に周期境界条件

$$\begin{aligned}\varphi(x+L, y, z) &= \varphi(x, y, z) \\ \varphi(x, y+L, z) &= \varphi(x, y, z) \\ \varphi(x, y, z+L) &= \varphi(x, y, z)\end{aligned} \tag{5.6}$$

を課せば（§3.3），$e^{ik_x(x+L)} = e^{ik_x x}$, $e^{ik_y(y+L)} = e^{ik_y y}$, $e^{ik_z(z+L)} = e^{ik_z z}$ から $e^{ik_x L} = e^{ik_y L} = e^{ik_z L} = 1$ が成立し，$\boldsymbol{k}$ は

$$k_x = \frac{2\pi}{L}s_x, \quad k_y = \frac{2\pi}{L}s_y, \quad k_z = \frac{2\pi}{L}s_z \tag{5.7}$$
$$(s_i = 0, \pm 1, \pm 2,..., \quad i = x, y, z)$$

図 5.4 波数空間

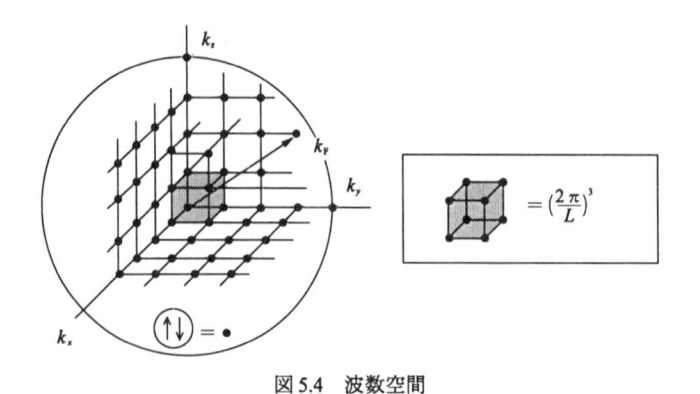

の値をとる．つまり，波数ベクトルは整数の組 $s = (s_x, s_y, s_z)$ を用いて $k = (2\pi/L)s$ で指定できるから，一辺が $2\pi/L$ の箱で作られる格子の各頂点（量子状態）を占めることになる（図5.4）．

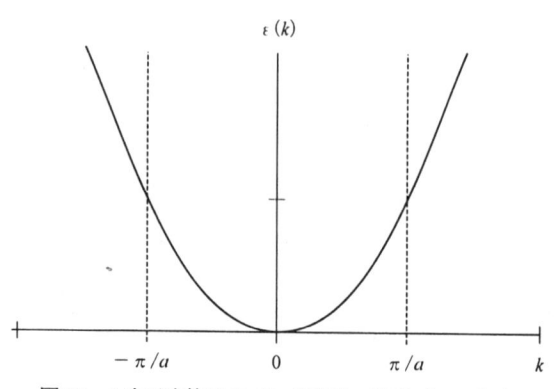

図 5.5　1次元空格子のバンド構造：拡張ゾーン方式

5.2.2　空格子のバンド構造

1次元格子の場合，(5.5)のエネルギーは $k_x = k$, $k_y = k_z = 0$ とおいて，図5.5のように k の2次曲線となる．ただし，k は $-\infty < k < \infty$ の範囲で (5.7) で与えられる不連続な値をとる．これを拡張ゾーン方式という．

一方,(5.7) あるいは§3.3 から周期境界条件のもとで,k の有効な値を

$$-\frac{\ell}{2} < s_i \le \frac{\ell}{2} \tag{5.8}$$

と選ぶことができる.つまり,有効な波数ベクトルはℓ^3の整数の組 $\{s = (s_x, s_y, s_z)\}$ によって指定できる.拡張ゾーン方式における波数ベクトルをk_{ez}と改めると,(5.7) は

$$k_{ez,i} = k_i + G_{m_i}, \quad -\frac{\pi}{a} < k_i \le \frac{\pi}{a} \tag{5.9}$$
$$G_{m_i} = \frac{2\pi m_i}{a}, (m_i = 0, \pm 1, \pm 2, ...)$$

と表すことができる.ここに $\boldsymbol{G}$ は§3.2 の逆格子ベクトルである.したがって,(5.4),(5.5) の波動関数およびエネルギー固有値は

$$\varphi_{k+G_m}(\boldsymbol{r}) = \frac{1}{\sqrt{\Omega}} e^{i(\boldsymbol{k}+\boldsymbol{G}_m)\cdot \boldsymbol{r}}, \quad \varepsilon(\boldsymbol{k}+\boldsymbol{G}_m) = \frac{\hbar^2(\boldsymbol{k}+\boldsymbol{G}_m)^2}{2m} \tag{5.10}$$

で与えられる.このエネルギーを,1 次元波数空間 (5.8),(5.9) の区間で表したものが図5.6 の斜線部分である.

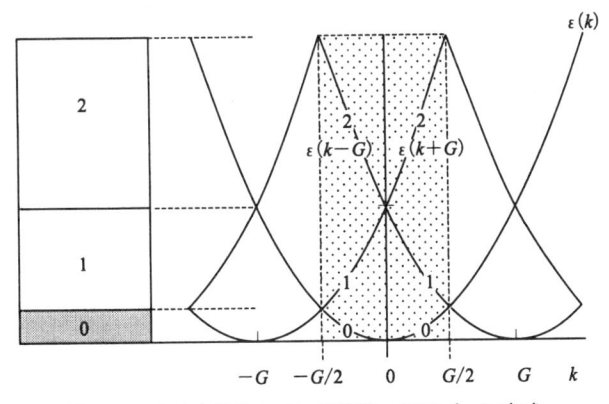

図5.6 1次元空格子のバンド構造:還元ゾーン方式

5　金属中の伝導電子

__1次元空格子のバンド構造__　1次元空格子の1電子エネルギーは $\varepsilon(k_{ez}) = \varepsilon(k + G_m)$ であるから，$k = -G_m$ に極小値をもつ2次曲線群（図5.6）からなる．ここで，k の値は (5.9) の $-\pi/a < k \leq \pi/a$，$\pi/a = G/2$，$G = G_1$ の範囲で指定される．したがって，エネルギー $\varepsilon(k+G_m)$ は k の多価関数である．この領域を第1ブリルアンゾーンとよぶ（2次元格子のブリルアンゾーンは§3.4参照）．最低のエネルギーは $\varepsilon_0(k) = \varepsilon(k)$ で（図5.6の0の部分），その次に低いエネルギー $\varepsilon_1(k)$ は $\varepsilon(k+G)$，$(-G/2 < k \leq 0)$ および $\varepsilon(k-G)$，$(0 < k \leq G/2)$ である（図5.6の1の部分）．つまり，エネルギーを $\varepsilon_n(k)$；$\varepsilon_0(k) \leq \varepsilon_1(k) \leq \varepsilon_2(k)...$ で表すことができる．n はバンドの指標であり（図5.6の数字 0, 1, 2,...），逆格子の指標を読み替えたものである．このバンド構造は，§4.4.3のエネルギーバンドの表し方に対し，波数空間の詳細な情報を与える．空格子の場合はポテンシャルが存在しないため，バンドにギャップが存在しない．このように，$-\pi/a < k \leq \pi/a$ の波数領域で考える方式を還元ゾーン方式という．この還元ゾーン内のエネルギーは，$\varepsilon(k)$ を $k = \pm G/2$ で次々と折り返した値であることがわかる．逆に言えば，還元ゾーン内のエネルギーを引きのばした方式が，先に述べた $-\infty < k < \infty$ の $\varepsilon(k)$ を与える拡張ゾーン方式である．

また，図5.6から

$$\varepsilon_n(k) = \varepsilon_n(k + G_m) \tag{5.11}$$

の周期性をもつと理解できる．

__3次元空格子のバンド構造の例__　単純立方格子のバンド構造を調べてみよう．図5.7(a) に，逆格子空間における第1ブリルアンゾーンが示してある．図の Γ, X, K はゾーンの点に付与された名前である．エネルギー (5.10) は (5.9) を用いて

$$\varepsilon_n(k) = \frac{\hbar^2}{2m}\left(\frac{2\pi}{a}\right)^2 E_n(X, Y, Z) \tag{5.12}$$

$$E_n(X, Y, Z) = (X + m_1)^2 + (Y + m_2)^2 + (Z + m_3)^2$$
$$X = \frac{1}{\ell}s_1, \quad Y = \frac{1}{\ell}s_2, \quad Z = \frac{1}{\ell}s_3 \tag{5.13}$$

のように書き直される．以下，規格化されたエネルギー $E_n(X,Y,Z)$ を用いてバンドを調べよう．$\{0 \leq X \leq 1/2, Y = 0, Z = 0\}$ の領域における $\Gamma - X$（図5.7(a)）に沿うエネルギーは、$\{m_1, m_2, m_3\}$ をエネルギーが昇順になるように選んで

$$\begin{aligned}
E_0(X,Y,Z) \big|_{Y=Z=0} &= X^2 + Y^2 + Z^2 \big|_{Y=Z=0} = X^2 \\
E_1(X,Y,Z) \big|_{Y=Z=0} &= (X-1)^2 + Y^2 + Z^2 \big|_{Y=Z=0} = (X-1)^2 \\
E_{2,3}(X,Y,Z) \big|_{Y=Z=0} &= X^2 + (Y \pm 1)^2 + Z^2 \big|_{Y=Z=0} = X^2 + 1 \\
E_{3,4}(X,Y,Z) \big|_{Y=Z=0} &= X^2 + Y^2 + (Z \pm 1)^2 \big|_{Y=Z=0} = X^2 + 1
\end{aligned} \tag{5.14}$$

と与えられる．$E_{2,3}$ および $E_{3,4}$ のエネルギーは縮退している．一方，$\Gamma - K$ に沿う規格化されたエネルギーは，$\{X = 0, 0 \leq Y = Z \leq 1/2\}$ の範囲で

$$\begin{aligned}
E_0(X,Y,Z) \big|_{X=0} &= X^2 + Y^2 + Z^2 \big|_{X=0} = Y^2 + Z^2 \\
E_1(X,Y,Z) \big|_{X=0} &= X^2 + (Y-1)^2 + Z^2 \big|_{X=0} = (Y-1)^2 + Z^2 \\
E_2(X,Y,Z) \big|_{X=0} &= X^2 + Y^2 + (Z-1)^2 \big|_{X=0} = Y^2 + (Z-1)^2 \\
E_3(X,Y,Z) \big|_{X=0} &= X^2 + (Y-1)^2 + (Z-1)^2 \big|_{X=0} = (Y-1)^2 + (Z-1)^2
\end{aligned} \tag{5.15}$$

である．E_1 および E_2 のエネルギーは縮退している．(5.14), (5.15) を図示したのが図5.7(b) のバンドである（縮退したエネルギー帯は，ずらして示してある）．

(a) 第1ブリルアンゾーン

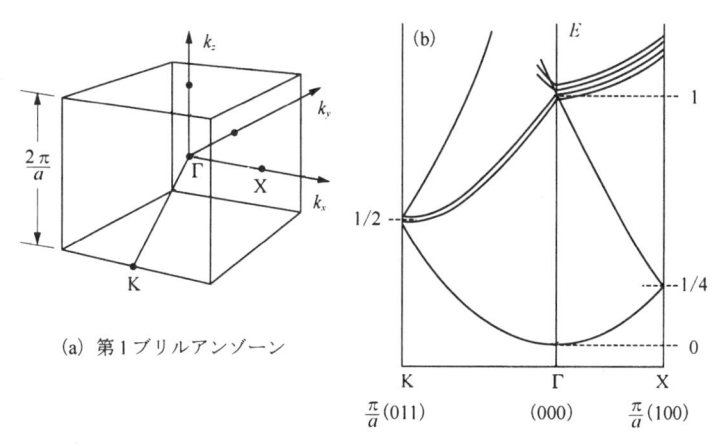

(b)

図 5.7　単純立方格子のエネルギー構造（自由電子模型）

5　金属中の伝導電子

5.2.3 フェルミ球と状態密度

各波数ベクトルに対して，上向きスピン（↑）と下向きスピン（↓）の量子状態が存在するから，図5.4の各状態はパウリの排他律により2電子まで占有できる．電子の数は充分多いから，低いエネルギーから順に電子をつめれば，球ができる（図5.4）．この球の半径を示す波数をフェルミ波数 k_F とよぶ．あるいは運動量に置き直して，$p_F = \hbar k_F$ をフェルミ運動量（Fermi momentum）といい，$\varepsilon_F = \hbar^2 k_F^2/2m$ をフェルミエネルギー（Fermi energy）という．また，k_F を半径とする球をフェルミ球 (Fermi sphere) とよぶ．

電子は絶対零度で，完全にフェルミ球を満たしている．スピンの自由度を考慮すれば，このフェルミ球の状態の数は，フェルミ球の体積を体積 $(2\pi/L)^3$ で割った数の2倍であるから

$$2 \times \frac{4\pi k_F^3}{3} \times \left(\frac{L}{2\pi}\right)^3 = \frac{k_F^3}{3\pi^2}\Omega \tag{5.16}$$

この数はちょうど電子の数 N でもあるから，電子密度を $n = N/\Omega$ で定義すれば，フェルミ波数およびフェルミエネルギーは

$$\begin{aligned}k_F &= (3\pi^2 n)^{1/3} \\ \varepsilon_F &= \frac{\hbar^2 k_F^2}{2m} = \frac{\hbar^2}{2m}(3\pi^2 n)^{2/3}\end{aligned} \tag{5.17}$$

で与えられる．例えば，Na のフェルミエネルギーは 3.23[eV] である．これは温度に換算して 3.75×10^4[K] である．

$\boldsymbol{k}$ 空間の微小体積 $d\boldsymbol{k} = dk_x dk_y dk_z$ に存在する電子数は，(5.16) と同様に $2 \times d\boldsymbol{k}/(2\pi/L)^3 = (\Omega/4\pi^3)d\boldsymbol{k}$ である．したがって，k の関数 $F(k)$ の $\boldsymbol{k}$ に対する和は，$d\boldsymbol{k} = 4\pi k^2 dk$ および $\varepsilon = \hbar^2 k^2/2m$ を用いて，次の積分に置き換えられる．

$$\begin{aligned}\sum_k F(k) &= \frac{\Omega}{4\pi^3}\int F(k)d\boldsymbol{k} = \frac{\Omega}{\pi^2}\int F(k)k^2\,dk \\ &= \int F(\varepsilon)D(\varepsilon)d\varepsilon, \quad D(\varepsilon) = \frac{\Omega}{2\pi^2}\left(\frac{2m}{\hbar^2}\right)^{3/2}\sqrt{\varepsilon}\end{aligned} \tag{5.18}$$

この $D(\varepsilon)$ は状態密度（density of states）とよばれ，次のようにも説明できる．波数 k の球内の状態の数を N_k とすれば，(5.16), (5.17) の k_F を k で読み替え

$$N_k = \frac{\Omega}{3\pi^2}\left(\frac{2m}{\hbar^2}\right)^{3/2}\varepsilon^{3/2} \tag{5.19}$$

これは，$0 \sim \varepsilon$ の間にあるスピンまで含めた量子状態の数である．したがって，$\varepsilon \sim \varepsilon + d\varepsilon$ の間にある状態の数は，(5.19) を ε で微分して

$$dN_k = \frac{\Omega}{2\pi^2}\left(\frac{2m}{\hbar^2}\right)^{3/2}\sqrt{\varepsilon}\,d\varepsilon = D(\varepsilon)d\varepsilon \tag{5.20}$$

と求められる．

5.3 量子統計

有限温度における電子の振舞いを調べるには，フェルミ統計に基づく電子の分布を正しく把握する必要がある．本節では，ボース統計も含めて量子統計について述べる．

非常に多くの区別できない粒子からなる体系を考えよう．1粒子に対するエネルギー準位を

$$\varepsilon_1 \leq \varepsilon_2 \leq \cdots\cdots \leq \varepsilon_i \leq \cdots \tag{5.21}$$

とし，N 粒子がこれらの準位を占めるものとする．これらのエネルギーを $\varepsilon_j \sim \varepsilon_j + \Delta\varepsilon_j$ ($j = 1, 2, ..., n, ...$) とグループ分けし，それぞれのグループの準位の数を z_j とする（図5.8）．$\Delta\varepsilon_j$ 間のエネルギーを ε_j とすれば，N_j の粒子が z_j の準位を占有するとき，全粒子数および全エネルギーは

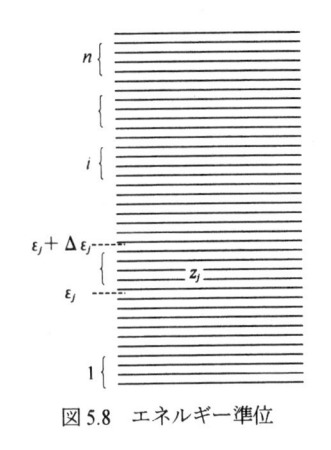

図5.8 エネルギー準位

$$N = \sum_j N_j, \quad E = \sum_j \varepsilon_j N_j \tag{5.22}$$

5 金属中の伝導電子

である．

5.3.1　ボース分布

　ボース統計では，粒子は1粒子エネルギー準位に重複して占有できる．z_j に N_j の粒子が重複して占める配置の数は，重複組合せの公式から

$$_{z_j}H_{N_j} = {}_{z_j+N_j-1}C_{N_j} = \frac{(z_j+N_j-1)!}{N_j!(z_j-1)!} \tag{5.23}$$

である．したがって，すべてのグループに対する配置の数はそれらの積であるから

$$W_B = \prod_j \frac{(z_j+N_j-1)!}{N_j!(z_j-1)!} \tag{5.24}$$

最もとりやすい配置は，(5.24) が極大をとるときである．ここで，(5.24) の対数をとり，粒子数が非常に多いとして，スターリング (Stirling) の公式 $\ln N! = N\ln N - N$ を用いれば

$$\begin{aligned}\ln W_B = \sum_j &\{(z_j+N_j-1)\ln(z_j+N_j-1) - (z_j+N_j-1) - N_j\ln N_j + N_j \\ &- (z_j-1)\ln(z_j-1) + (z_j-1)\} \\ &- \alpha\left(N - \sum_j N_j\right) + \gamma\left(E - \sum_j \varepsilon_j N_j\right)\end{aligned} \tag{5.25}$$

(5.25) の最後の2つの項は (5.22) それぞれを左辺に移行し，未定係数 α および γ を乗じて加えたものである（ラグランジュの未定係数法）．独立変数 N_j に対する極大値は分布

$$f(\varepsilon_j) = \frac{N_j}{z_j} = \frac{1}{\exp\{\beta(\varepsilon_j-\mu)\}-1} \tag{5.26}$$

のとき与えられる．係数は $\gamma=\beta$，$\alpha/\gamma=\mu$ と置き直した．熱力学的な考察から，$\beta=1/k_B T$（k_B：ボルツマン定数，T：絶対温度）で，μ は化学ポテンシャル (chemical potential) である．この分布はボース分布とよばれる．

5.3.2 フェルミ分布

エネルギー準位を粒子が重複することなく占有する場合の配置の数は

$$W_\mathrm{F} = \prod_j \frac{z_j!}{N_j!(z_j - N_j)!} \tag{5.27}$$

である．(5.26) を求めたのと同様に

$$f(\varepsilon_j) = \frac{N_j}{z_j} = \frac{1}{\exp\{\beta(\varepsilon_j - \mu)\} + 1} \tag{5.28}$$

が求められる．パウリの排他律に従う電子はこの分布をとり，フェルミ分布とよばれる．

(5.28) は $T \to 0$ のとき

$$f(\varepsilon) = \begin{cases} 1, & \varepsilon < \mu \\ 0, & \varepsilon > \mu \end{cases} \tag{5.29}$$

である（図5.9）．一方，(5.16), (5.17) で学んだように，電子は絶対零度でフェルミ球に完全につまっている（フェルミ縮退）．したがって，絶対零度における化学ポテンシャルはフェルミエネルギーに等しい（$\mu = \varepsilon_\mathrm{F}$）．温度が上昇すると，フェルミ面近傍の電子はフェルミ球の外へと熱的に励起され，単位階段関数状の分布

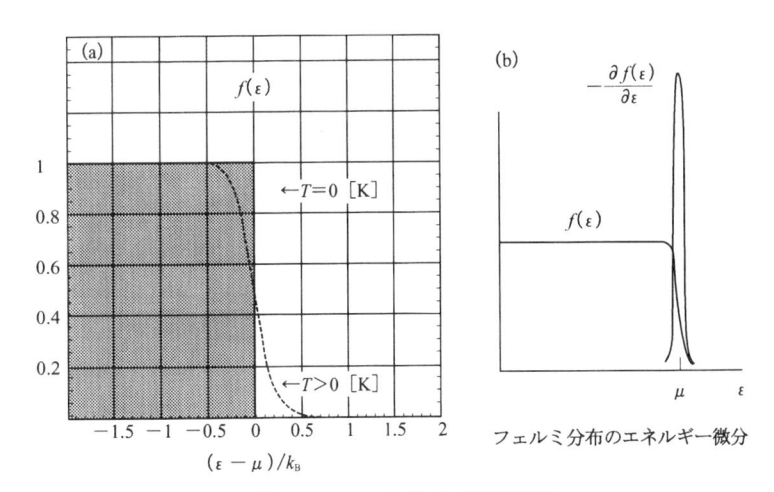

図5.9　フェルミ分布（任意単位）

5　金属中の伝導電子

(5.29) は少しずつなだらかになる．$\beta(\varepsilon-\mu) \gg 1$ ではマクスウェル・ボルツマン分布 $f(\varepsilon) = e^{-\beta(\varepsilon-\mu)}$ に近づく．

$\varepsilon_F/k_B = T_F$ によってフェルミ温度を定義すると，Na 金属でみたように，T_F は数万度[K] の大きさである．したがって，室温では $T/T_F \ll 1$ である．このことは，熱的な励起はフェルミ球の表面から $k_B T$ 程度の微小なエネルギー幅に存在する電子に限られることを意味する．つまり，フェルミ分布関数のエネルギー微分（$-\partial f/\partial \varepsilon$）は，$T=0$[K] の階段関数（5.29）を微分した δ 関数で近似できる（図 5.9(b)）．

$$-\frac{\partial f}{\partial \varepsilon} \approx \delta(\varepsilon-\mu) \tag{5.30}$$

これはフェルミ面近傍（$\varepsilon \approx \mu \approx \varepsilon_F$）でのみゼロでない値をもつ．

5.4 電子の熱容量

絶対零度で電子はフェルミ球に完全に縮退している．このとき，電子の全エネルギー U は，(5.18) で $F(\varepsilon) = \varepsilon$ とおけば

$$U = \int_0^{\varepsilon_F} \varepsilon D(\varepsilon) d\varepsilon \tag{5.31}$$

である．一方，§5.3.2 でみたように電子の分布はフェルミ分布

$$f(\varepsilon) = \frac{1}{\exp\{(\varepsilon-\mu)/k_B T\}+1} \tag{5.32}$$

に従うから，温度 T におけるエネルギーは

$$U(T) = \int_0^\infty \varepsilon f(\varepsilon) D(\varepsilon) d\varepsilon \tag{5.33}$$

で与えられる．全電子数 N は温度によらず保存されるから

$$N = \int_0^{\varepsilon_F} D(\varepsilon) d\varepsilon = \int_0^\infty f(\varepsilon) D(\varepsilon) d\varepsilon \tag{5.34}$$

でなければならない．したがって (5.33) は次のように書ける．

$$U(T) = \int_0^\infty (\varepsilon - \varepsilon_F) f(\varepsilon) D(\varepsilon) d\varepsilon + \varepsilon_F N \tag{5.35}$$

定積熱容量は，エネルギーを温度で微分して得られるから

$$\begin{aligned}
C_e &= \left(\frac{\partial U(T)}{\partial T}\right)_{\Omega, N} \\
&= \int_0^\infty (\varepsilon - \varepsilon_F) \frac{\partial f(\varepsilon)}{\partial T} D(\varepsilon) d\varepsilon \underset{\mu = \varepsilon_F}{\approx} \frac{1}{k_B T^2} \int_0^\infty \frac{(\varepsilon - \varepsilon_F)^2 e^{\beta(\varepsilon - \varepsilon_F)}}{(e^{\beta(\varepsilon - \varepsilon_F)} + 1)^2} D(\varepsilon) d\varepsilon \\
&= k_B^2 T D(\varepsilon_F) \int_{-\varepsilon_F / k_B T}^\infty \frac{x^2 e^x}{(e^x + 1)^2} dx \approx k_B^2 T D(\varepsilon_F) \int_{-\infty}^\infty \frac{x^2 e^x}{(e^x + 1)^2} dx \\
&= \frac{\pi^2}{3} D(\varepsilon_F) k_B^2 T = \gamma T, \qquad \gamma = N \frac{\pi^2 k_B^2}{2 \varepsilon_F} T
\end{aligned} \tag{5.36}$$

と求められる（以下，熱容量と略記する場合もある）．気体定数 R を用いて $N k_B = R$ と読み替えれば，(5.36)は定積モル比熱である．ここで

$$\frac{\partial f}{\partial T} = \left(\frac{\varepsilon - \mu}{T}\right)\left(-\frac{\partial f}{\partial \varepsilon}\right) \approx \left(\frac{\varepsilon - \varepsilon_F}{T}\right)\left(-\frac{\partial f}{\partial \varepsilon}\right) \tag{5.37}$$

は $\varepsilon = \varepsilon_F$ の近傍でのみ値をもつから，$D(\varepsilon) \sim D(\varepsilon_F)$ とおいた．また，(5.36)の右辺第5式の積分は，積分公式

$$\int_0^\infty \frac{x}{e^{\xi x} + 1} dx = \frac{\pi^2}{12 \xi^2}, \tag{5.38}$$

を ξ で微分し，$\xi = 1$ と置くことによって得られる．

(5.36) から電子による熱容量は温度に比例する．金属の熱容量は，これに格子の寄与を加えて求められる．$D(\varepsilon_F)$ は，$\varepsilon_F = k_B T_F$ の定義を用いれば，(5.17)，(5.18) より $D(\varepsilon_F) = 3N/(2k_B T_F)$ と書けるから，(5.36) は $C_e = (\pi^2/2) N k_B (T/T_F)$ とも表される．古典電子系では，エネルギー等分配則により全エネルギーは $U = 3 N k_B T / 2$ である．したがって，定積熱容量は温度に依存しない値 $C_e = 3 N k_B / 2$ を与え，量子系の結果とまったく異なる．これは，量子系ではフェルミ面近傍の電子（$\sim N(T/T_F)$）のみが熱容量に寄与するからである．

5.5 ほとんど自由な電子模型 (nearly-free electron model)

自由電子模型ではイオンに起因するポテンシャルを考慮していないため，電子のエネルギーは運動量のすべての領域で放物線関数 (5.5) となる．ここで，現実の金属により近づけるため，(5.1) に基本並進ベクトルを周期とするポテンシャル $V(r)$ を導入する．

5.5.1 周期ポテンシャルの効果

このような周期ポテンシャルをもつ格子の中を電子が進行すると，よく知られているブラッグ反射が起こる．図3.10(b) のように格子面に対して θ の角度で電子が進入すれば，電子の波長を λ として，ブラッグ反射の起こる条件は $2d\sin\theta = n\lambda$ である．波数で表現すれば，$2k\sin\theta = G_m$ (3.35) で表される．$\theta = \pi/2$ から電子が進入すれば

$$k = G_m - k \tag{5.39}$$

が得られる．この条件は一般に $|k|=|k-G_m|$ (3.34) で示される．このブラッグ反射が，電子のエネルギー構造にどのような変化をもたらすのであろうか．これを知るためには，シュレーディンガー方程式を解かなければならない．

格子の周期ポテンシャル中の電子の波動関数は，ブロッホの定理 (3.28) を満足するから，$\varphi_k(r) = u(r)e^{ik\cdot r}$, $u(r+R) = u(r)$ と書ける．$u(r)$ は (3.14) のように，逆格子ベクトル G_n によって表される位相 $\exp(iG_n \cdot r)$ の線形結合で展開できるから，波数ベクトル k をもつ電子の波動関数は

$$\varphi_k(r) = \sum_n c_n \exp\{i(k-G_n)\cdot r\} \tag{5.40}$$

と書ける．ここで，(5.1) をふたたび書けば

$$\left[-\frac{\hbar^2}{2m}\nabla^2 + V(r)\right]\varphi_k(r) = E_k \varphi_k(r) \tag{5.41}$$

(5.41) に (5.40) を代入し，左から $\exp\{-i(k-G_n)\cdot r\}$ をかけて全空間で積分すれば

$$(\varepsilon_{k-G_n} - E_k)c_n + \sum_{n'} V_{n'-n} c_{n'} = 0 \tag{5.42}$$

が得られる。ただし

$$\frac{1}{\Omega}\int e^{i(G_n - G_{n'})\cdot r} dr = \delta_{nn'}$$
$$V_{n'-n} = \frac{1}{\Omega}\int V(r) e^{-i(G_{n'} - G_n)\cdot r} dr \tag{5.43}$$

また，ε_{k-G_n} は (5.10) の運動エネルギー $\varepsilon_{k-G_n} = \hbar^2(k-G_n)^2/2m$ を表す．

<u>1次元系のバンド</u>　1次元系におけるブラッグ反射は，(5.39) から $k = G_m/2$ でおこる．ここで，$k \approx G - k \approx G/2$, $G = G_1$ 近傍でのブラッグ反射の影響を調べよう．この領域は図5.6 から 2 つのエネルギー ε_k と ε_{k-G} が縮退している部分である．したがって，これまで見てきたように，ポテンシャルによる分裂が予想される．ポテンシャルが非常に小さいとして，(5.42) で $n = 0, 1$ とおけば次の方程式が得られる．

$$\begin{aligned}(\varepsilon_k - E_k)c_0 + V_1 c_1 &= 0 \\ V_{-1} c_0 + (\varepsilon_{k-G} - E_k)c_1 &= 0\end{aligned} \tag{5.44}$$

したがって，固有値は

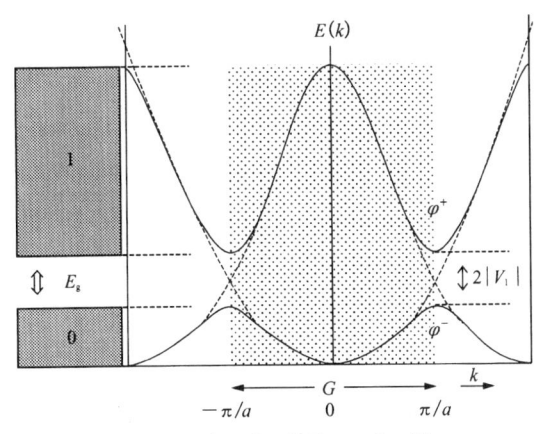

図5.10　1次元系の電子のエネルギー

$$E_k^{\pm} = \frac{1}{2}(\varepsilon_k + \varepsilon_{k-G}) \pm \frac{1}{2}\sqrt{(\varepsilon_k - \varepsilon_{k-G})^2 + 4|V_1|^2} \tag{5.45}$$

と求まる．$k = G/2$の場合は

$$E_k^{\pm} = \frac{\hbar^2 k^2}{2m} \pm |V_1|, \quad k = \frac{1}{2}G \tag{5.46}$$

であるから，図5.10のようにエネルギー $E_g = 2|V_1|$ のバンドギャップができる．図5.6 と比較すれば，このバンドギャップは周期ポテンシャルによるブラッグ反射に起因すると理解できる．$V_1 < 0$ とすると，この場合の固有関数は

$$\varphi_{k=G/2}^{\pm}(x) = \frac{1}{\sqrt{2}}\{e^{iGx/2} \mp e^{-iGx/2}\} \tag{5.47}$$

となる．したがって，電子密度はエネルギーの小さい結合軌道では

$$\left|\varphi_{G/2}^{-}(x)\right|^2 = 2\cos^2(Gx/2) \tag{5.48}$$

エネルギーの大きい反結合軌道では

$$\left|\varphi_{G/2}^{+}(x)\right|^2 = 2\sin^2(Gx/2) \tag{5.49}$$

である．原点をある原子にとってこれらを図示したものが図5.11 である．

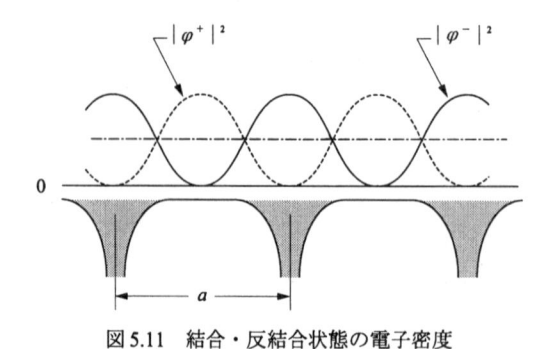

図5.11 結合・反結合状態の電子密度

5.6 外場に対する線形応答

微小な外場に対する応答を，自由電子模型に基づいて調べよう．

5.6.1 自由電子近似による電気伝導率

図5.12のように，微小な電場 E を x 軸の負の方向にかけたとする．電子の電荷は $-e$ であるから，電子は外力 $-eE$ により時間とともに運動量を増す．その結果，フェルミ球は正方向に向かってO→O′へと移動する．この移動が可能なのは，バンドが空いているからである．絶縁体のように詰まっていれば電子は動かない．電場からエネルギーをもらった電子は，平均時間 τ の後，格子振動や不純物との衝突によりエネルギーを失い，図5.12 の定常状態を保つ．

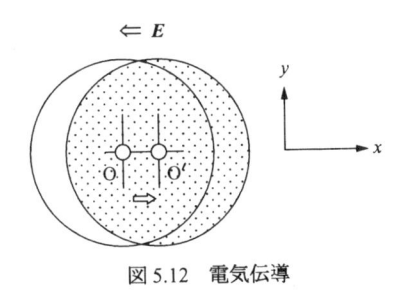

図5.12 電気伝導

1電子の運動量の期待値は $p = \hbar k = m v$ である．したがって，多電子の平均の運動量 $m\langle v\rangle$ に対する運動方程式は，エーレンフェストの定理（§1の【4】）に従って

$$m\frac{d\langle v\rangle}{dt} = -eE - m\frac{\langle v\rangle}{\tau} \tag{5.50}$$

と書ける．τ は衝突と衝突の間の平均時間で衝突時間あるいは散乱時間とよばれる．このようなモデルをドルーデモデルとよぶ．$\langle v\rangle$ の定常値は右辺を0とおいて

$$\langle v\rangle = -\frac{eE\tau}{m} \tag{5.51}$$

したがって，図5.12の OO′ は $\langle k\rangle = -eE\tau/\hbar$ である．

電流密度は，電子の密度 n を用いて

$$j = n(-e)\langle v\rangle = \frac{ne^2\tau}{m}E \tag{5.52}$$

電気伝導率は E に対する応答関数で，$j = \sigma E$ によって定義されるから

$$\sigma = ne\mu, \quad \mu = \frac{e\tau}{m} \tag{5.53}$$

と求まる．μは移動度（mobility）で，電子の動きやすさを表す定数である．電気伝導率は電気伝導度ともいい，一般にテンソル量である．

5.6.2　自由電子近似による複素伝導率

$E(t) = E e^{-i\omega t}$ のように時間変化する交流電場がかかっている場合は，電子の平均速度もそれに応じて $<v(t)> = <v> e^{-i\omega t}$ と変化する．このとき (5.50) から

$$<v> = -\frac{e\tau}{m}\frac{1}{1-i\omega\tau}E \tag{5.54}$$

の解が求められる．したがって，電気伝導率は (5.52) より

$$\sigma(\omega) = \frac{\sigma}{1-i\omega\tau} = \sigma\left(\frac{1}{1+(\omega\tau)^2} + i\frac{\omega\tau}{1+(\omega\tau)^2}\right) \tag{5.55}$$

ただし，σ は (5.53) の直流伝導率である．$\sigma(\omega)$ は複素数であるから，通常，複素伝導率 (complex conductivity) ともよばれる．

5.6.3　金属における電磁波

電子と電磁波が相互作用をする場合について考えてみよう．電磁波はマクスウェルの方程式に従うから

$$\begin{aligned} \operatorname{rot} E &= -\mu\frac{\partial H}{\partial t} \\ \operatorname{rot} H &= j + \varepsilon\frac{\partial E}{\partial t} \end{aligned} \tag{5.56}$$

の解を見つけなければならない．(5.56) の第1式の rot をとり，磁場 H を消去すれば

$$\operatorname{rot}(\operatorname{rot} E) = -\mu\left(\frac{\partial j}{\partial t} + \varepsilon\frac{\partial^2 E}{\partial t^2}\right) \tag{5.57}$$

交流電場が波数ベクトル k，角振動数 ω の平面波 $E_0 e^{i(k\cdot r - \omega t)}$ とすれば，(5.57) は

$$\frac{\bm{k}\times\bm{k}\times\bm{E}_0}{\omega^2} = -\mu\varepsilon\left(1-\frac{\sigma(\omega)}{i\omega\varepsilon}\right)\bm{E}_0 \tag{5.58}$$

と書ける．ただし，(5.55) の $\sigma(\omega)$ および電流密度 $\bm{j}=\sigma(\omega)\bm{E}$ を用いた．

ここで磁化のない場合を考え，透磁率を真空の透磁率 $\mu=\mu_0$ とする．また，正イオンが分極をもつとすれば，誘電率は比誘電率 ε_r を用いて $\varepsilon=\varepsilon_0\varepsilon_\mathrm{r}$ と書ける．光速 c は μ_0,ε_0 と $c^2=1/\mu_0\varepsilon_0$ の関係にあるから，単位ベクトル $\hat{\bm{k}}$ を導入すれば，(5.58) は

$$\frac{c^2 k^2}{\omega^2}\varepsilon_0\left\{(\hat{\bm{k}}\cdot\hat{\bm{k}})\bm{E}_0 - \hat{\bm{k}}(\hat{\bm{k}}\cdot\bm{E}_0)\right\} = \varepsilon\left(1-\frac{\sigma(\omega)}{i\omega\varepsilon}\right)\bm{E}_0 \tag{5.59a}$$

一方，(5.56) の2項目の右辺を $\partial\bm{D}/\partial t$ と置き $\bm{D}=\bm{D}_0 e^{i(\bm{k}\cdot\bm{r}-\omega t)}$ とすれば

$$\bm{D}_0 = \varepsilon\left(1-\frac{\sigma(\omega)}{i\omega\varepsilon}\right)\bm{E}_0 \equiv \varepsilon(\omega)\bm{E}_0 \tag{5.59b}$$

が得られる．$\varepsilon(\omega)$ は周波数に依存する誘電率で複素誘電率 (complex dielectric constant) あるいは誘電関数 (dielectric function) ともよばれる．

<u>プラズマ振動</u>　(5.59)は複素伝導率と複素誘電率を結ぶ式である．波数ベクトルが電場と平行（$\hat{\bm{k}}/\!/\bm{E}_0$: 縦波）であるとき，(5.59a)の左辺は0である．(5.59b)の右辺を $\varepsilon_{/\!/}(\omega)\bm{E}_0$ と表せば

$$\frac{\varepsilon_{/\!/}(\omega)}{\varepsilon} = 1 - \frac{\omega_\mathrm{p}^2 \tau}{i\omega(1-i\omega\tau)} = 0, \quad \omega_\mathrm{p} = \sqrt{\frac{ne^2}{m\varepsilon}} \tag{5.60}$$

$\sigma(\omega)$ は (5.55) を用いた．$\varepsilon_{/\!/}(\omega)$ は波数ベクトルに平行な誘電率である．また，ω_p はプラズマ振動数（$\hbar\omega_\mathrm{p}$: プラズモンのエネルギー）で，イオンによる電場を遮蔽しようとして生ずる振動数である．例えば，K金属でのプラズモンの観測値は $\hbar\omega_\mathrm{p} = 5.71[\mathrm{eV}]$ であり，伝導率が295[K]で $\sigma = 139[\Omega^{-1}\mathrm{m}^{-1}]$ であるから，$\omega_\mathrm{p}\tau = 278$ である．この場合の(5.60)の解は $\omega \approx \omega_\mathrm{p} - i/2\tau \approx \omega_\mathrm{p}$ と近似でき，波の時間変化は $e^{-i\omega_\mathrm{p} t}$ となる．つまり，$\omega \sim \omega_\mathrm{p}$ の外部電場によりプラズモンを励起することができる．

5　金属中の伝導電子

電磁波の性質は横波（$k \perp E$）により理解できる．(5.59)で $k \perp E$ とおけば

$$\frac{\varepsilon_{\perp}(\omega)}{\varepsilon_0} = \frac{c^2 k^2}{\omega^2} = \varepsilon_r \left\{ 1 - \frac{\omega_p^2 \tau}{i\omega(1 - i\omega\tau)} \right\} \tag{5.61}$$

簡単のため，$\varepsilon_r = 1$ としよう．$\omega\tau \ll 1$ の低振動数の電磁波を照射すれば，(5.61)より波数 k が

$$\begin{aligned} k &\approx \frac{\omega}{c}\sqrt{1 + i\frac{\omega_p^2 \tau}{\omega}} \approx \frac{\omega}{c}\sqrt{i\frac{\omega_p^2 \tau}{\omega}} \\ &= \frac{\omega}{c}(1+i)\sqrt{\frac{\omega_p^2 \tau}{2\omega}} = k_r + ik_i \end{aligned} \tag{5.62}$$

と求められる．電磁波が z 軸に平行（$k // z$ 軸）に進行するとすれば，$e^{ikz} = e^{ik_r z} e^{-k_i z}$ に従って減衰する．実数部分，虚数部分ともに

$$k_r = k_i = \sqrt{\frac{\omega \omega_p^2 \tau}{2c^2}} = \sqrt{\frac{\omega \sigma \mu_0}{2}} \tag{5.63}$$

であるから，直流伝導率 σ が大きいほど減衰 $|e^{ikz}| = e^{-k_i z}$ が激しい．金属に低い振動数の電磁波を照射しても，表面から $1/k_i$ 程度で減衰してしまう．$\delta = 1/k_i$ と置いたとき，この $\delta = \sqrt{2/\omega\sigma\mu_0}$ は電磁波の振幅が e^{-1} に減衰する距離を表すから，しばしばスキンデプスとよばれる．この減衰は高周波回路にみられる表皮効果の原因でもある．

$\omega\tau \gg 1$ の振動数の波の場合，(5.61)は次のように近似できる．

$$k \approx \frac{\omega}{c}\sqrt{1 - \frac{\omega_p^2}{\omega^2}} \tag{5.64}$$

電磁波が透過伝播するためには，減衰が生じない振動数 $\omega \geq \omega_p$ でなければならない．こ

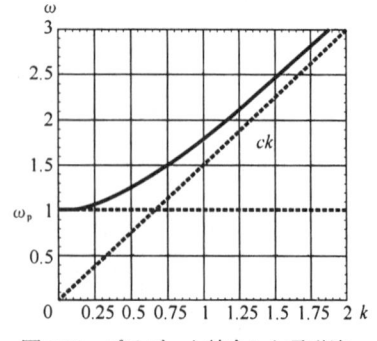

図5.13 プラズマと結合した電磁波

の意味で，プラズマ振動数を遮断振動数ともよぶ．(5.64)から振動数を求めれば

$$\omega = \sqrt{{\omega_\mathrm{p}}^2 + c^2 k^2} \tag{5.65}$$

と書ける．これはプラズマ振動（ω_p）と光（ck）の結合による波動の分散関係を表している（図5.13）．

<u>複素誘電率の別の表式</u>　横波に対する誘電率は実部 $\varepsilon'(\omega)$ および虚部 $\varepsilon''(\omega)$ を用いて

$$\varepsilon_\perp(\omega) = \varepsilon'(\omega) + i\varepsilon''(\omega) \tag{5.66}$$

と書くことができる．(5.61) より，周波数 $\omega \to \infty$ とすれば $\varepsilon'(\infty) = \varepsilon$ が，$\omega \to 0$ とすれば $\varepsilon'(0) = \varepsilon'(\infty) - \varepsilon(\omega_\mathrm{p}\tau)^2$ が得られる．したがって，(5.66) は次のようにも表される．

$$\begin{aligned}\varepsilon'_\perp(\omega) &= \varepsilon'(\infty) - \frac{\varepsilon'(\infty) - \varepsilon'(0)}{1 + (\omega\tau)^2} \\ \varepsilon''_\perp(\omega) &= \frac{\varepsilon'(\infty) - \varepsilon'(0)}{\omega\tau\left(1 + (\omega\tau)^2\right)}\end{aligned} \tag{5.67}$$

<u>反射率</u>　複素屈折率 $n(\omega)$ は実部 $n'(\omega)$ および虚部 $n''(\omega)$ を用いて，誘電率と

$$n(\omega) = n'(\omega) + in''(\omega) = \sqrt{\varepsilon(\omega)/\varepsilon} \tag{5.68}$$

の関係にある．真空中あるいは空気中から金属へ垂直に電磁波が入射するとき，その反射率は

$$R(\omega) = \left|\frac{1 - n(\omega)}{1 + n(\omega)}\right|^2 = \frac{(n'(\omega) - 1)^2 + n''(\omega)^2}{(n'(\omega) + 1)^2 + n''(\omega)^2} \tag{5.69}$$

である．

このとき，反射率は (5.61) を用いて

$$R_\perp(\omega) = \left|\frac{1 - \sqrt{\varepsilon_\perp(\omega)/\varepsilon}}{1 + \sqrt{\varepsilon_\perp(\omega)/\varepsilon}}\right|^2 = \left|\frac{1 - \left(1 - \dfrac{{\omega_\mathrm{p}}^2}{\omega^2 + i\omega\gamma}\right)^{1/2}}{1 + \left(1 - \dfrac{{\omega_\mathrm{p}}^2}{\omega^2 + i\omega\gamma}\right)^{1/2}}\right|^2, \quad \gamma = \tau^{-1} \tag{5.70}$$

この反射は自由電子によるものである．$\omega \to 0$ の場合は $R_\perp(\omega \to 0) \to 1$ で反射率はほぼ1となり，(5.63) に従って表面部分にわずかに浸透するのみである．一方，$\omega \to \infty$ では $R_\perp(\omega \to \infty) \to 0$ で反射率は0である．この境界が $\omega \sim \omega_\mathrm{p}$ である．

練習問題

【1】 Li 金属の電子密度は $n = 4.70 \times 10^{28}\,[\mathrm{m}^{-3}]$ である．フェルミ波数 k_F および対応する波長を求めよ．また，フェルミエネルギーを[eV]で，フェルミ温度 $T_\mathrm{F}[\mathrm{K}]$ を求めよ．

【2】 $T = 0[\mathrm{K}]$ における1電子の平均エネルギー，および，体積弾性率 B をフェルミエネルギーあるいは電子密度を用いて表せ．また，Li 金属の場合の B の値を求めよ．

【3】 分布 (5.26), (5.28) を確かめよ．

【4】 (5.36) を確かめよ．

【5】 (5.70) を用いてカリウム金属の反射スペクトルを，ω/ω_p に対して示せ．ただし，$\omega_\mathrm{p}\tau = 278$ を用いよ．

練習問題略解

【1】 (5.17) より $k_F = 1.12 \times 10^{10} [\text{m}^{-1}]$, $\varepsilon_F = 4.75 [\text{eV}]$. したがって, $\lambda = 5.63 [\text{Å}]$ および $T_F = 5.51 \times 10^4 [\text{K}]$ が得られる.

【2】 (5.31) より $<\varepsilon_K> = U_K/N = \frac{1}{N}\int_0^{\varepsilon_F} \varepsilon D(\varepsilon)d\varepsilon = \frac{3}{5}\varepsilon_F$. $U_K = \frac{3}{5}N\varepsilon_F \propto \Omega^{-2/3}$ だから $B = \Omega(\frac{\partial^2 U_K}{\partial \Omega})_{T,N} = \frac{2}{3}n\varepsilon_F$. Li の電子密度を代入して, $B = 2.39 \times 10^{10} [\text{N/m}^2]$. 実験値は $1.15 \times 10^{10} [\text{N/m}^2]$ であるから, Li 金属では, 自由電子の寄与が, B に対するかなりよい近似になっている.

【3】 省略.

【4】 $\dfrac{x^2 e^x}{(e^x+1)^2}$ が x の偶関数であることを用いて

$$\int_{-\varepsilon_F/k_BT}^{\infty} \frac{x^2 e^x}{(e^x+1)^2}dx \approx \int_{-\infty}^{\infty} \frac{x^2 e^x}{(e^x+1)^2}dx = 2\int_0^{\infty} \frac{x^2 e^x}{(e^x+1)^2}dx$$

以下 (5.38) を利用して求める.

【5】 (5.70) を $\hat{\omega} = \omega/\omega_p$ により書き直すと

$$R_\perp(\omega) = \left| \frac{1 - \left\{1 - \dfrac{1}{\hat{\omega}^2 + i\hat{\omega}/(\omega_p\tau)}\right\}^{1/2}}{1 + \left\{1 - \dfrac{1}{\hat{\omega}^2 + i\hat{\omega}/(\omega_p\tau)}\right\}^{1/2}} \right|^2$$

したがって, $\omega_p\tau = 278$ を用いて, 図5.14 の反射スペクトル $R_\perp(\omega)$ が得られる.

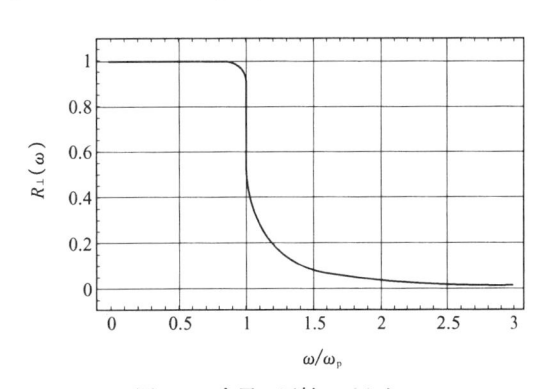

図5.14 金属の反射スペクトル

5 金属中の伝導電子

6 半導体とその応用

ダイヤモンドはエネルギーギャップ 5.33[eV] を有す共有結晶で，半導体というより絶縁体である．同じダイヤモンド構造をとるシリコンやゲルマニウムのエネルギーギャップは室温で，それぞれ，1.11[eV] および 0.66[eV] である．後者の2つは典型的な半導体である．

6.1 真性半導体

ダイヤモンド構造（図4.6, 図6.1）をもつゲルマニウムあるいはシリコンは禁制帯の幅（ギャップエネルギー）が小さい．そのため，室温で価電子帯の電子が伝導帯に励起され（図6.2），価電子帯に正孔ができる．電場を印加すれば，これらの電子および正孔による電流が流れる．

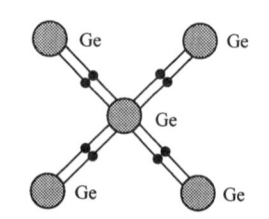

図6.1 共有結晶 Ge の2次元図：● は sp^3 混成軌道による結合軌道のバンドを占有する電子を表す．この電子が伝導帯に励起されるとき，電子正孔対ができる．

6.1.1 伝導帯の電子密度

伝導帯の電子を自由電子として考える．その運動エネルギー ε は伝導帯の底 ε_c（図6.2）から測って

$$\varepsilon - \varepsilon_c = \frac{\hbar^2 k^2}{2m^*} \tag{6.1}$$

で与えられる（図6.3）．ただし，k は波数ベクトルで m^* は伝導体における電子の有効質量（§6.2）である．伝導帯の状態密度は (5.18) の ε を $\varepsilon - \varepsilon_c$ とおいて

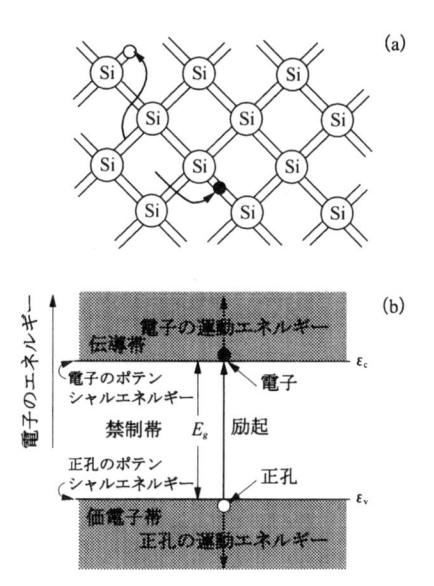

図 6.2 真性半導体の電子正孔対励起とエネルギー帯

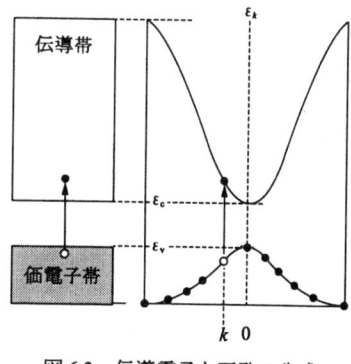

図 6.3 伝導電子と正孔の生成

$$D(\varepsilon) = \frac{\Omega}{2\pi^2}\left(\frac{2m^*}{\hbar^2}\right)^{3/2}\sqrt{\varepsilon - \varepsilon_c} \tag{6.2}$$

であるから，伝導帯の電子数は (5.32), (5.34) および (6.2) を用いて

$$N = \int_{\varepsilon_c}^{\infty} f(\varepsilon)D(\varepsilon)d\varepsilon = \frac{\Omega}{2\pi^2}\left(\frac{2m^*}{\hbar^2}\right)^{3/2}\int_{\varepsilon_c}^{\infty}\frac{1}{\exp\{(\varepsilon-\mu)/k_B T\}+1}\sqrt{\varepsilon-\varepsilon_c}\,d\varepsilon \tag{6.3}$$

によって求められる（図6.4）．真性半導体の化学ポテンシャル μ は，禁制帯のほぼ中央にある．そのため，室温では $(\varepsilon-\mu)/k_B T \gg 1$ を満足する．このとき，フェルミ分布はマクスウェル・ボルツマン分布 $\exp\{-\beta(\varepsilon-\mu)\}$, $\beta = 1/k_B T$ で近似することができる．したがって

$$\begin{aligned}N &\approx \frac{\Omega}{2\pi^2}\left(\frac{2m^*}{\beta\hbar^2}\right)^{3/2}e^{-\beta(\varepsilon_c-\mu)}\int_0^{\infty}e^{-x}x^{1/2}dx \\ &= 2\Omega\left(\frac{m^* k_B T}{2\pi\hbar^2}\right)^{3/2}e^{-\beta(\varepsilon_c-\mu)} = N_c e^{-\beta(\varepsilon_c-\mu)}\end{aligned} \tag{6.4}$$

6 半導体とその応用

と求められる．半導体物理では，化学ポテンシャルのことをフェルミ準位とよぶ．ここでも，μ をフェルミ準位あるいは化学ポテンシャルとよぶ．(6.4) の

$$N_c = 2\Omega \left(\frac{m^* k_B T}{2\pi \hbar^2}\right)^{3/2} \tag{6.5}$$

は伝導帯における有効状態数とよばれる量である．(6.4) から伝導帯の総電子数は，伝導帯の有効状態数に，伝導体の底のエネルギーとフェルミ準位との差 $\varepsilon_c - \mu$ に対するボルツマン因子をかけた量で表されることがわかる．電子密度は $n = N/\Omega$ であるから，(6.4) は

$$n = n_c e^{-\beta(\varepsilon_c - \mu)}, \quad n_c = \frac{N_c}{\Omega} = 2\left(\frac{m^* k_B T}{2\pi \hbar^2}\right)^{3/2} \tag{6.6}$$

となる．ここに n_c は有効状態密度である．

6.1.2 価電子帯の正孔

価電子帯は電子で満たされており，熱平衡状態における運動量の総和は 0 である．

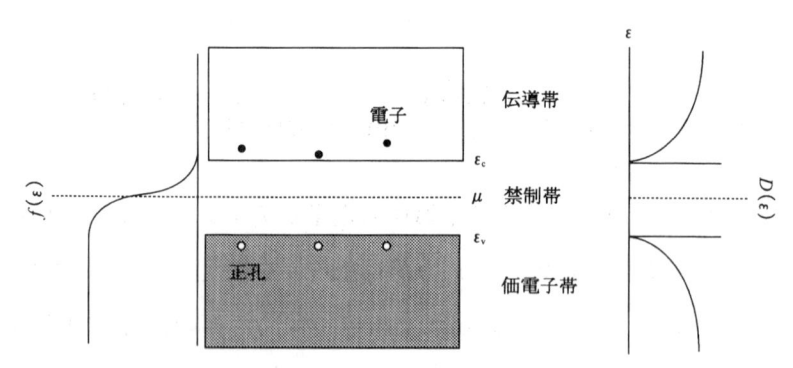

図 6.4 価電子帯から伝導帯へ電子が励起され，価電子帯に正孔が残る．電子エネルギー ε に対するフェルミ分布関数 $f(\varepsilon)$，伝導帯の底のエネルギー ε_c，価電子帯の上端のエネルギーを ε_v，化学ポテンシャル μ，$D(\varepsilon)$ は状態密度である．

価電子帯の電子の有効質量を m_v^* として

$$P = \sum_{k'} \hbar k' = \sum_{k'} m_v^* \boldsymbol{v}_{k'} = 0 \tag{6.7}$$

いま，運動量 $\hbar k$ をもつ電子が価電子帯から伝導帯に励起される（図6.3）とすると，価電子帯の電子の総運動量は

$$P = \sum_{k' \neq k} \hbar k' = -\hbar k = -m_v^* \boldsymbol{v}_k \tag{6.8}$$

となる．このとき，価電子帯の電子による電流は，速度が $-\boldsymbol{v}_k$ であるから

$$J_k = -e(-\boldsymbol{v}_k) = e\boldsymbol{v}_k \tag{6.9}$$

これは，電荷 $e > 0$ の準粒子が速度 $\boldsymbol{v}_k$ で運動する場合の電流と考えてよいことを意味する．この準粒子のことを正孔またはホール (hole) とよぶ．

一方，外部電場によって運動量が $m_v^*(-\boldsymbol{v}_k) + m_v^* \Delta \boldsymbol{v}_k$ だけ変化することより，運動方程式は

$$\lim_{\Delta t \to 0} \frac{m_v^* \Delta \boldsymbol{v}_k}{\Delta t} = m_v^* \frac{d\boldsymbol{v}_k}{dt} = -e\boldsymbol{E} \tag{6.10}$$

で表される．ここで $m_h^* = -m_v^*$ とおけば

$$m_h^* \frac{d\boldsymbol{v}_k}{dt} = e\boldsymbol{E} \tag{6.11}$$

つまり，電荷 $e > 0$，質量 m_h^* をもつ正孔の運動方程式とみなせる．この m_h^* は正孔の有効質量とよばれ，後で示すように正の値をとる．伝導電子の運動方程式は，伝導帯での電子の有効質量を $m^* > 0$ とすれば

$$m^* \frac{d\boldsymbol{v}_k}{dt} = -e\boldsymbol{E} \tag{6.12}$$

6.1.3 正孔密度

価電子帯の正孔密度も電子密度と同様に求めることができる．(6.8)を用いて，価電子帯電子の総運動エネルギーは，価電子帯の頂上を運動エネルギーの基準として，$\varepsilon - \varepsilon_v = P^2/2m_v^* = (-\hbar k)^2/2m_v^*$ と書ける．正孔の有効質量 $m_h^* = -m_v^*$ を用いれば

$$\varepsilon_v - \varepsilon = \frac{\hbar^2 k^2}{2m_h^*} \tag{6.13}$$

したがって，状態密度は

$$D_h(\varepsilon) = \frac{\Omega}{2\pi^2}\left(\frac{2m_h^*}{\hbar^2}\right)^{3/2}\sqrt{\varepsilon_v - \varepsilon} \tag{6.14}$$

一方，正孔の分布は

$$f_h(\varepsilon) = 1 - \frac{1}{\exp\{\beta(\varepsilon-\mu)\}+1} = \frac{1}{\exp\{\beta(\mu-\varepsilon)\}+1} \approx e^{-\beta(\mu-\varepsilon)} \tag{6.15}$$

であるから，価電子帯の正孔の総数は電子の場合と同様な計算より

$$P = \int_{-\infty}^{\varepsilon_v} f_h(\varepsilon) D_h(\varepsilon) d\varepsilon = 2\Omega\left(\frac{m_h^* k_B T}{2\pi \hbar^2}\right)^{3/2} e^{\beta(\varepsilon_v - \mu)} \approx N_v e^{\beta(\varepsilon_v - \mu)} \tag{6.16}$$

と求まる．N_v は価電子帯上端の有効状態数とよぶ．したがって，正孔密度は

$$p \approx n_v e^{\beta(\varepsilon_v - \mu)}, \quad n_v = 2\left(\frac{m_h^* k_B T}{2\pi \hbar^2}\right)^{3/2} \tag{6.17}$$

n_v は価電子帯の有効状態密度である．

6.2 有効質量

6.2.1 有効質量

§6.1で導入した有効質量について述べよう．5章で学んだように，電子のエネルギーはエネルギーバンドによって知ることができる．このことは，電子の抜け穴で

ある正孔についても同様である．1次元的な電子のエネルギーバンドを図6.3に示したが，この場合，伝導帯の電子のエネルギーは，波数 k の小さい領域で

$$\varepsilon(k) = \varepsilon - \varepsilon_c = \frac{\hbar^2 k^2}{2m^*} \tag{6.18}$$

と近似できる．m^* は前節で導入した有効質量である．

(6.18)の有効質量はエネルギーの k に対する2階微分により与えられる．

$$\frac{1}{m^*} = \frac{1}{\hbar^2}\frac{\mathrm{d}^2\varepsilon(k)}{\mathrm{d}k^2} \tag{6.19}$$

つまり，m^* は $k \sim 0$ 近傍におけるエネルギー曲線 $\varepsilon(k)$ の曲率半径に反比例した量で表される．図6.3 の伝導体における $k = 0$ 近傍の有効質量は $m^* > 0$ であり，価電子帯のそれは $m_v^* < 0$ を意味する．(6.11)で導入したホールの有効質量は $m_h^* = -m_v^* > 0$ であるから正である．

一般に(6.19)を有効質量の定義とみなせば，エネルギーバンドより有効質量を得ることができる．有効質量 m^* はバンドの曲率により異なった値をとる波数ベクトルの関数で，3次元系では

$$\left(\frac{1}{m^*}\right)_{\alpha\beta} = \frac{1}{\hbar^2}\frac{\partial^2 \varepsilon(\boldsymbol{k})}{\partial k_\alpha \partial k_\beta}, \quad \alpha, \beta = x, y, z \tag{6.20}$$

の曲率テンソルで表現できる．

6.2.2 Si と Ge のバンド構造と有効質量

図6.5に経験的擬ポテンシャルを用いて計算された Si（シリコン）および Ge（ゲルマニ

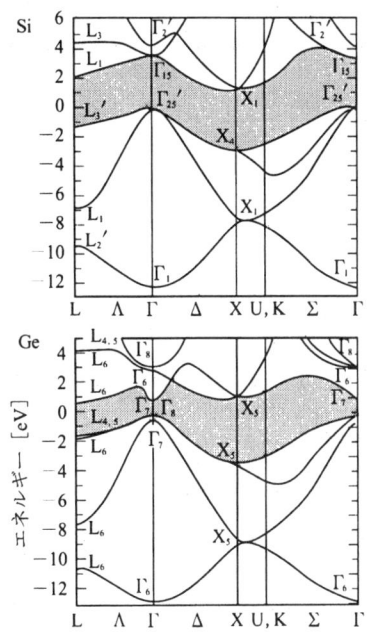

図6.5 SiとGeのバンド構造：経験的擬ポテンシャルによる結果

6 半導体とその応用

ウム）のバンド構造を示す．縦軸はエネルギーで，横軸の記号は，面心立方格子の逆格子空間に付与された名前である（図6.6）．価電子帯の頂上は，Siでは$\Gamma_{25'}$にGeではΓ_8にあるが，伝導帯の底は，SiではΓ点とX点の間のΔに，GeではL点に存在する．したがって，電子励起には運動量の変化 $\Delta(\hbar k)$ を伴う．このような遷移を間接遷移，ギャップを間接ギャップとよぶ．図6.3の場合のような運動量変化を伴わない励起の場合は直接遷移といい，このようなギャップのことを直接ギャップという．

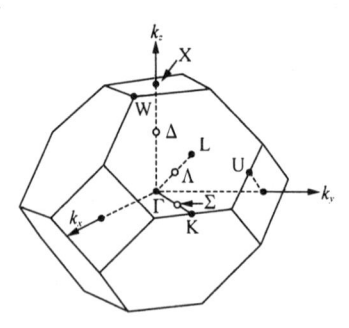

図6.6 ダイヤモンド構造（面心立方格子）における第1ブリルアンゾーン．記号は逆格子空間の対称点および対称軸を示す：Γはゾーンの中心，Xは$(2\pi/a)(1,0,0)$，Lは$(2\pi/a)(1/2,1/2,1/2)$．

例えば，Geの伝導帯の底はL点にあるから，図6.6から［111］軸と等価な8方向にある．一方，Siでは[100]軸と等価な6方向にある．後者ではΓ点とX点の間にあるから，その点をエネルギーの原点$\{(0,0,k_0),...\}$とすれば，伝導帯は6個の回転楕円体からなる（図6.7）．例えば$(k_0,0,0)$点近傍のエネルギーは

$$\varepsilon(k) = \frac{\hbar^2}{2m_\ell^*}(k_x - k_0)^2 + \frac{\hbar^2}{2m_t^*}(k_y^2 + k_z^2) \qquad (6.21)$$

で表される．m_ℓ^*はk_xに平行方向の有効質量を表し，m_t^*はそれに直交する方向の有効質量である．前者を縦有効質量，後者を横有効質量とよび，それぞれ，$m_\ell^* = 0.98m$ および $m_t^* = 0.19m$ の値をとる．mは真空における電子の質量である．Geの場合は長軸が［111］と等価な方向にあり，伝導帯はブリルアンゾーン当たり4個の回転楕円体からなる．有効質量はそれぞれ，$m_\ell^* = 1.58m$および$m_t^* = 0.082m$である．

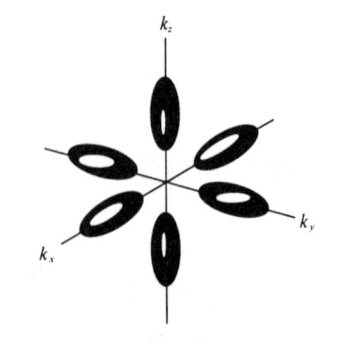

図6.7 Siの伝導帯の等エネルギー面

6.3 不純物半導体
6.3.1 n型半導体

電子・正孔の数を自由に制御することができる半導体に，不純物半導体がある．図6.2のSi結晶中に不純物として5価のAsをドープする．AsはSiと置換され，4つの電子が結合に預かる．残りの1電子に対するエネルギー準位（ドナー準位）は伝導帯の底に近い禁制帯中に存在する．そのため，電子は熱エネルギーにより容易に伝導帯へ励起され，自由に動くことができる．Asは＋に帯電したドナーイオンとして電子散乱に影響を及ぼす．このように，電子を供給する半導体のことをn型半導体とよぶ．これをバンド描像で図示すると，図6.8(b)となる．

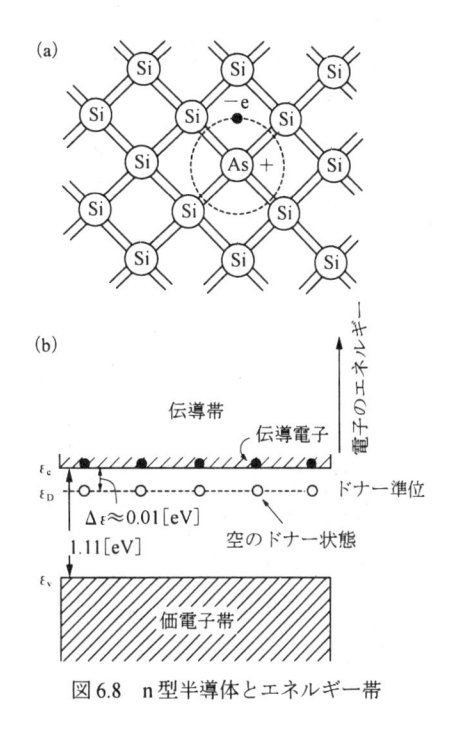

図6.8 n型半導体とエネルギー帯

6.3.2 p型半導体

ホールを供給する半導体はp型半導体とよばれる．この場合はAsの代わりに，例えば，3価のBをドープする．このとき，B-Siには結合に預かる電子が1個不足する（図6.9(a)）．この不足した部分の電子に対するエネルギー準位（アクセプター準位）は，価電子帯頂上よりわずかに大きい禁制帯中にある．そのため，価電子帯の電子は，熱エネルギーをもらってこの準位を埋め，正孔を励起することになる（図6.9(b)）．したがって，電気を運ぶ担体（キャリヤー(carrier)）は正孔である．

6.3.3 n型半導体の電子分布

N_Dのドナー準位をもつn型半導体を例にとって考えてみよう．ドナー準位に存在する電子の分布はフェルミ分布に従うから，分布は

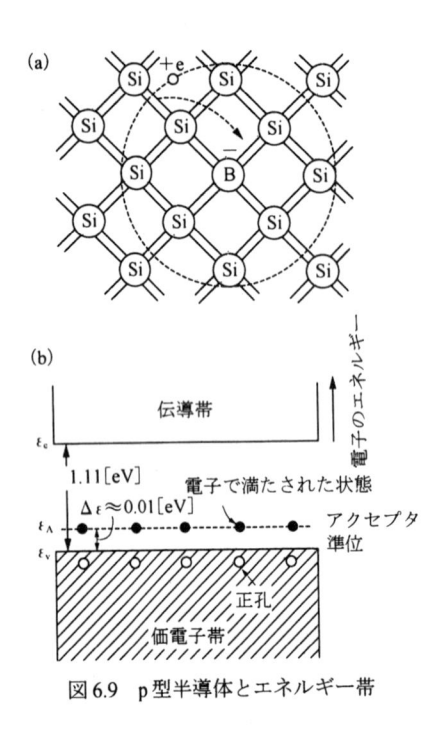

$$f_{\mathrm{D}} = \frac{1}{\exp\{\beta(\varepsilon_{\mathrm{D}} - \mu)\} + 1} \tag{6.22}$$

である.

伝導電子がドナーから供給されるとき，伝導電子の数密度は，ドナーの数密度 $n_{\mathrm{D}} = N_{\mathrm{D}}/\Omega$ を用いて

$$\begin{aligned} n &= n_{\mathrm{D}}(1 - f_{\mathrm{D}}) \\ &= \frac{n_{\mathrm{D}}}{1 + \exp\{-\beta(\varepsilon_{\mathrm{D}} - \mu)\}} \end{aligned} \tag{6.23}$$

この式と (6.3) から μ を求め，伝導帯の電子密度を求めることができる．

n 型半導体の場合，フェルミ準位 μ は ε_{D} の近くにある．$(\mu - \varepsilon_{\mathrm{D}})/k_{\mathrm{B}}T \gg 1$ を満足する温度領域で，(6.23) は

$$n = n_{\mathrm{D}} \exp\{\beta(\varepsilon_{\mathrm{D}} - \mu)\} \tag{6.24}$$

図6.9 p型半導体とエネルギー帯

である．このとき (6.3) の近似式 (6.6) を用いて

$$n = \sqrt{n_{\mathrm{c}} n_{\mathrm{D}}} \exp\left(-\frac{\beta \varepsilon_{\mathrm{d}}}{2}\right), \quad \varepsilon_{\mathrm{d}} = \varepsilon_{\mathrm{c}} - \varepsilon_{\mathrm{D}} \tag{6.25}$$

となる．(6.6) および (6.25) から電子密度の温度依存性はおおよそ図6.10のようになる．この変化は半導体の電気伝導率に大きく影響する．図6.10は縦軸を密度の常用対数，横軸を温度の逆数でとってある．不純物領域の曲線の勾配は，(6.25) のエネルギー $\varepsilon_{\mathrm{d}}/2$ に比

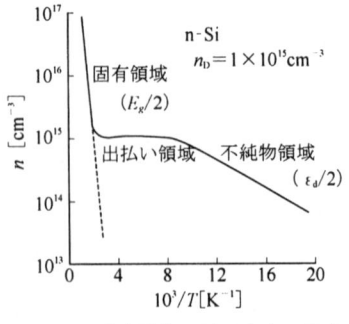

図6.10 n型半導体の電子密度の温度依存性

例した量である．不純物領域と固有領域（真性領域）の間に平らな部分があるが，これはドナーから電子がすべて励起された状態で，出払い領域あるいは飽和領域とよぶ．

6.4 フェルミ準位
6.4.1 真性半導体

電子密度 n と正孔密度 p の積，np 積，は (6.6) と (6.17) から

$$np = n_c n_v e^{-\beta E_g}, \quad E_g = \varepsilon_c - \varepsilon_v \tag{6.26}$$

となる．E_g は禁制帯のエネルギー幅を示し，ギャップエネルギーとよばれる．真性半導体では $n = p$ であるから，(6.26) から

$$n = p = \sqrt{n_c n_v} e^{-\beta E_g/2} \tag{6.27}$$

が得られる．図6.10 の固有領域の $E_g/2$ は，(6.27) のエネルギーを意味する．

真性半導体におけるフェルミ準位が温度とともにどのように変化するかを見るために，n/p を調べてみよう．ふたたび，(6.6) と (6.17) から

$$\frac{n}{p} = \frac{n_c}{n_v} e^{-\beta(\varepsilon_c + \varepsilon_v - 2\mu)} = 1 \tag{6.28}$$

両辺の対数をとって

$$\mu = \frac{\varepsilon_c + \varepsilon_v}{2} + \frac{k_B T}{2} \ln \frac{n_v}{n_c} = \frac{\varepsilon_c + \varepsilon_v}{2} + \frac{3}{4} k_B T \ln \frac{m_h^*}{m^*} \tag{6.29}$$

したがって，温度に比例してフェルミ準位は変化する．ギャップエネルギーを 1[eV] とすれば，室温（≈0.025[eV]）では２項目は無視できる．フェルミエネルギーはバンドのほぼ中央に位置する．

6.4.2 不純物半導体

充分低温にある n 型半導体を取り上げよう．このとき，(6.6)，(6.24) よりフェルミ準位は

$$\mu \approx \frac{\varepsilon_c + \varepsilon_D}{2} - \frac{k_B T}{2} \ln \frac{n_c}{n_D} \qquad (6.30)$$

と近似できる．$T \to 0$ で $\mu \to (\varepsilon_c + \varepsilon_D)/2$ となり，充分低温では伝導帯の底とドナー準位との間に存在する．しかし，温度上昇とともにフェルミ準位はドナー準位を横切り，ドナー準位より低くなる．

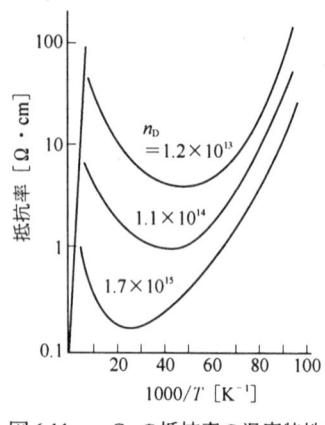

図6.11 n-Ge の抵抗率の温度特性

6.4.3 半導体と金属の電気伝導

電気抵抗率は電気伝導率の逆数で表される．n 型半導体の電気抵抗率は(5.53)から次式で与えられる．

$$\rho = \frac{1}{\sigma}, \quad \sigma = ne\mu, \quad \mu = \frac{e\tau}{m^*} \qquad (6.31)$$

金属では電子密度は温度によって変化しないので，抵抗率はもっぱら移動度 μ の温度変化に左右されるが，半導体では n の温度変化が抵抗率の変化を大きく左右する（図6.11）．図6.10 の電子密度の変化と 図6.11 を比較してみれば，半導体の抵抗率が n の温度変化によく対応していることがわかる．もちろん，τ の温度変化にも依存するから必ずしも n だけに依存するわけではない．

6.5　ダイオードとトランジスター
6.5.1　ｐｎ接合と整流作用

単一の真性半導体に不純物をドープし，n 型および p 型領域を作成する．この両者の接合部分を pn 接合とよぶ．pn 接合は半導体デバイスの基本である．図6.12 のように，n 型半導体と p 型半導体を接合すると，互いの化学ポテンシャルが等し

くなるように電子，正孔の移動が起こる．n領域から移動した電子はp領域に入り正孔と再結合するが，nの遷移領域には正に帯電したドナーが残る．一方，p領域からn領域に拡散した正孔も同様にn領域で再結合し，pの遷移領域には負に帯電したアクセプターが残る．このため，pn接合部分は電子正孔が希薄になり，正負に帯電した空間電荷領域（電気二重層）が形成される．この部分は遷移領域，あるいはキャリヤーが希薄なことから空乏層（領域）ともよばれる．遷移領域で形成された空間電荷による電場と電子，正孔の拡散がつり合って平衡状態が達成される．このときできる接触電位差を拡散電位 (diffusion potential) V_0（図6.12）という．電場がかかっていない（零バイアス）熱平衡状態では電流は流れないから，n→p方向の電流とp→n方向の電流とつり合っている．ここで，p→n方向の電子による電流を$I_{n,1}^0$，ホールによる電流を$I_{p,1}^0$，n→p方向のそれぞれの電流を$I_{n,2}^0, I_{p,2}^0$とすると

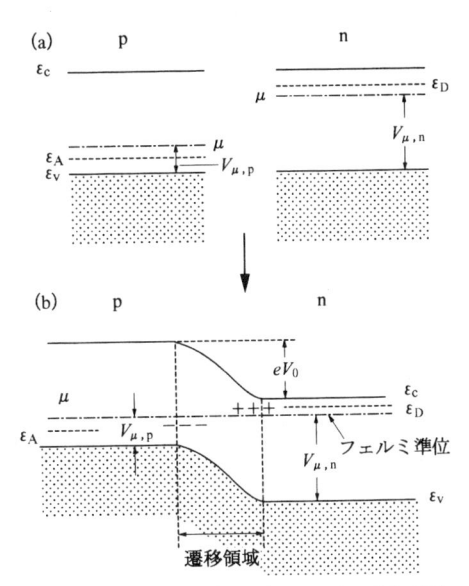

図6.12 pn接合のエネルギーバンド：(a) 接合前，(b) 接合後

$$I_{n,1}^0 = I_{n,2}^0 = I_{n,0} e^{-\beta e V_0}$$
$$I_{p,1}^0 = I_{p,2}^0 = I_{p,0} e^{-\beta e V_0} \quad (6.32)$$

となる．$I_{n,0}, I_{p,0}$は定数である．指数 $e^{-\beta e V_0}$ は拡散電位に対するボルツマン因子である．すなわち，p領域とn領域の伝導帯電子の存在確率の比である．ホールに対しても同様に解釈できる．

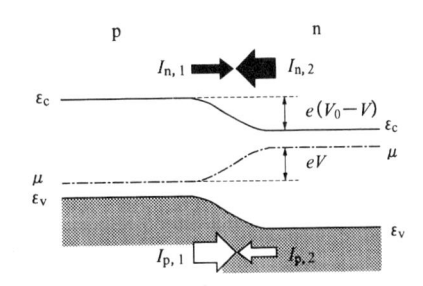

図6.13 順バイアスをかけた場合のエネルギー準位

電圧 V を図のように p→n 方向にかける(順バイアス)と，電位障壁 (potential

6 半導体とその応用

barrier)は $V_0 - V$ と下がるから，電流は

$$I_{n,2} = I_{n,0}e^{-\beta e(V_0 - V)} = I_{n,2}{}^0 e^{\beta eV}$$
$$I_{p,1} = I_{p,0}e^{-\beta e(V_0 - V)} = I_{p,1}{}^0 e^{\beta eV} \tag{6.33}$$

と書ける．したがって，流れる正味の電流は

$$I = I_{n,2} - I_{n,2}{}^0 + I_{p,1} - I_{p,1}{}^0$$
$$= \left(I_{n,2}{}^0 + I_{p,1}{}^0\right)\left(e^{\beta eV} - 1\right) = I_0\left(e^{\beta eV} - 1\right) \tag{6.34}$$

図6.14 pn接合の電流電圧特性

である．一方，逆バイアス $-V$ をかければ，電流は (6.34) より

$$I = I_0\left(e^{-\beta eV} - 1\right) \tag{6.35}$$

となる．大きな逆電圧（$V \to$ 大）をかければ $e^{-\beta eV} \to 0$ となるから $I = -I_0 = -I_{sat}$ に飽和する．したがって，図6.14の電流電圧特性となる．これは典型的なダイオードの整流特性を示している．

6.5.2 トランジスターと増幅原理

　トランジスターは動作原理から，バイポーラトランジスターと電界効果型トランジスター (FET) とよばれるユニポーラトランジスターがある．前者は多数担体と少数担体が関与し，後者は多数担体のみが関係するトランジスターである．多数担体は多数キャリヤーともよび，n型半導体では電子のことをさし，p型半導体ではホールのことをいう．少数担体は少数キャリヤーともいい，それぞれの半導体におけるホールおよび電子のことをさす．ここでは，バイポーラ型トランジスターについて，その動作原理を述べる．

　図6.15のようにバイポーラトランジスタはpnpあるいはnpn接合トランジスター

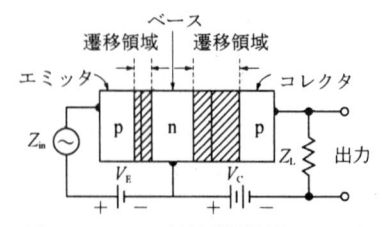

図6.15 ベース接地増幅回路のpnpトランジスタ

で，例えば，Si単結晶に不純物をドープすることによって得られる．2つの pn 接合からなり，両端をエミッタおよびコレクタとよぶ．エミッタに順バイアスを，コレクタには逆バイアスをかければ，エミッタ部分の多数担体であるホールはベース領域に流入し，コレクタの遷移領域に到達する．このとき，ベース領域の電子と再結合しないように，ベース領域の幅は十分狭くとってある．遷移領域に到達したホールはそのままコレクタへ流入する．出力部分のインピーダンス Z_L は入力部分のインピーダンス Z_{in} より十分に大きくできるから

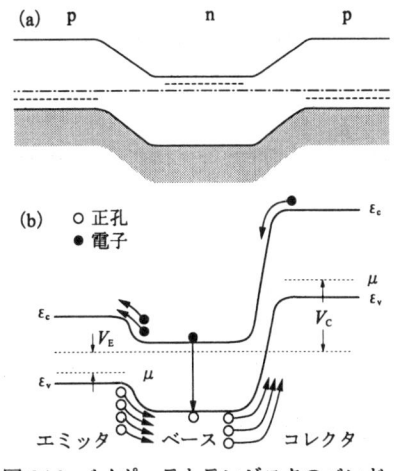

図6.16 バイポーラトランジスタのバンド：(a) 零バイアス，(b) エミッタ（順バイアス）とコレクタ（逆バイアス）

$$I_C^2 Z_L \gg I_E^2 Z_{in} \tag{6.36}$$

の大きな電力が得られる．つまり増幅作用となる．このコレクタ電流 I_C はエミッタ電流 I_E，つまり，エミッタの順バイアスを変えることによって変化する．エミッタはホールを放出することから，コレクタはホールを集めることから，その名前がつけられた．図6.16に零バイアスとバイアスをかけた場合のバンドの例を示しておいた．

6 半導体とその応用

練習問題

【1】リン（P）をドープした n–Ge を考える．結合に預からない電子は，荷電不純物 P^+ のクーロンポテンシャルにより，ドナーレベルを形成する．縦および横有効質量を $m_\ell^*/m = 1.57$, $m_t^*/m = 0.082$, 比誘電率を $\varepsilon_r = 15.8$ とする．実効的な有効質量 m^* を

$$\frac{3}{m^*} = \frac{1}{m_\ell^*} + \frac{2}{m_t^*}$$

とおいて

(1) ドナーのイオン化エネルギーを求めよ．
(2) 基底状態の軌道半径を計算せよ．
(3) 隣り合った不純物原子の軌道が重なりはじめるときのドナー濃度を求めよ．

【3】出払い領域における，図6.12 の接触電位差 V_0 を求めよ．

練習問題略解

【1】 運動エネルギーの原点を伝導帯の底にとれば，水素原子の問題と同様，ドナー電子の基底状態のエネルギーは

$$E_D = -13.6\left(\frac{m^*}{m}\right)\frac{1}{\varepsilon_r^2}$$

である．したがって，$m^*/m \sim 0.12$，$\varepsilon_r = 15.8$ を用いて $E_D = -6.54 \times 10^{-3}$[eV] が得られる．このことは，伝導帯の底から下 6.54[meV] のところにドナー準位があることを意味する．実験値は 12[meV] である．

(1) ドナーのイオン化エネルギーは

$$\varepsilon_d = \varepsilon_c - \varepsilon_D \sim 6.5 \text{[meV]}$$

(2) 基底状態の軌道半径は，(2.22)を用いて

$$a_D = \frac{4\pi\varepsilon_0\varepsilon_r\hbar^2}{m^* e^2} = 0.529\varepsilon_r\frac{m}{m^*} = 70 \text{ [Å]}$$

(3) 隣り合った不純物原子の軌道が重なりはじめるときのドナー濃度は

$$n_D = \left(\frac{4\pi a_D^3}{3}\right)^{-1} = 6.96 \times 10^{23} \text{[m}^{-3}\text{]} = 6.96 \times 10^{17} \text{[cm}^{-3}\text{]}$$

【2】 固有領域でのフェルミエネルギーを μ_i，$n = p = n_i$ とおけば

$$n_i = n_c e^{-\beta(\varepsilon_c - \mu_i)} = n_v e^{\beta(\varepsilon_v - \mu_i)} \qquad ①$$

一般に n, p 領域のフェルミエネルギーを，それぞれ，μ_n，μ_p とすれば，① を用いて

$$n = n_c e^{-\beta(\varepsilon_c - \mu_n)} = n_i e^{-\beta(\mu_i - \mu_n)}, \quad p = n_v e^{\beta(\varepsilon_v - \mu_p)} = n_i e^{\beta(\mu_i - \mu_p)} \qquad ②$$

これから，拡散電位はフェルミ準位の差であるから

$$eV_0 = \mu_n - \mu_p = k_B T \ln\left(\frac{np}{n_i^2}\right) = k_B T \ln\left(\frac{n_A n_D}{n_i^2}\right)$$

ただし，$n = n_D$，$p = n_A$ で，n_D, n_A はドナーおよびアクセプターの数密度である．よって

$$V_0 = \frac{k_B T}{e}\ln\left(\frac{n_A n_D}{n_i^2}\right) = \frac{1}{e}\left\{k_B T \ln\left(\frac{n_A n_D}{n_c n_v}\right) + E_g\right\}$$

7 格子波と量子

固体を構成する原子は格子点のまわりで常に振動している．温度とともに格子点からの変位が大きくなり，種々の物理量に影響を及ぼす．この振動は有限温度のみならず絶対零度でも存在し，量子効果としてX線回折の温度因子等に寄与する．ここでは，古典振動子および量子振動子のいくつか基本的な事柄について述べる．

7.1 格子波

結晶は空間格子に配置した単位構造によって形成され，これまで完全結晶として取り扱ってきた．しかし，構成原子は熱振動により常に振動しており，瞬間瞬間で原子は乱雑な配置をとる．つまり，周期性が存在しないのである．このことを，どのように扱えばよいのだろうか？

7.1.1 格子変位と運動方程式

基本単位格子に $\kappa = 1, 2, ..., s$ の原子が存在する場合を考える（図7.1：$\kappa = 1, 2$）．単位胞あたりの原子変位の自由度は，1原子当たり x, y, z 方向の3であるから $3s$ である．

系のハミルトニアンは

$$H = \sum_{\ell,\kappa,\alpha} \frac{p_\alpha(\ell,\kappa)^2}{2m_\kappa} + \frac{1}{2} \sum_{(\ell',\kappa') \neq (\ell,\kappa)} V\bigl(r(\ell,\kappa) - r(\ell',\kappa')\bigr) \tag{7.1}$$

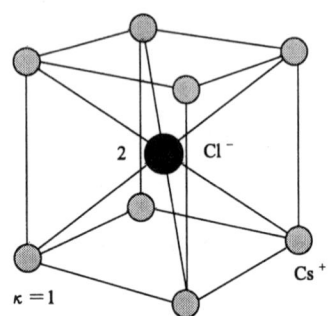

図7.1　基本単位格子：CsCl結晶　$\kappa = 1, 2$

$p_\alpha(\ell,\kappa)$ は ℓ 番目の単位胞の κ 番目の原子の運動量で，α はその x,y,z 成分を表す．$r(\ell,\kappa)$ は原子の座標である．原子が熱振動により

$$r(\ell,\kappa) = R(\ell,\kappa) + u(\ell,\kappa) \tag{7.2}$$

のように，完全結晶位置 $R(\ell,\kappa)$ から変位 $u(\ell,\kappa)$ だけずれるとする．このとき，変位が小さいとすれば，(7.1) のポテンシャルは $R(\ell,\kappa)$ のまわりでテイラー展開できる．

$$\Phi(...,r(\ell,\kappa),...,r(\ell',\kappa'),...) = \frac{1}{2} \sum_{(\ell,\kappa) \neq (\ell',\kappa')} V(r(\ell,\kappa) - r(\ell',\kappa')) \tag{7.3}$$

と置き直し

$$\begin{aligned}\Phi(...,r(\ell,\kappa),...,r(\ell',\kappa'),...) &= \Phi_0 + \sum_{\ell,\kappa,\alpha} \frac{\partial \Phi_0}{\partial R_\alpha(\ell,\kappa)} u_\alpha(\ell,\kappa) \\ &+ \frac{1}{2} \sum_{\ell,\kappa,\alpha} \sum_{\ell',\kappa',\beta} \frac{\partial^2 \Phi_0}{\partial R_\alpha(\ell,\kappa) \partial R_\beta(\ell',\kappa')} u_\alpha(\ell,\kappa) u_\beta(\ell',\kappa') + ...\end{aligned} \tag{7.4}$$

と展開する．ただし

$$\Phi_0 = \Phi(...,R(\ell,\kappa),...,R(\ell',\kappa'),...)$$

$$\frac{\partial \Phi_0}{\partial R_\alpha(\ell,\kappa)} = \left.\frac{\partial \Phi}{\partial r_\alpha(\ell,\kappa)}\right|_{\{u\}=0}, \quad \Phi = \Phi(...,r(\ell,\kappa),...,r(\ell',\kappa'),...)$$

$$\frac{\partial^2 \Phi_0}{\partial R_\alpha(\ell,\kappa) \partial R_\beta(\ell',\kappa')} = \left.\frac{\partial^2 \Phi}{\partial r_\alpha(\ell,\kappa) \partial r_\beta(\ell',\kappa')}\right|_{\{u\}=0},...$$

と置いた．

各原子はポテンシャル極小位置のまわりで振動していると考えられるから

$$\Phi_\alpha(\ell,\kappa) \equiv \frac{\partial \Phi_0}{\partial R_\alpha(\ell,\kappa)} = 0 \tag{7.5}$$

でなければならない．一方，(7.4) 右辺の 3 項目の 2 階の偏導関数は

$$\begin{aligned}\Phi_{\alpha,\beta}(\ell,\kappa;\ell',\kappa') &\equiv \frac{\partial^2 \Phi_0}{\partial R_\alpha(\ell,\kappa) \partial R_\beta(\ell',\kappa')} \\ &= \frac{\partial^2 \Phi_0}{\partial R_\beta(\ell',\kappa') \partial R_\alpha(\ell,\kappa)} = \Phi_{\beta,\alpha}(\ell',\kappa';\ell,\kappa)\end{aligned} \tag{7.6}$$

の関係にある．したがって，(7.1) は u の2次まで考慮すれば

$$H = \sum_{\ell,\kappa,\alpha} \frac{p_\alpha(\ell,\kappa)^2}{2m_\kappa} + \frac{1}{2}\sum_{\ell,\kappa,\alpha}\sum_{\ell',\kappa',\beta} \Phi_{\alpha,\beta}(\ell,\kappa;\ell',\kappa')u_\alpha(\ell,\kappa)u_\beta(\ell',\kappa') \tag{7.7}$$

となる．ただし，(7.4) の変位に無関係な定数項は省いてある．このハミルトニアンは調和振動を表すものである．

運動方程式は，(7.7) にハミルトンの運動方程式

$$\begin{aligned}\frac{dp_\alpha(\ell,\kappa)}{dt} &= -\frac{\partial H}{\partial u_\alpha(\ell,\kappa)} \\ \frac{du_\alpha(\ell,\kappa)}{dt} &= \frac{\partial H}{\partial p_\alpha(\ell,\kappa)}\end{aligned} \tag{7.8}$$

を用いて

$$m_\kappa \frac{d^2 u_\alpha(\ell,\kappa)}{dt^2} = -\sum_{\ell',\kappa',\beta} \Phi_{\alpha,\beta}(\ell,\kappa;\ell',\kappa')u_\beta(\ell',\kappa') \tag{7.9}$$

と求められる．

<u>剛体並進 (rigid body translation)</u>　(7.9) の左辺は (ℓ,κ) 格子点の原子が受ける力である．すべての原子が位置に関係なく一定の変位 $u_\beta(\ell',\kappa') = \bar{u}_\beta$ を受けるとする．これは結晶全体が $\bar{u}_\beta$ だけ並進したことに相当する．よって，(ℓ,κ) の原子に外力は働かないから，(7.9) の右辺=0 である．

$$\sum_{\ell',\kappa',\beta} \Phi_{\alpha,\beta}(\ell,\kappa;\ell',\kappa')\bar{u}_\beta = \sum_\beta \bar{u}_\beta \sum_{\ell',\kappa'} \Phi_{\alpha,\beta}(\ell,\kappa;\ell',\kappa') = 0 \tag{7.10}$$

したがって，$\sum_{\ell',\kappa'} \Phi_{\alpha,\beta}(\ell,\kappa;\ell',\kappa') = 0$ より

$$\Phi_{\alpha,\beta}(\ell,\kappa;\ell,\kappa) = -\sum_{\ell',\kappa' \neq \ell,\kappa} \Phi_{\alpha,\beta}(\ell,\kappa;\ell',\kappa') \tag{7.11}$$

の関係式が得られる．運動方程式 (7.9) は (7.11) を用いて

$$m_\kappa \frac{d^2 u_\alpha(\ell,\kappa)}{dt^2} = -\sum_{\ell',\kappa' \neq \ell,\kappa,\beta} \Phi_{\alpha,\beta}(\ell,\kappa;\ell',\kappa')\left\{u_\beta(\ell',\kappa') - u_\beta(\ell,\kappa)\right\} \tag{7.12}$$

7.1.2　１次元単原子格子の格子波

１次元格子は現実には存在しないが，これを用いて変位の性質を調べてみよう．同種類の原子 $0, 1, 2, ..., N-1$ の N からなる x 軸方向の１次元鎖を考える（図7.2(a)）．簡単のため，$\Phi_{x,y} = \Phi_{y,z} = \Phi_{z,x} = 0$ とし，格子定数を a，$u(\ell)$ を格子点 ℓ における x 軸方向の原子変位 (atomic displacement)，$p(\ell)$ を x 軸方向の運動量とする．原子の質量を $m_\kappa = m$ とし，力が最近接原子間のみに働くとすると，運動方程式 (7.12) は

$$\begin{aligned} m\frac{d^2 u(\ell)}{dt^2} &= -\sum_{\ell' \neq \ell} \Phi_{x,x}(\ell;\ell')\{u(\ell') - u(\ell)\} \\ &= -\Phi_{x,x}(\ell;\ell+1)\{u(\ell+1) - u(\ell)\} - \Phi_{x,x}(\ell;\ell-1)\{u(\ell-1) - u(\ell)\} \end{aligned} \tag{7.13}$$

と書ける．$\Phi_{x,x}(\ell;\ell \pm 1) = -f$，$u(\ell) = u_\ell$ と改めると，運動方程式は

$$m\frac{d^2 u_\ell}{dt^2} = f(u_{\ell+1} + u_{\ell-1} - 2u_\ell) \tag{7.14}$$

となる．

波数 q，振動数 ω_q の格子波が x 軸に沿って伝播するとき，(7.14) の解を $u_\ell(t) = u_q \exp\{i(qx_\ell - \omega_q t)\}$，$x_\ell = \ell a$ と表すことができる．* これを (7.14) に代入することによって

$$\omega_q^2 = \frac{2f}{m}(1 - \cos qa) = \frac{4f}{m}\sin^2\left(\frac{qa}{2}\right) \tag{7.15}$$

が得られる．格子の周期境界条件より，q の値は次の N の値を選ぶことができる（§3.3，§5.2）．

$$q = \frac{2n\pi}{L} \; ; \; -\frac{N}{2} < n \leq \frac{N}{2} \tag{7.16}$$

つまり，q は $-\pi/a < q \leq \pi/a$ の範囲の値をとる．したがって，(7.15) は図7.2(b) の分散関係を与える．あるいは (7.14) の解として，逆格子波数 G_m を用いて，波数

---
* フォノンに対する波数は，κ と区別するため k ではなく q を用いる．

$q + G_m$ を選ぶこともできる．このとき，(7.15) は

$$\omega_q = \omega_{q+G_m}, \quad G_m = \frac{2m\pi}{a}, \quad m = 0, \pm 1, \pm 2, \ldots \tag{7.17}$$

を満足し，逆格子点 G_m それぞれに対して (7.16) の波数をとる（逆格子については§3.2）．これは電子のエネルギーバンドの周期性 (5.11) に対応する．$G_0 = 0$ に対する (7.16) の波数領域を第一ブリルアンゾーンとよぶ．

波数 q が小さい場合の振動数は (7.15) から

$$\omega_q = |q| v_s, \quad v_s = \sqrt{\frac{f}{m}} a \tag{7.18}$$

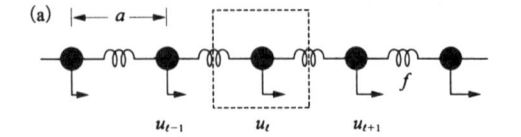

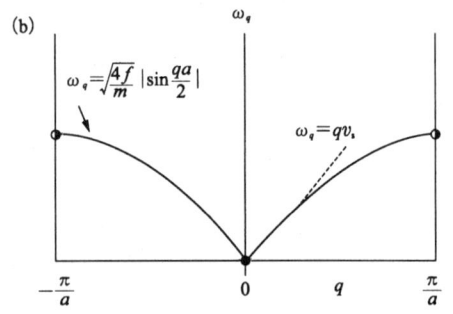

図7.2 (a) 単原子からなる1次元鎖（点線で囲まれた領域は基本単位格子を示す）．(b) 音響波の分散関係

と近似できる．すなわち，波長の長い領域では連続媒質の音波（弾性波）の振動数を与える．(7.15) で表される振動数をもつ格子波 (lattice wave) を音響波 (acoustic wave) とよぶ．図7.2(b) から，振動数は $|q|$ が大きくなると弾性波からずれ，原子が離散的に並ぶ効果を理解できる．

これまで，x 軸方向の変位のみ考えたが，y，z 方向の変位も存在する．それぞれに対して力定数が同じ値をとる（$\Phi_{y,y}(\ell;\ell\pm1) = \Phi_{z,z}(\ell;\ell\pm1) = -f$）とすれば，同じ振動数をもつ波となる．変位 u が q の方向と平行（$u_q \,\|\, q$）な音響波のことを縦音響波 (longitudinal acoustic wave)，q と垂直な2つの変位（$u_q \perp q$）のそれを横音響波 (transverse acoustic wave) とよぶ（図7.2(b) は3重に重なって描かれているとみなす．一般に，縦波の方が横波より振動数は高い（図7.7））．

このように，単位構造が1原子からなるとき，格子の振動モードは3種類の音響

波のいずれかに属する．2原子以上の単位構造からなる格子では，これに加えて光学波が存在する．

7.1.3　1次元2原子格子の格子波

質量の異なる2種類の原子からなる基本単位胞が，周期 $2a$ で1次元的に連なっている場合を考えよう（図7.3）．単位胞に $\ell = 0, 1, 2, ... N-1$ と番号を付す．単位胞は2原子よりなるから，$\kappa = 1, 2$ と番号をつける．原子は互いに同一のバネ定数 f で結ばれており，x 軸方向に調和振動するものとする．格子点からの変位 $u(\ell, \kappa)$ を $u_{\ell, \kappa}$ で表せば，運動方程式は(7.14)と同様に(7.12)より

$$m_1 \frac{d^2 u_{\ell,1}}{dt^2} = f\left(u_{\ell,2} + u_{\ell-1,2} - 2u_{\ell,1}\right)$$
$$m_2 \frac{d^2 u_{\ell,2}}{dt^2} = f\left(u_{\ell,1} + u_{\ell+1,1} - 2u_{\ell,2}\right) \quad (7.19)$$

が得られる．波数 q，振動数 ω_q の格子振動が x 軸に沿って伝播するとして，次の形の解を求めよう．

$$u_{\ell,\kappa} = \frac{1}{\sqrt{N m_\kappa}} \sum_q u_{q,\kappa} e^{i(q x_{\ell,\kappa} - \omega_q t)}, \quad x_{\ell,\kappa} = 2\ell a + \kappa a \quad (7.20)$$

ここでも，$x(\ell, \kappa) = x_{\ell, \kappa}$ とおいた．(7.20)を(7.19)に代入して，次の連立方程式を得る．

$$\begin{bmatrix} D_{11} - \omega_q^2 & D_{12} \\ D_{21} & D_{22} - \omega_q^2 \end{bmatrix} \begin{bmatrix} u_{q,1} \\ u_{q,2} \end{bmatrix} = 0 \quad (7.21)$$

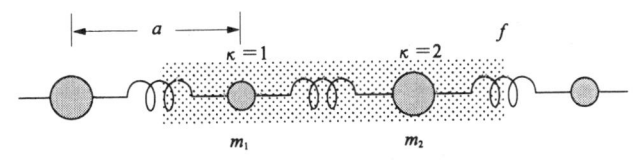

図7.3　2種類の原子からなる1次元鎖の格子振動（網の領域は基本単位格子を示す）．

(7.21) の $D_{\kappa\kappa'}$ は

$$D_{11} = \frac{2f}{m_1}, \quad D_{22} = \frac{2f}{m_2}, \quad D_{12} = D_{21} = -\frac{2f}{\sqrt{m_1 m_2}}\cos(qa) \tag{7.22}$$

であり，動力学行列 **D** の要素である．(7.21), (7.22)から固有値および固有関数を求めることができる．固有値は(7.21)左辺の行列式を解いて

$$\omega_q^2 = \frac{f}{m_\mu}\left[1 + j\sqrt{1 - \frac{4m_\mu^2}{m_1 m_2}\sin^2(qa)}\right], \quad j = \pm 1, \quad \frac{1}{m_\mu} = \frac{1}{m_1} + \frac{1}{m_2} \tag{7.23}$$

と求まる．格子定数が $2a$ であるから，周期境界条件より第1ブリルアンゾーンにおける q の値は $-\pi/2a < q \le \pi/2a$ の範囲にある．(7.23)で $j = -1$ は音響波を，$j = +1$ は光学波の振動数を表す．$q \to 0$ の極限で

$$\omega_q(j = -1) = \sqrt{\frac{2f}{m_1 + m_2}}a|q| \qquad\qquad 音響波 \tag{7.24a}$$

$$\omega_q(j = +1) = \sqrt{\frac{2f}{m_\mu}} = \sqrt{\frac{2(m_1 + m_2)}{m_1 m_2}f} \qquad\qquad 光学波 \tag{7.24b}$$

の値をとり，音響波は単原子格子の場合と同じく弾性波を表す．光学波は波長無限大の極限で振動数が0でない値をとる．音響波に属するモードからなるエネルギー分散を音響分枝，光学波に対するそれを光学分枝とよび，それぞれ，隣り合う異種原子の変位は同方向および逆方向である．前章で述べたように，変位は y, z 方向にも存在し，縦，横の音響波に加えて，縦光学波 (longitudinal optic wave),

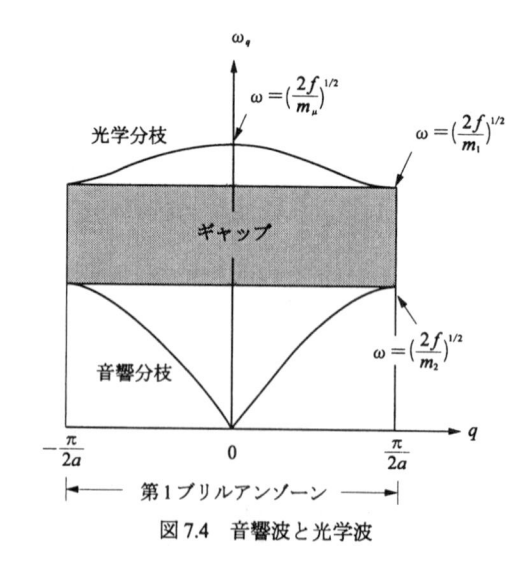

図7.4 音響波と光学波

横光学波（transverse optic wave）が存在する．したがって，2原子格子の場合は，6個の分枝が存在することになる．つまり，2原子の変位の自由度に等しい数の異なる分枝が存在する．

7.1.4 ブリルアンゾーン

格子波に対しても電子系と同様にブリルアンゾーンが存在することは，§7.1.2で述べた．図7.4に示されているように $-\pi/2a < q \leq \pi/2a$ の範囲を第1ブリルアンゾーンとよぶ．単原子鎖の第1ブリルアンゾーンは図7.2(b)のように $-\pi/a < q \leq \pi/a$ である．

ここで，$m_1 = m_2$ ととれば単原子格子に帰着する．このとき，図7.4 から理解できるように，$q = \pm\pi/2a$ で存在していたギャップがなくなり図7.5へと推移する．この図は図7.2(b)を $q = \pm\pi/2a$ で折り返した図になっている．この折り返しのことをゾーンフォールディングという．* これは，基本単位格子を2原子で勘定したために生じた，いわば，見かけのブリルアンゾーンである．第1ブリルアンゾーンの範囲は逆格子の大きさであるから，図7.2(b) が正しい第1ブリルアンゾーンである．

わずかでも質量差があり $m_1 \neq m_2$ となれば，基本単位格子が2種類の原子から成ることを反映して $q = \pm\pi/2a$ でギャップが生じることになり，図7.5 は2種類の分枝に分かれることになる．

7.2 振動の量子化

2章で，電子がシュレーディンガーの波動方程式に従い，離散的なエネルギーをもつ量子であることを学んだ．一方，固体の比熱測定によれば，低温における格子振動の比熱への寄与は，古典振動子の理論によって与えられるものとまったく異なることが

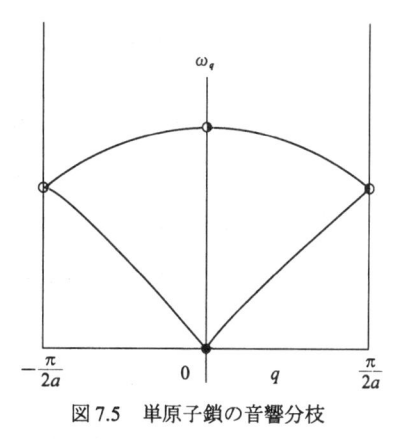

図7.5 単原子鎖の音響分枝

---

*人工超格子では，このようなゾーンフォールディングが生じる．

知られている．このことは，格子振動もまた量子力学に従うことを示唆する．

7.2.1 量子振動子

2原子格子の特別な場合について考えてみよう．§7.1.3で述べた2原子格子は，$m_2 \to \infty$ の極限で，N個の独立な $\kappa = 1$ の振動子に帰着する．つまり，ハミルトニアンは $m_1 = m$ と置き直して

$$H = \sum_\ell \frac{p_\ell^2}{2m} + \sum_\ell \frac{1}{2}\mu u_\ell^2, \quad \mu = 2f \tag{7.25}$$

となる．この系は，質量無限大の原子に挟まれた軽い質量の原子が独立に振動する模型である．それぞれの原子が量子力学に従って運動するとすれば，個々の原子はシュレーディンガーの波動方程式を満たす．添字 ℓ を略して

$$\left(\frac{p^2}{2m} + \frac{1}{2}\mu u^2\right)\psi(u) = E\psi(u), \quad p = -i\hbar\frac{\partial}{\partial u} \tag{7.26}$$

この方程式の解はよく知られた n 次のエルミート多項式 H_n を用いて与えられる．解は $u = (\hbar/\sqrt{m\mu})^{1/2}\xi$ とおいて

$$\psi_n(\xi) = H_n(\xi)e^{-\xi^2/2}, \quad H_n(\xi) = (-1)^n e^{\xi^2}\frac{d^n}{d\xi^n}e^{-\xi^2} \tag{7.27}$$

$$E_n = \left(n + \frac{1}{2}\right)\hbar\omega, \quad n = 0, 1, 2, \ldots, \quad \omega = \sqrt{\frac{\mu}{m}} \tag{7.28}$$

である．振動数 ω は (7.24b) で $m_2 \to \infty$，$m_1 = m$ とおいた値と一致する．ここで述べた量子振動は，光学波の特別な場合（$m_2 \to \infty$）を量子化することによって，得られた"フォノン"である．一般に，格子波の量子はフォノンとよばれ，§7.1で述べた格子波に対応して音響フォノンと光学フォノンの2種類が存在する．

(7.28) の n は離散的な値で指定される振動の量子数であり，$n\hbar\omega$ は独立な振動子が $\hbar\omega/2$ を基準にしたときにもつエネルギーである．$\hbar\omega/2$ は零点エネルギーとよばれ，1章の練習問題【9】で示したように，不確定性関係に起因する（§

7.2.2）．さらに，アインシュタイン・ドブロイの関係式（1.3）によれば，$\hbar\omega$は角振動数 ω に対する1量子のエネルギーであり，したがって，n は量子の個数を表すと解釈できる．

7.2.2 基準振動と場の量子化

独立な振動子の量子化は，シュレーディンガーの波動方程式により直接遂行することができた．ここでは，振動子が互いに相互作用で結ばれている場合を，別な方法によって考えてみよう．量子化を行うためには，相互作用する振動子系を独立な格子波の和として記述する必要がある．

（7.14）に対応するハミルトニアンは

$$H = \sum_\ell \frac{p_\ell^2}{2m} + \sum_\ell \frac{1}{2}f(u_\ell - u_{\ell-1})^2 \tag{7.29}$$

と書ける．この式を次に定義する基準座標 (normal coordinate) $\{Q_q, P_q\}$ を用いて変形しよう．

$$u_\ell = \frac{1}{\sqrt{Nm}}\sum_q Q_q \exp(iq\ell a)$$
$$p_\ell = \sqrt{\frac{m}{N}}\sum_q P_q \exp(-iq\ell a) \tag{7.30}$$

変位 u_ℓ および運動量 p_ℓ は実数である．したがって

$$u_\ell^* = \frac{1}{\sqrt{Nm}}\sum_q Q_q^* \exp(-iq\ell a)$$
$$= \frac{1}{\sqrt{Nm}}\sum_q Q_{-q}^* \exp(iq\ell a) = u_\ell$$

から $Q_{-q} = Q_q^*$ の関係が成り立つ．同様に $P_{-q} = P_q^*$ が得られる．（7.30）を（7.29）に代入して整理すれば

$$H = \sum_q \left(\frac{1}{2}P_{-q}P_q + \frac{1}{2}\omega_q^2 Q_{-q}Q_q\right) = \sum_q \left(\frac{1}{2}P_q^* P_q + \frac{1}{2}\omega_q^2 Q_q^* Q_q\right) \tag{7.31}$$

7　格子波と量子

が得られる．これは，(7.25) のハミルトニアンに相当する．ω_q は (7.15) で与えられるエネルギー（正確には $\hbar\omega_q$ であるが，ω_q もそのようによぶ）であり，$\omega_q = \omega_{-q}$ である．ここで

$$\sum_{\ell=0}^{N-1} \exp(iq\ell a) = \frac{1-\exp(iqNa)}{1-\exp(iqa)} = N\delta_{q,0} \tag{7.32}$$

の関係を利用した．ただし，q は (7.16) の値をとることに注意する．

基準座標 $\{Q_q, P_q\}$ は，変位および運動量の波数 q に対する振幅である．これにより，最近接相互作用を通して互いに結ばれた粒子の変位場を，(7.31)のように独立な振動子の和に書き表すことができた．ここで，場の演算子を導入することによって量子を考えよう．

<u>場の演算子</u>　演算子 a_q, a_q^+ を次の関係式によって導入する．

$$\begin{cases} Q_q = \sqrt{\dfrac{\hbar}{2\omega_q}}\left(a_{-q}^+ + a_q\right) \\ P_{-q} = i\sqrt{\dfrac{\hbar\omega_q}{2}}\left(a_{-q}^+ - a_q\right) \end{cases} \text{または} \begin{cases} a_{-q}^+ = \dfrac{1}{\sqrt{2\hbar\omega_q}}\left(\omega_q Q_q - iP_{-q}\right) \\ a_q = \dfrac{1}{\sqrt{2\hbar\omega_q}}\left(\omega_q Q_q + iP_{-q}\right) \end{cases} \tag{7.33}$$

P_q は運動量演算子であるから，交換関係 (1.20) $[Q_q, P_q] = i\hbar$ が成り立つように演算子 a_q, a_q^+ の性質を定める．交換関係に (7.33) を代入して

$$\begin{aligned} &Q_q P_q - P_q Q_q \\ &= \frac{i\hbar}{2}\left\{\left(a_{-q}^+ + a_q\right)\left(a_q^+ - a_{-q}\right) - \left(a_q^+ - a_{-q}\right)\left(a_{-q}^+ + a_q\right)\right\} \\ &= \frac{i\hbar}{2}\left\{a_{-q}^+ a_q^+ - a_q^+ a_{-q}^+ - a_q a_{-q} + a_{-q} a_q + a_q a_q^+ - a_q^+ a_q - a_{-q}^+ a_{-q} + a_{-q} a_{-q}^+\right\} \end{aligned}$$

となるから，演算子 a_q および a_q^+ に対する交換関係

$$[a_q, a_q^+] = a_q a_q^+ - a_q^+ a_q = 1$$
$$[a_q, a_{-q}] = 0, \quad [a_q^+, a_{-q}^+] = 0$$

を導入すれば $[Q_q, P_q] = i\hbar$ を得る．一般に

$$[a_q, a_{q'}{}^+] = \delta_{qq'}, \quad [a_q, a_{q'}] = 0, \quad [a_q{}^+, a_{q'}{}^+] = 0 \tag{7.34}$$

の性質をもつ．これは変位場に対する場の量子化であり，この量子化のことを第2量子化とよぶ．(7.33) および (7.34) を (7.31) に用いることによって

$$H = \sum_q \left(\hat{n}_q + \frac{1}{2}\right)\hbar\omega_q, \quad \hat{n}_q = a_q{}^+ a_q \tag{7.35}$$

を得る．$a_q, a_q{}^+$ は演算子であるから $\hat{n}_q$ も演算子で，フォノンの個数を引き出す数演算子（number operator）である．フォノンの個数が n である状態 $|\psi_n\rangle$ を $|n\rangle$ で表そう．これに $\hat{n}$ を演算すれば $\hat{n}|n\rangle = n|n\rangle$ によりフォノン数 n が与えられる．また，H の状態 $|n_q\rangle$ による期待値は，(7.35) を用いて $\langle n_q|H|n_q\rangle = (n_q + 1/2)\hbar\omega_q \langle n_q|n_q\rangle = (n_q + 1/2)\hbar\omega_q$ である．状態は正規直交系（1.47）であるから $\langle n|n'\rangle = \delta_{nn'}$ であることに注意しよう．これに伴って

$$\begin{aligned} a|n\rangle &= \sqrt{n}\,|n-1\rangle \\ a^+|n\rangle &= \sqrt{n+1}\,|n+1\rangle \end{aligned} \tag{7.36}$$

が得られる．したがって $a^+ a|n\rangle = \sqrt{n}\,a^+|n-1\rangle = n|n\rangle$ が再び得られる．つまり，a はフォノン数を1減らす演算子で消滅演算子 (annihilation operator)，a^+ は1増やすから生成演算子 (creation operator) とよばれる．これらの演算を満足する量子はボソンとよばれ，その平均値 $<n>$ は §5.3.1 のボース分布をとる．

<u>零点エネルギー</u> (7.35) の期待値で $n_q = 0$ とおいてもエネルギーは0にならない．つまり，格子系はフォノン数 0 でもネルギーを有する．このエネルギーは §7.2.1 で学んだ零点エネルギーで，温度 $T = 0[\mathrm{K}]$ でも存在する．零点エネルギーは，例えば，§7.6 で学ぶデバイ・ワラー因子等に反映される．

7.3 フォノン

7.3.1 固有値方程式

§7.1 で述べたように基本単位胞が $\kappa = 1, 2, ..., s$ の原子からなる場合（図7.1），単位胞あたりの原子変位（分極）の自由度は $3s$ である．そのうちの 3 は音響フォノンで残りの $3s-3$ は光学フォノンである．3 音響フォノンのうち，1 つは縦音響フォノン (longitudinal acoustic [LA] phonon)，他の 2 つは横音響フォノン (transverse acoustic [TA] phonon) である．光学フォノンにも $s-1$ の縦光学フォノン (longitudinal optic [LO] phonon) と $2s-2$ の横光学フォノン (transverse optic [TO] phonon) が存在する．この節では，これらのフォノンのエネルギー分散を求める方法の 1 例について述べよう．

位置 (ℓ, κ) における原子の変位ベクトルの $\alpha \,(=x, y, z)$ 成分は，ℓ 番目の単位胞の κ 番目の原子の位置座標 $\boldsymbol{R}(\ell, \kappa)$ を用いて

$$u_\alpha(\ell, \kappa) = \frac{1}{2\sqrt{Nm_\kappa}} \sum_{q,j} \left\{ c_{q,j} e_\alpha(\kappa | q j) \exp\left(i\boldsymbol{q} \cdot \boldsymbol{R}(\ell, \kappa) - i\omega_{q,j} t\right) + \text{c.c.} \right\} \tag{7.37}$$

と表そう．N は単位胞の数，m_κ は κ 原子の質量，$\omega_{q,j}$ はモード $(\boldsymbol{q}, j)$ のフォノンのエネルギーである．j は 3 個の音響フォノンか $3s-3$ 個の光学フォノンのいずれかの分枝を指す．c.c. は { } 内の直前の式の複素共役量であり，$c_{q,j}$ はフォノンの振幅である．$e(\kappa | q j)$ は $u(\ell, \kappa)$ 方向をもつベクトルで，固有値方程式 (7.38) の固有関数でもある．(7.37) を (7.9) の両辺に代入し，同じモード $(\boldsymbol{q}, j)$ および時間依存性をもつ項を，両辺で等しい，と置くことにより

$$\omega_{q,j}^2 e_\alpha(\kappa | q j) = \sum_{\kappa', \beta} D_{\alpha\beta}(\kappa\kappa' | q) e_\beta(\kappa' | q j) \tag{7.38}$$

$$D_{\alpha\beta}(\kappa\kappa' | q) = \sum_{\ell'} \frac{\Phi_{\alpha,\beta}(\ell, \kappa; \ell', \kappa')}{\sqrt{m_\kappa m_{\kappa'}}} \exp\left\{-i\boldsymbol{q} \cdot (\boldsymbol{R}(\ell, \kappa) - \boldsymbol{R}(\ell', \kappa'))\right\} \tag{7.39}$$

が得られる．ここで $D(q)$ はフーリエ変換された動力学行列 (Fourier transformed dynamical matrix) で，力定数のフーリエ成分を表す．

7.3.2 閃亜鉛鉱結晶のフォノン分散

具体的に，剛体球模型を用いて閃亜鉛鉱結晶のフォノン分散を求めてみよう．閃亜鉛鉱（ZnS）結晶は図7.6に示されるように，空間格子は面心立方格子で，単位構造は$(0,0,0)$および$(1/4,1/4,1/4)$にある２個の異なる原子からなっている．同一原子で置き換えた構造は図4.6に示したダイヤモンド構造である．III – V族半導体である

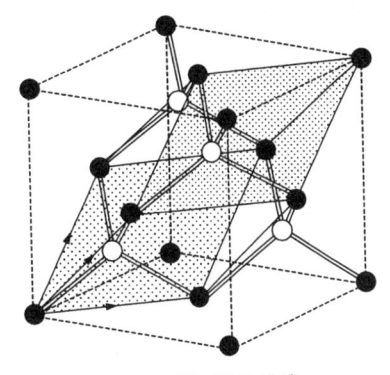

図7.6 閃亜鉛鉱構造

GaAs，InSb，あるいは，イオン導電体 γ - CuBr，γ - AgI もこの閃亜鉛鉱構造をとる．

簡単のため，相互作用ポテンシャルは中心力ポテンシャルを用い，最近接原子間の距離のみの関数であるとする．平衡位置における２原子間の距離は，すべて等しいから

$$\boldsymbol{r}\big((\ell,\kappa);(\ell',\kappa')\big) = \boldsymbol{R}(\ell,\kappa) - \boldsymbol{R}(\ell',\kappa'),\ \boldsymbol{r} = \big(r_x, r_y, r_z\big)$$
$$r\big((\ell,\kappa);(\ell',\kappa')\big) = \big|\boldsymbol{r}\big((\ell,\kappa);(\ell',\kappa')\big)\big| = r \tag{7.40}$$

と定義し，記号の簡単化のため $(\ell,\kappa) = n$，$(\ell',\kappa') = m$ 等と置き換える．(7.6)から

$$\Phi_{\alpha,\beta}(n;m) = \begin{cases} A\dfrac{r_\alpha(n;m)r_\beta(n;m)}{r^2},\ \ A \equiv -\dfrac{\partial^2 \Phi_0}{\partial r(n;m)^2},\ \ n \neq m \\ \Phi_{\alpha,\beta}(n;n) \quad,\ \ n = m \end{cases} \tag{7.41}$$

が得られる（付録A）．ここで，(7.5)より強い条件（§4.2参照）

$$\frac{\partial \Phi_0}{\partial r(n;m)} = 0 \tag{7.42}$$

を用いた．閃亜鉛鉱結晶のフォノン分散を求めるには(7.38), (7.39), (7.41)を計算する必要がある．図7.6で $(0,0,0)$ の Cu は Br が作る四面体の中心にあり，

7 格子波と量子

(1/4,1/4,1/4) の Br もまた Cu が作る四面体の中心にある．これらを考慮し，付録Aで求められる動力学行列 (7A.19) を用いて，フォノンの分散は図7.7のようになる．(7.41) の A の値は，EXAFS の実験解析から得られた $A = -2.28$ [eV/Å^2] を用いてある．音響フォノンの分散は3重に縮退しているが，光学フォノンは $q \neq 0$ で2重に縮退した横光学フォノンと縦光学フォノンに分かれている．

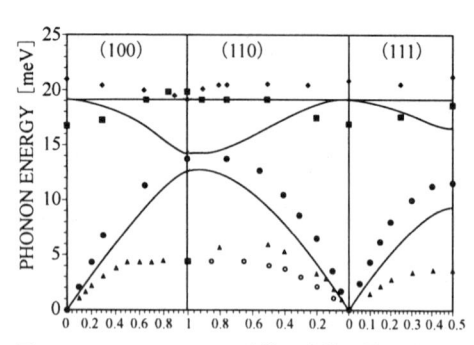

図7.7 CuBrのフォノン分散：実線が最近接相互作用による剛体球模型．点は中性子散乱による実験結果である．

このように，最近接原子間の中心力のみを考慮した剛体球模型による計算では，実験結果の部分的な傾向を示すものの，縦音響フォノンと横音響フォノンの縮退の破れ，あるいは，横音響フォノンのエネルギーの大きさなどを説明することはできない．

7.3.3 ハミルトニアン

ここで，ハミルトニアン (7.7) に第2量子化（§7.2.2）の手続きを行い，ハミルトニアンを (7.35) のように書き直そう．$u_\alpha(\ell,\kappa)$ を，(7.37) の時間部分を除いた級数で表し，これに (7.33) の演算子を援用すれば，次式のように書ける．

$$u_\alpha(\ell,\kappa) = \left(\frac{\hbar}{2Nm_\kappa}\right)^{1/2} \sum_{q,j} \frac{e_\alpha(\kappa|qj)}{\sqrt{\omega_{q,j}}} C_{q,j} \exp\{i\bm{q}\cdot\bm{R}(\ell,\kappa)\}$$
$$C_{q,j} = a^+_{-q,j} + a_{q,j}, \quad j = 1,2,3,...,3s$$
(7.43)

$C_{q,j}$ は演算子で，これに共役な演算子は $C_{q,j}{}^* = a_{-q,j} + a^+_{q,j}$ である．(7.43) は実数であるから，(7.30) の直後に行った議論と同様に

$$e_\alpha{}^*(\kappa|-qj) = e_\alpha(\kappa|qj) \qquad (7.44)$$

が確かめられる．(7.35) と同様な計算からハミルトニアンは

$$H = \sum_{q,j} \left(\hat{n}_{q,j} + \frac{1}{2} \right) \hbar \omega_{q,j}, \quad \hat{n}_{q,j} = a_{q,j}{}^+ a_{q,j} \quad (7.45)$$

と演算子で表現できる．ここで，完備性

$$\sum_{\kappa,\alpha} e_\alpha{}^*(\kappa|qj) e_\alpha(\kappa|qj') = \delta_{jj'}$$
$$\sum_j e_\alpha{}^*(\kappa'|qj) e_\beta(\kappa|qj) = \delta_{\alpha\beta}\delta_{\kappa\kappa'} \quad (7.46)$$

を利用した．

7.4 デバイフォノンとアインシュタインフォノン

7.4.1 デバイフォノン

1辺の長さが $L = \ell a$，$\kappa = 1$ の3次元単純立方格子があるとする．変位および進行方向がともに x 方向のフォノンのエネルギーは，波数 $q = q_x$ が小さい領域では (7.18) と同様に，$\omega_q = |q|v_s$ と近似できる．格子が等方的で，縦音響フォノンと横音響フォノンの音速が等しいとすれば，任意の伝播方向に対して

$$\omega_q = q v_s, \quad q = \sqrt{q_x^2 + q_y^2 + q_z^2} \quad (7.47)$$

で与えられる．v_s はフォノンの音速を表す．(7.47) の近似式は，(7.18) と同様，格子を弾性体とみなした場合の弾性波に対する関係式である．この近似をデバイ近似という．

x 方向の変位 (分極) をもつフォノンが $\boldsymbol{q} = (q_x, q_y, q_z)$ 方向へ伝播するとき，フォノンの波数ベクトル $\boldsymbol{q}$ は，(7.16) で述べたのと同様，

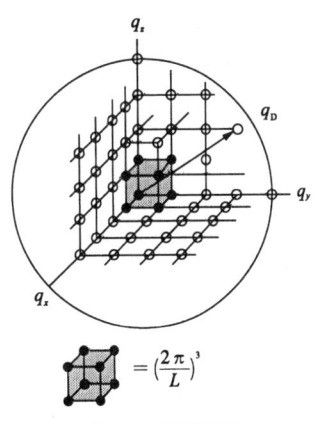

図7.8 波数空間

$q_i = 2n_i\pi/L$, $n_i = 0, \pm 1, \pm 2, \ldots$ $(i = x, y, z)$ で指定された値のみ取ることが許される (図7.8)．したがって，$\Delta q_x \Delta q_y \Delta q_z = (2\pi/L)^3$ の箱の中で $\boldsymbol{q}$ の取り得る値は1つだ

けである．このことを考慮すれば，q の和は次の積分に置き換えることができる．
(7.47) を用いて

$$\sum_q = \left(\frac{2\pi}{L}\right)^{-3} \int d\boldsymbol{q} = \left(\frac{2\pi}{L}\right)^{-3} \int 4\pi q^2 dq$$
$$= \frac{\Omega}{2\pi^2 v_s^3} \int \omega^2 d\omega \equiv \int D(\omega) d\omega, \quad D(\omega) = \frac{\Omega}{2\pi^2 v_s^3} \omega^2, \quad \Omega = L^3 \tag{7.48}$$

$D(\omega)d\omega$ は $\omega \sim \omega + d\omega$ の振動数範囲にあるモードの数を意味し，$D(\omega)$ は状態密度 (density of states) とよばれる．分極あたりの音響フォノンのモードの数（q の取り得る数）は基本単位胞の数 $N = \ell^3$ であるから，振動数の上限 ω_D を導入すれば

$$\int_0^{\omega_D} D(\omega) d\omega = N \tag{7.49}$$

でなければならない．したがって

$$D(\omega) = \frac{3\omega^2}{\omega_D^3} N, \quad \omega_D^3 = 6\pi^2 v_s^3 \frac{N}{\Omega} \tag{7.50}$$

ω_D はデバイ振動数，$q_D = \omega_D / v_s$ で定義される波数はデバイ波数とよばれる．

7.4.2 アインシュタインフォノン

2原子格子の格子波は，3つの音響分枝と3つの光学分枝からなる．音響分枝は，(7.24a) から理解できるように，q の小さい領域ではデバイフォノンにより近似できる．光学分枝のエネルギーは (7.24b) あるいは図7.4 からわかるように波数に強く依存しない．また，§7.1.3 および§7.2.1 から，光学分枝は最近接原子対が，ある一定の振動数 ω_E で，重心を中心とする独立な往復運動であると考えても，それほど間違ってはいない．したがって，状態密度は $\omega = \omega_E$ に分極あたり N のモードが縮退しているとして

$$D(\omega) = N\delta(\omega - \omega_E) \tag{7.51}$$

と近似できる．この独立な振動数をもつフォノンのことをアインシュタインフォノ

ンという．

7.5 フォノンの熱エネルギーと熱容量
7.5.1 音響分枝のデバイ近似

フォノンの内部エネルギー，および，それから得られる熱容量を考察しよう．ここでは，簡単に，音響フォノンに対してデバイ近似を，光学フォノンに対してアインシュタイン近似を用いる．本節で音響分枝について，次節で光学分枝について取り扱う．

音響フォノンは1つの縦音響フォノンおよび2つの横音響フォノン分枝からなる．音速が分枝によらないとすれば，エネルギーは $\omega_{q,j} = q v_s$ で与えられ，分枝 j に依存しない．温度 T におけるフォノンの数は，(5.26)のボース分布

$$< n_{q,j} > = \frac{1}{\exp(\beta \hbar \omega_{q,j}) - 1} = \frac{1}{\exp(\beta \hbar \omega_q) - 1} \tag{7.52}$$

で与えられるから，音響フォノンのエネルギーは

$$< U_{ac} > = \sum_{q,j} \left(< n_{q,j} > + \frac{1}{2} \right) \hbar \omega_{q,j} = 3 \sum_q \left(\frac{\hbar \omega_q}{\exp(\beta \hbar \omega_q) - 1} + \frac{\hbar \omega_q}{2} \right) \tag{7.53}$$

と書ける．右辺2項目の因子3は，エネルギーが分枝 j によらないことに由来する．

定積熱容量 C_{ac} は(7.53)を温度で偏微分すれば得られる．

$$\begin{aligned}
C_{ac} &= \left(\frac{\partial < U_{ac} >}{\partial T} \right)_{\Omega, N} = 3 k_B \sum_q \frac{(\beta \hbar \omega_q)^2 \exp(\beta \hbar \omega_q)}{(\exp(\beta \hbar \omega_q) - 1)^2} \\
&= \frac{9 N k_B}{(\beta \hbar)^2 \omega_D^3} \int_0^{\omega_D} \frac{(\beta \hbar \omega)^4 \exp(\beta \hbar \omega)}{(\exp(\beta \hbar \omega) - 1)^2} d\omega \\
&= \frac{9 N k_B}{(\beta \hbar \omega_D)^3} \int_0^{\beta \hbar \omega_D} \frac{x^4 e^x}{(e^x - 1)^2} dx
\end{aligned} \tag{7.54}$$

(7.54)はデバイ近似に対する状態密度(7.50)を用い，(7.48)に従って積分に書き直

してある．(7.54)は§5.4と同様，$Nk_B = R$と読み替えれば定積モル比熱であるが，単に熱容量と略記する場合もある．ここで，デバイ振動数を温度に換算すると

$$k_B \Theta_D = \hbar \omega_D \tag{7.55}$$

このΘ_Dはデバイ温度とよばれ，これを用いれば(7.54)の積分の上限は$\beta\hbar\omega_D = \Theta_D/T$で表される．熱容量を特別な温度について評価してみよう．

(1) $T \gg \Theta_D$ の高温の場合

$x = \hbar\omega/k_B T < \Theta_D/T \ll 1$ であるから，$e^x = 1 + x$ 等とおいて

$$C_{ac} = \frac{9Nk_B}{(\beta\hbar\omega_D)^3} \int_0^{\Theta_D/T} x^2 dx = 3Nk_B \tag{7.56}$$

この高温極限の結果は，1自由度当たりの熱容量が $k_B/2$ であることを意味し（エネルギー等分配の法則），デューロン・プティの古典値を再現する．

(2) $T \ll \Theta_D$ の低温の場合は，部分積分により

$$\begin{aligned} C_{ac} &= \frac{9Nk_B}{(\beta\hbar\omega_D)^3} \int_0^\infty \frac{x^4 e^x}{(e^x - 1)^2} dx = \frac{36Nk_B}{(\beta\hbar\omega_D)^3} \int_0^\infty \frac{x^3}{e^x - 1} dx \\ &= \frac{12\pi^4}{5} Nk_B \left(\frac{T}{\Theta_D}\right)^3 \end{aligned} \tag{7.57}$$

が得られる．最後の等式は数学公式

$$\int_0^\infty \frac{x^{n-1}}{e^x - 1} dx = (n-1)! \sum_{s=1}^\infty \frac{1}{s^n} = (n-1)!\,\varsigma(n) \tag{7.58}$$

$$\varsigma(2) = \frac{\pi^2}{6}, \quad \varsigma(3) = 1.202, \quad \varsigma(4) = \frac{\pi^4}{90}$$

を用いてある．

7.5.2 光学分枝のアインシュタイン近似

2原子格子の光学フォノンによる内部エネルギーは，(7.51)の状態密度を用いて

$$\begin{aligned}<U_{\text{op}}> &= 3\sum_q \left(\frac{\hbar\omega_q}{\exp(\beta\hbar\omega_q)-1} + \frac{\hbar\omega_q}{2}\right) \\
&= 3N\int \left(\frac{\hbar\omega_q}{\exp(\beta\hbar\omega_q)-1} + \frac{\hbar\omega_q}{2}\right)\delta(\omega_q - \omega_E)d\omega_q \qquad (7.59)\\
&= 3N\left(\frac{\hbar\omega_E}{\exp(\beta\hbar\omega_E)-1} + \frac{\hbar\omega_E}{2}\right)\end{aligned}$$

である．したがって，定積熱容量は

$$C_{\text{op}} = \left(\frac{\partial <U_{\text{op}}>}{\partial T}\right)_{\Omega,N} = 3Nk_B \frac{(\beta\hbar\omega_E)^2 \exp(\beta\hbar\omega_E)}{(\exp(\beta\hbar\omega_E)-1)^2} \qquad (7.60)$$

高温極限 $\beta\hbar\omega_E \ll 1$ では，やはり古典値 $C_{\text{op}} = 3Nk_B$ を与える．低温極限 $\beta\hbar\omega_E \to \infty$ では，$C_{\text{op}} = 3Nk_B(\beta\hbar\omega_E)^2 \exp(-\beta\hbar\omega_E) \xrightarrow[T\to 0]{} 6Nk_B \exp(-\beta\hbar\omega_E)$ となり，デバイの T^3-法則とは異なる指数関数形の熱容量を与える．

<u>低温における熱容量</u> 格子の熱容量は $C = C_{\text{ac}} + C_{\text{op}}$ で与えられる．単原子格子の場合は(7.57)から低温でデバイの T^3-法則を与える．単位構造が2原子以上からなる場合でも，光学フォノンのエネルギーは音響フォノンのそれに比して大きいため，低温領域で $C_{\text{op}} \ll C_{\text{ac}}$ であるから，やはり T^3-法則を示す．金属では，低温領域で電子熱容量が温度に比例 (5.36) するから，格子熱容量との和 $C_V = \gamma T + cT^3$ が熱容量を与える．8章の超イオン導電体では，低温相で低いエネルギーをもつ光学分枝（低励起モード）が存在する場合があり，デバイ熱容量に加えて異常なアインシュタイン熱容量が現れる（§8.3.2）．

7.6 デバイ・ワラー因子

格子の周期ポテンシャルによるX線散乱は，逆格子点上で強い反射点となって現

れることを3章で学んだ．このブラッグ反射の原理を用いて，結晶の構造解析を行うことができる．しかし，これまで見てきたように，格子は熱により振動しており，周期性が乱され，この逆格子点上の反射強度は温度とともに弱くなると考えられる．

原子の位置を r_ℓ と表すと，X線が感じるポテンシャルは，各原子が及ぼすポテンシャルを重ね合わせたもので $U(r) = \sum_\ell V(r - r_\ell)$ と書ける．簡単のため単原子格子を考えれば，X線散乱の $k \to k'$ への行列要素は

$$\begin{aligned}
U_{k',k} &= \int \varphi_{k'}{}^*(r) U(r) \varphi_k(r) dr = \frac{1}{\Omega} \sum_\ell \int e^{-ik' \cdot r} V(r - r_\ell) e^{ik \cdot r} dr \\
&= \frac{1}{N} \sum_\ell e^{-i(k'-k) \cdot r_\ell} \frac{1}{v_c} \int e^{-i(k'-k) \cdot (r - r_\ell)} V(r - r_\ell) dr \\
&= V(k' - k) \frac{1}{N} \sum_\ell e^{-i(k'-k) \cdot r_\ell}
\end{aligned} \tag{7.61}$$

ただし

$$V(k) = \frac{1}{v_c} \int e^{-ik \cdot r} V(r) dr$$

積分は全空間でとるが，X線が感じるポテンシャルの範囲は基本単位胞程度である．v_c は単位胞の体積で，N はその数である．$V(k)$ は原子因子（atomic factor），$N^{-1} \sum_\ell e^{-i(k'-k) \cdot r_\ell}$ は構造因子（structure factor）とよばれる．

<u>遷移確率</u>　X線の散乱確率は，単位時間当たりの遷移，すなわち，遷移確率によって決定され，$|\langle \varphi_f | H_1 | \varphi_i \rangle|^2 = |U_{k',k}|^2$ に比例する（7B.7）．原子は乱雑な熱振動をするので，$|U_{k',k}|^2$ の平均値が実際に観測される量である．したがって

$$\begin{aligned}
\langle |U_{k',k}|^2 \rangle &= |V(k' - k)|^2 \frac{1}{N^2} \sum_\ell \sum_{\ell'} \langle e^{-i(k'-k) \cdot (r_{\ell'} - r_\ell)} \rangle \\
&\underset{\substack{K=k'-k \\ r=R+u}}{=} |V(K)|^2 \frac{1}{N^2} \sum_\ell \sum_{\ell'} e^{-iK \cdot (R_{\ell'} - R_\ell)} \langle e^{-iK \cdot (u_{\ell'} - u_\ell)} \rangle
\end{aligned} \tag{7.62}$$

ここで，$K = k' - k$ と置き直し，原子位置 r_ℓ は $r_\ell = R_\ell + u_\ell$ によって u_ℓ だけ変位することを考慮した．

調和振動によるデバイ・ワラー因子 (7.62) の指数の平均値は，キュミュラント展開 (7C.5) によって計算できる．調和振動の場合は，2次のキュミュラントのみからなることが証明される．したがって

$$\langle e^{-i\bm{K}\cdot\Delta\bm{u}_{\ell'\ell}}\rangle = \exp\left(-\frac{1}{2}\langle(\bm{K}\cdot\Delta\bm{u}_{\ell'\ell})^2\rangle\right), \quad \Delta\bm{u}_{\ell'\ell} = \bm{u}_{\ell'} - \bm{u}_{\ell} \tag{7.63}$$

のように書ける．(7.43) を用いて (7D.7) より

$$\frac{1}{2}\langle(\bm{K}\cdot\Delta\bm{u}_{\ell'\ell})^2\rangle = \frac{\hbar}{Nm}\sum_{q,j}\frac{|\bm{K}\cdot\bm{e}(qj)|^2}{\omega_{q,j}}\left(<n_{q,j}>+\frac{1}{2}\right)\{1-\cos\bm{q}\cdot(\bm{R}_{\ell'}-\bm{R}_{\ell})\} \tag{7.64}$$

と求まる．ただし，$e(qj) = e(1|qj)$ および (7.44) の $e(-qj) = e^*(qj)$ を用いた．(7.64)の余弦項は2原子の相関を表す項で，$\langle(\bm{K}\cdot\bm{u}_{\ell'})(\bm{K}\cdot\bm{u}_{\ell})\rangle$ に由来し，広域X線吸収微細構造 (EXAFS) による構造解析でも重要な役割を果たす．

簡単のため，音響フォノンのエネルギーが等しい ($\omega_{q,j} = \omega_q$, $n_{q,j} = n_q$) とすれば，j に対する和は (7.46) から $\sum_j |\bm{K}\cdot\bm{e}(qj)|^2 = K^2$ となる．(7.64) を (7.63) に代入し，余弦の項を指数展開すれば

$$\begin{aligned}I &= \exp\left(-\frac{1}{2}\langle(\bm{K}\cdot\Delta\bm{u}_{\ell'\ell})^2\rangle\right) \\ &= \exp(-2W(K))\left\{1 - \frac{\hbar}{Nm}\sum_q\frac{K^2}{\omega_q}\left(<n_q>+\frac{1}{2}\right)\cos\bm{q}\cdot(\bm{R}_{\ell'}-\bm{R}_{\ell}) + ...\right\}\end{aligned} \tag{7.65}$$

ただし

$$2W(K) = \frac{\hbar}{Nm}\sum_q\frac{K^2}{\omega_q}\left(<n_q>+\frac{1}{2}\right) \tag{7.66}$$

(7.66) の $2W(K)$ は $\langle(\bm{K}\cdot\bm{u}_\ell)^2\rangle$ と等価で，独立な変位の2乗平均に由来するから，格子点ℓに依存しない．(7.65)の2行目第2項目以降は格子点に依存する．$\exp(-2W(K))$ はデバイ・ワラー因子とよばれ，温度に依存する減衰因子を与える．(7.65)の2行目第1項に対する遷移確率は，(7.62) より

7 格子波と量子

$$<|U_{k',k}|^2> = |V(K)|^2 \frac{1}{N^2} \sum_\ell \sum_{\ell'} e^{-iK \cdot (R_{\ell'}-R_\ell)} e^{-2W(K)} \tag{7.67}$$

となる．ℓ および ℓ' の和は，$G = k' - k$ を満足する逆格子ベクトルを導入すれば

$$\frac{1}{N^2}\sum_\ell \sum_{\ell'} e^{-iK\cdot(R_{\ell'}-R_\ell)} = \frac{1}{N}\sum_\ell e^{-iK\cdot R_\ell} = \delta(K-G) \tag{7.68}$$

のブラッグ散乱を与える（§3.4）．(3.33)との違いは，格子の振動によるデバイ・ワラー因子がつくことである．(7.67) と (7.68) より

$$<|U_{k',k}|^2> = |V(G)|^2 e^{-2W(G)} \delta(K-G) \tag{7.69}$$

(7.69) の $2W(G)$ は (7.66) に (7.52) を用いて

$$2W(G) = \frac{\hbar}{Nm}\sum_q \frac{G^2}{\omega_q}\left(\frac{1}{\exp(\beta\hbar\omega_q)-1}+\frac{1}{2}\right) \tag{7.70}$$

したがって，(7.50) の状態密度を利用して積分すれば

$$\begin{aligned}2W(G) &= \frac{3\hbar G^2}{m\omega_D^3}\left(\frac{1}{\beta\hbar}\right)^2 \int_0^{\Theta_D/T} \left(\frac{1}{e^x-1}+\frac{1}{2}\right)x\,dx \\ &= \frac{3\hbar G^2}{m\omega_D^3}\left(\frac{k_B T}{\hbar}\right)^2 \int_0^{\Theta_D/T} \frac{x}{e^x-1}\,dx + \frac{3\hbar G^2}{4m\omega_D}\end{aligned} \tag{7.71}$$

1 行目の被積分関数 $1/(e^x-1)+1/2$ の因子 $1/2$ の項は，(7.66) の $1/2$ の零点エネルギーによる寄与である．高温極限および低温極限では

$$2W(G) = \begin{cases} 3\hbar^2 G^2 T/mk_B\Theta_D^2, & \Theta_D/T \ll 1 \\ 3\hbar^2 G^2/4mk_B\Theta_D, & \Theta_D/T \to \infty \end{cases} \tag{7.72}$$

と求められる．低温極限では，(7.71)の2行目第1項は0を与える．したがって，

2行目第2項の零点振動の項より，$3\hbar G^2/4m\omega_D = 3\hbar^2 G^2/4mk_B\Theta_D$ が得られる．一方，高温では，1項目の寄与が大きく，得られた結果は温度に比例して減衰する．温度に比例することは，以下の簡単な方法でも理解できる．高温では，振動数 ω_D の振動子に対するエネルギー等分配の法則より，$<u^2> = 3k_BT/m\omega_D^2$ であるから

$$2W(G) \approx <(\boldsymbol{G}\cdot\boldsymbol{u})^2> = \frac{1}{3}G^2<u^2>$$
$$= \frac{G^2 k_B T}{m\omega_D^2} = \frac{\hbar^2 G^2 T}{mk_B\Theta_D^2}$$

と推察できる．

付録７Ａ　閃亜鉛鉱構造のフォノン

１．力定数 $\Phi_{\alpha,\beta}(\ell,\kappa;\ell',\kappa')$

ポテンシャルが

$$\begin{aligned}\Phi_0 &= \Phi(...,R(\ell,\kappa),...,R(\ell',\kappa'),...) \\ &= \frac{1}{2}\sum_{(\ell',\kappa')\neq(\ell,\kappa)} V(R(\ell,\kappa)-R(\ell',\kappa')) \\ &= \frac{1}{2}\sum_{(\ell',\kappa')\neq(\ell,\kappa)} V(|R(\ell,\kappa)-R(\ell',\kappa')|)\end{aligned}$$

で表される中心力ポテンシャルの場合，$m\neq n$ に対して

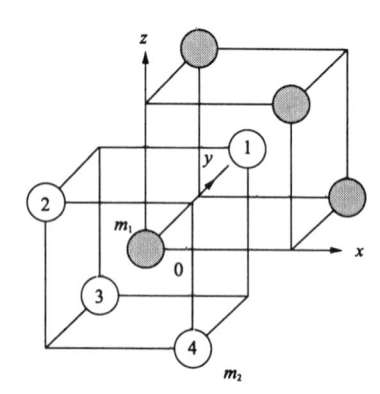

図7.9　閃亜鉛鉱構造

$$\begin{aligned}\Phi_{\alpha,\beta}(n;m) &= \frac{\partial^2\Phi_0}{\partial R_\alpha(n)\partial R_\beta(m)} \\ &= \frac{\partial}{\partial R_\beta(m)}\sum_{j\neq n}\frac{r_\alpha(n;j)}{r(n;j)}\frac{\partial\Phi_0}{\partial r(n;j)} \\ &= \frac{-\delta_{\alpha\beta}r+r_\alpha(n;m)r_\beta(n;m)/r}{r^2}\frac{\partial\Phi_0}{\partial r(n;m)}-\frac{r_\alpha(n;m)r_\beta(n;m)}{r^2}\frac{\partial^2\Phi_0}{\partial r(n;m)^2} \\ &= -\frac{r_\alpha(n;m)r_\beta(n;m)}{r^2}\left(\frac{\partial^2\Phi_0}{\partial r(n;m)^2}-\frac{1}{r}\frac{\partial\Phi_0}{\partial r(n;m)}\right)-\frac{\delta_{\alpha\beta}}{r}\frac{\partial\Phi_0}{\partial r(n;m)},\quad m\neq n\end{aligned}$$

ただし，最近接原子間距離はすべて等しいから，$r=r(n;m)$．さらに，相互作用は最近接位置にある異種原子間のみに働くものとする．§4.2で学んだように，平衡位置で $\partial\Phi_0/\partial r(n;m)=0$ を満足するとすれば

$$\begin{aligned}\Phi_{\alpha,\beta}(n;m) &= -\frac{r_\alpha(n;m)r_\beta(n;m)}{r^2}\frac{\partial^2\Phi_0}{\partial r(n;m)^2}=A\frac{r_\alpha(n;m)r_\beta(n;m)}{r^2} \\ A_{n,m} &\equiv -\frac{\partial^2\Phi_0}{\partial r(n;m)^2}=A \\ \Phi_{\alpha,\beta}(n;m) &= \Phi_{\beta,\alpha}(n;m)=\Phi_{\beta,\alpha}(m;n),\quad n\neq m\end{aligned}\quad(7A.1)$$

である．$r(n;m)$ はすべて等しいから，$A_{n,m}=A$ とおける．したがって (7.41) が得

172

られる．

<u>行列の $n \neq m$ 成分</u>　Cu を原点 0 にとり，その位置を $n = [0,0,0]$ と表す．最近接の Br の位置を $m = n + \delta$ で表せば，図7.6 から $\delta_1 = [1,1,1]$, $\delta_2 = [\bar{1},\bar{1},1]$, $\delta_3 = [\bar{1},1,\bar{1}]$ および $\delta_4 = [1,\bar{1},\bar{1}]$ 方向にある（図7.9）．ここで，(i, j, k) を直交座標軸上の単位ベクトルとして，$[1,1,1] = i + j + k$ と定義する．(7.40) は $r(0;\delta) = R(0) - R(\delta)$ であるから

$$r(0;\delta_1) = -\frac{r}{\sqrt{3}}[1,1,1], \quad r(0;\delta_2) = -\frac{r}{\sqrt{3}}[\bar{1},\bar{1},1]$$
$$r(0;\delta_3) = -\frac{r}{\sqrt{3}}[\bar{1},1,\bar{1}], \quad r(0;\delta_4) = -\frac{r}{\sqrt{3}}[1,\bar{1},\bar{1}]$$
(7A.2)

したがって，(7A.1) は $\alpha \neq \beta$ に対して

$$\begin{aligned}
&\Phi_{x,y}(0;\delta_1) = \frac{1}{3}A, \quad \Phi_{x,y}(0;\delta_2) = \frac{1}{3}A, \quad \Phi_{x,y}(0;\delta_3) = -\frac{1}{3}A, \quad \Phi_{x,y}(0;\delta_4) = -\frac{1}{3}A \\
&\Phi_{y,z}(0;\delta_1) = \frac{1}{3}A, \quad \Phi_{y,z}(0;\delta_2) = -\frac{1}{3}A, \quad \Phi_{y,z}(0;\delta_3) = -\frac{1}{3}A, \quad \Phi_{y,z}(0;\delta_4) = \frac{1}{3}A \\
&\Phi_{z,x}(0;\delta_1) = \frac{1}{3}A, \quad \Phi_{z,x}(0;\delta_2) = -\frac{1}{3}A, \quad \Phi_{z,x}(0;\delta_3) = \frac{1}{3}A, \quad \Phi_{z,x}(0;\delta_4) = -\frac{1}{3}A
\end{aligned}$$
(7A.3)

である．$\alpha = \beta$ の場合はすべて等しく

$$\Phi_{\alpha,\alpha}(0;\delta_i) = \frac{1}{3}A, \quad i = 1, 2, 3, 4 \tag{7A.4}$$

<u>行列の $n = m$ 成分</u>　この場合は (7.11) から

$$\Phi_{\alpha,\beta}(0;0) = -\sum_{i=1}^{4} \Phi_{\alpha,\beta}(0;\delta_i) \tag{7A.5}$$

を求めればよい．これは，(7A.3) あるいは (7A.4) の行をすべて加えることを意味するから

$$\Phi_{\alpha,\beta}(n;n) = \begin{cases} 0, & \alpha \neq \beta \\ -\frac{4}{3}A, & \alpha = \beta \end{cases} \tag{7A.6}$$

7　格子波と量子

2．動力学行列

(7.39) から，最近接相互作用および $\kappa = 1, 2$ を考慮して

$$\begin{aligned}D_{\alpha\beta}(11|q) &= \sum_{\ell'}\frac{\Phi_{\alpha,\beta}(\ell,1;\ell',1)}{\sqrt{m_1 m_1}}\exp\{-i\boldsymbol{q}\cdot(\boldsymbol{R}(\ell,1)-\boldsymbol{R}(\ell',1))\} \\ &= \frac{\Phi_{\alpha,\beta}(\ell,1;\ell,1)}{m_1} = \frac{\Phi_{\alpha,\beta}(0;0)}{m_1}\end{aligned} \tag{7A.7}$$

$$\begin{aligned}D_{\alpha\beta}(12|q) &= \sum_{\ell'}\frac{\Phi_{\alpha,\beta}(\ell,1;\ell',2)}{\sqrt{m_1 m_2}}\exp\{-i\boldsymbol{q}\cdot(\boldsymbol{R}(\ell,1)-\boldsymbol{R}(\ell',2))\} \\ &= \sum_{\delta_i}\frac{\Phi_{\alpha,\beta}(0;\delta_i)}{\sqrt{m_1 m_2}}\exp(-i\boldsymbol{q}\cdot\boldsymbol{r}(0;\delta_i))\end{aligned} \tag{7A.8}$$

$$\begin{aligned}D_{\alpha\beta}(21|q) &= \sum_{\ell'}\frac{\Phi_{\alpha,\beta}(\ell,2;\ell',1)}{\sqrt{m_2 m_1}}\exp\{-i\boldsymbol{q}\cdot(\boldsymbol{R}(\ell,2)-\boldsymbol{R}(\ell',1))\} \\ &= \sum_{\ell'}\frac{\Phi_{\alpha,\beta}(\ell,1;\ell',2)}{\sqrt{m_1 m_2}}\exp\{i\boldsymbol{q}\cdot(\boldsymbol{R}(\ell,1)-\boldsymbol{R}(\ell',2))\} \\ &= \sum_{\delta_i}\frac{\Phi_{\alpha,\beta}(0;\delta_i)}{\sqrt{m_1 m_2}}\exp(i\boldsymbol{q}\cdot\boldsymbol{r}(0;\delta_i))\end{aligned} \tag{7A.9}$$

$$\begin{aligned}D_{\alpha\beta}(22|q) &= \sum_{\ell'}\frac{\Phi_{\alpha,\beta}(\ell,2;\ell',2)}{\sqrt{m_2 m_2}}\exp\{-i\boldsymbol{q}\cdot(\boldsymbol{R}(\ell,2)-\boldsymbol{R}(\ell',2))\} \\ &= \frac{\Phi_{\alpha,\beta}(\ell,2;\ell,2)}{m_2} = \frac{\Phi_{\alpha,\beta}(0;0)}{m_2}\end{aligned} \tag{7A.10}$$

ただし，m_1, m_2 は質量である．一方，運動方程式 (7.38) は

$$\omega_{q,j}^{\;2} e_\alpha(\kappa|qj) = \sum_\beta \{D_{\alpha\beta}(\kappa 1|q)e_\beta(1|qj) + D_{\alpha\beta}(\kappa 2|q)e_\beta(2|qj)\} \tag{7A.11}$$

であるから，動力学行列は 6×6 である．ここで

$$e_\alpha(\kappa|qj) = e_\alpha(\kappa), \quad \omega_{q,j}^{\;2} = \lambda, \quad D_{\alpha\beta}(\kappa\kappa'|q) = D_{\alpha\beta}(\kappa\kappa') \tag{7A.12}$$

と略記すれば

$$\lambda e_\alpha(\kappa) = \sum_\beta \left\{ D_{\alpha\beta}(\kappa 1) e_\beta(1) + D_{\alpha\beta}(\kappa 2) e_\beta(2) \right\}$$
$$= \begin{bmatrix} D_{\alpha x}(\kappa 1) & D_{\alpha y}(\kappa 1) & D_{\alpha z}(\kappa 1) & D_{\alpha x}(\kappa 2) & D_{\alpha y}(\kappa 2) & D_{\alpha z}(\kappa 2) \end{bmatrix} e \tag{7A.13}$$

e は (7A.14) のベクトルである．結局，固有値方程式

$$[D - \lambda I] e = 0, \quad e = \begin{bmatrix} e_x(1) \\ e_y(1) \\ e_z(1) \\ e_x(2) \\ e_y(2) \\ e_z(2) \end{bmatrix} \tag{7A.14}$$

の解がフォノンのエネルギーを決定する．

(7A.3)–(7A.6) を用いて

$$\begin{aligned} D_{\alpha\beta}(11) &= \frac{\Phi_{\alpha,\beta}(0;0)}{m_1} = -\frac{4}{3m_1} A \delta_{\alpha,\beta} \\ D_{\alpha\beta}(22) &= \frac{\Phi_{\alpha,\beta}(0;0)}{m_2} = -\frac{4}{3m_2} A \delta_{\alpha,\beta} \end{aligned} \tag{7A.15}$$

$$\begin{aligned} D_{x,x}(12) &= \sum_{\delta_i} \frac{\Phi_{x,x}(0;\delta_i)}{\sqrt{m_1 m_2}} \varphi_{\delta_i} = \frac{A}{3\sqrt{m_1 m_2}} (\varphi_1 + \varphi_2 + \varphi_3 + \varphi_4) \\ D_{x,y}(12) &= \sum_{\delta_i} \frac{\Phi_{x,y}(0;\delta_i)}{\sqrt{m_1 m_2}} \varphi_{\delta_i} = \frac{A}{3\sqrt{m_1 m_2}} (\varphi_1 + \varphi_2 - \varphi_3 - \varphi_4) = D_{y,x}(12) \\ D_{x,z}(12) &= \sum_{\delta_i} \frac{\Phi_{x,z}(0;\delta_i)}{\sqrt{m_1 m_2}} \varphi_{\delta_i} = \frac{A}{3\sqrt{m_1 m_2}} (\varphi_1 - \varphi_2 + \varphi_3 - \varphi_4) = D_{z,x}(12) \\ D_{y,z}(12) &= \sum_{\delta_i} \frac{\Phi_{y,z}(0;\delta_i)}{\sqrt{m_1 m_2}} \varphi_{\delta_i} = \frac{A}{3\sqrt{m_1 m_2}} (\varphi_1 - \varphi_2 - \varphi_3 + \varphi_4) = D_{z,y}(12) \\ D_{x,x}(21) &= \sum_{\delta_i} \frac{\Phi_{x,x}(0;\delta_i)}{\sqrt{m_1 m_2}} \varphi_{\delta_i}{}^* = \frac{A}{3\sqrt{m_1 m_2}} (\varphi_1 + \varphi_2 + \varphi_3 + \varphi_4)^* \\ D_{x,y}(21) &= \sum_{\delta_i} \frac{\Phi_{x,y}(0;\delta_i)}{\sqrt{m_1 m_2}} \varphi_{\delta_i}{}^* = \frac{A}{3\sqrt{m_1 m_2}} (\varphi_1 + \varphi_2 - \varphi_3 - \varphi_4)^* = D_{y,x}(21) \end{aligned} \tag{7A.16}$$

$$D_{x,z}(21) = \sum_{\delta_i} \frac{\Phi_{x,z}(0;\delta_i)}{\sqrt{m_1 m_2}} \varphi_{\delta_i}^* = \frac{A}{3\sqrt{m_1 m_2}}(\varphi_1 - \varphi_2 + \varphi_3 - \varphi_4)^* = D_{z,x}(21)$$
$$D_{y,z}(21) = \sum_{\delta_i} \frac{\Phi_{y,z}(0;\delta_i)}{\sqrt{m_1 m_2}} \varphi_{\delta_i}^* = \frac{A}{3\sqrt{m_1 m_2}}(\varphi_1 - \varphi_2 - \varphi_3 + \varphi_4)^* = D_{z,y}(21)$$
(7A.17)

ただし，$\frac{r}{\sqrt{3}} = \frac{a}{4}$ を利用して

$$\varphi_1 = \exp\{-i\bm{q}\cdot\bm{r}(n;n+\delta_1)\} = \exp\left\{i\frac{a}{4}(q_x + q_y + q_z)\right\}$$
$$\varphi_2 = \exp\{-i\bm{q}\cdot\bm{r}(n;n+\delta_2)\} = \exp\left\{i\frac{a}{4}(-q_x - q_y + q_z)\right\}$$
$$\varphi_3 = \exp\{-i\bm{q}\cdot\bm{r}(n;n+\delta_3)\} = \exp\left\{i\frac{a}{4}(-q_x + q_y - q_z)\right\}$$
$$\varphi_4 = \exp\{-i\bm{q}\cdot\bm{r}(n;n+\delta_4)\} = \exp\left\{i\frac{a}{4}(q_x - q_y - q_z)\right\}$$
(7A.18)

以上から

$$D = \begin{bmatrix} D_{xx}(11) & 0 & 0 & D_{xx}(12) & D_{xy}(12) & D_{xz}(12) \\ 0 & D_{yy}(11) & 0 & D_{yx}(12) & D_{yy}(12) & D_{yz}(12) \\ 0 & 0 & D_{zz}(11) & D_{zx}(12) & D_{zx}(12) & D_{zx}(12) \\ D_{xx}(21) & D_{xy}(21) & D_{xz}(21) & D_{xx}(22) & 0 & 0 \\ D_{yx}(21) & D_{yy}(21) & D_{yz}(21) & 0 & D_{yy}(22) & 0 \\ D_{zx}(21) & D_{zy}(21) & D_{zz}(21) & 0 & 0 & D_{zz}(22) \end{bmatrix}$$
(7A.19)

の行列式の固有値 λ を求めれば，$\omega_{q,j} = \sqrt{\lambda_{q,j}}$ からフォノンのエネルギーが求まる．

付録7B　遷移確率

4章で時間に依存しない場合の摂動論を学んだ．摂動ハミルトニアン H_1 により初期状態 $|\varphi_i\rangle$ が終状態 $|\varphi_f\rangle$ に遷移するとき，終状態の大きさは (4.12) を用いて $\langle\varphi_f|\psi\rangle = \langle\varphi_f|H_1|\varphi_i\rangle/(E_i - E_f)$ で与えられる．ただし，$E_{0,\alpha}$ を E_α，添字 α を i, β を f と改め，$\langle\varphi_f|\varphi_i\rangle = 0$ を用いた．

時間に依存する摂動 $H_1(t)$ による遷移確率は，時間に依存する波動方程式 (1.10)

$$i\hbar\frac{\partial}{\partial t}\psi(t) = \{H_0 + H_1(t)\}\psi(t) \tag{7B.1}$$

を用いて求めることができる．

$$\psi_I(t) = e^{\frac{iH_0 t}{\hbar}}\psi(t) \tag{7B.2}$$

とおけば，(7B.1) は次の方程式になる．

$$i\hbar\frac{\partial}{\partial t}\psi_I(t) = e^{\frac{iH_0 t}{\hbar}} H_1(t) e^{-\frac{iH_0 t}{\hbar}} \psi_I(t) \tag{7B.3}$$

摂動が時刻 $t = 0$ で導入されるとき，時刻 t における波動関数は (7B.3) を積分することにより

$$\psi_I(t) = \psi_I(0) - \frac{i}{\hbar}\int_0^t e^{\frac{iH_0 t'}{\hbar}} H_1(t') e^{-\frac{iH_0 t'}{\hbar}} \psi_I(t') dt'$$

$t = 0$ の初期状態における波動導関数を φ_i とすれば，$\psi_I(0) = \varphi_i$ より

$$\begin{aligned}\psi(t) &= \varphi_i - \frac{i}{\hbar} e^{-\frac{iH_0 t}{\hbar}} \int_0^t e^{\frac{iH_0 t'}{\hbar}} H_1(t') e^{-\frac{iH_0 t'}{\hbar}} \psi_I(t') dt' \\ &= \varphi_i - \frac{i}{\hbar} e^{-\frac{iH_0 t}{\hbar}} \int_0^t e^{\frac{iH_0 t'}{\hbar}} H_1(t') e^{-\frac{iH_0 t'}{\hbar}} \varphi_i dt' + \cdots\end{aligned} \tag{7B.4}$$

摂動 $H_1(t)$ が が小さいとして $H_1(t)$ の1次まで考慮すれば，(7B.4) の2項目までが近似解である．摂動が $H_1(t) = H_1 e^{-i\omega t}$ に従って時間変化をするとして，近似解を

ベクトル表示で書くと

$$|\psi(t)\rangle \approx |\varphi_i\rangle - \frac{i}{\hbar}e^{-\frac{iH_0 t}{\hbar}}\int_0^t e^{\frac{iH_0 t'}{\hbar}}H_1 e^{-i\omega t'}e^{-\frac{iH_0 t'}{\hbar}}|\varphi_i\rangle dt'$$

終状態 $|\varphi_f\rangle$ への遷移は $\langle\varphi_f|\varphi_i\rangle = 0$ を用いて

$$\langle\varphi_f|\psi(t)\rangle = -\frac{i}{\hbar}\langle\varphi_f|H_1|\varphi_i\rangle e^{-\frac{i}{\hbar}E_f t}\int_0^t e^{\frac{i}{\hbar}(E_f - E_i - \hbar\omega)t'}dt' \tag{7B.5}$$

と書くことができる．遷移確率は (7B.5) の絶対値の 2 乗に比例するから，時間 t の間における終状態への遷移確率は

$$\begin{aligned}|\langle\varphi_f|\psi(t)\rangle|^2 &\underset{\varepsilon\to +0}{=} \frac{1}{\hbar^2}|\langle\varphi_f|H_1|\varphi_i\rangle|^2\left|\int_0^t e^{\frac{i}{\hbar}(E_f - E_i - \hbar\omega - i\varepsilon)t'}dt'\right|^2 \\ &= 2|\langle\varphi_f|H_1|\varphi_i\rangle|^2\frac{1-\cos\frac{1}{\hbar}(E_f - E_i - \hbar\omega)t}{(E_f - E_i - \hbar\omega)^2}\end{aligned} \tag{7B.6}$$

単位時間当たりの遷移確率 W は，(7B.6) を時間で微分し $t \to \infty$ の定常値を求めればよい．したがって

$$\begin{aligned}W &= \lim_{t\to\infty}\frac{d}{dt}|\langle\varphi_f|\psi(t)\rangle|^2 \\ &= \lim_{t\to\infty}\frac{2\pi}{\hbar^2}|\langle\varphi_f|H_1|\varphi_i\rangle|^2\frac{\sin\frac{1}{\hbar}(E_f - E_i - \hbar\omega)t}{\frac{\pi}{\hbar}(E_f - E_i - \hbar\omega)} \\ &= \frac{2\pi}{\hbar}|\langle\varphi_f|H_1|\varphi_i\rangle|^2\delta(E_f - E_i - \hbar\omega)\end{aligned} \tag{7B.7}$$

となる．ここで δ 関数に対する公式

$$\lim_{t\to\infty}\frac{\sin xt}{\pi x} = \delta(x), \quad \delta(ax) = \frac{1}{a}\delta(x)$$

を用いた．(7B.7) は遷移確率としてよく用いられる公式である．

付録7C　キュミュラント展開

指数の平均値を求めるのに，キュミュラント展開がよく使われる．ここで，簡単にふれておく．

変数 x の指数関数の平均値を $I \equiv <e^x>$ とする．指数関数を x でテイラー展開すれば

$$I \equiv <e^x> = 1 + <x> + \frac{1}{2!}<x^2> + \frac{1}{3!}<x^3> + ..., \quad |x| < \infty \tag{7C.1}$$

ここで，$<1>=1$ である．(7C.1) の両辺の自然対数をとり，公式

$$\ln(1+y) = y - \frac{1}{2}y^2 + \frac{1}{3}y^3 + ..., \quad -1 < y \leq 1 \tag{7C.2}$$

を用いて

$$\ln<e^x> = \ln\left(1 + <x> + \frac{1}{2!}<x^2> + \frac{1}{3!}<x^3> + \cdots\right)$$
$$= <x> + \frac{1}{2!}<x^2> + \frac{1}{3!}<x^3> + \cdots \tag{7C.3}$$
$$-\frac{1}{2}\left(<x> + \frac{1}{2!}<x^2> + \cdots\right)^2 + \frac{1}{3}(<x> + \cdots)^3 + ... \equiv \sum_{n=1}^{\infty} \frac{1}{n!}<x^n>_c$$

ただし

$$\begin{aligned}&<x>_c = <x>\\&<x^2>_c = <x^2> - <x>^2\\&<x^3>_c = <x^3> - 3<x><x^2> + 2<x>^3\\&\quad ....\end{aligned} \tag{7C.4}$$

である．$<x^n>_c$ を n 次のキュミュラントとよぶ．(7C.3) から $<e^x>$ のキュミュラント展開は

$$\begin{aligned}I = <e^x> &= \exp\left(\sum_{n=1}^{\infty} \frac{1}{n!}<x^n>_c\right)\\&= \exp\left(<x>_c + \frac{1}{2!}<x^2>_c + \frac{1}{3!}<x^3>_c + ...\right)\end{aligned} \tag{7C.5}$$

と求められる．

付録7D　デバイ・ワラー因子の計算

1．分配関数と存在確率

分布 $\exp(-\beta H)$ の基底 $\prod_{q,j}|n_{q,j}\rangle$ に対する期待値の和を分配関数 Z とよぶ．ただし，$\prod_{q,j}|n_{q,j}\rangle$ は §7.2.2 の状態 $|n_{q,j}\rangle$ の積を意味し，$\prod_{q,j}\langle n_{q,j}|n_{q,j}\rangle=1$ である．ハミルトニアンは (7.45) で表されるから，分配関数は

$$Z = \sum_{\{n_{q',j'}=0,1,\ldots\}}\prod_{q',j'}\langle n_{q',j'}|\exp(-\beta H)|n_{q',j'}\rangle$$
$$= \sum_{\{n_{q',j'}=0,1,\ldots\}}\prod_{q',j'}\langle n_{q',j'}|\exp\left(-\beta\sum_{q,j}(\hat{n}_{q,j}+\frac{1}{2})\hbar\omega_{q,j}\right)|n_{q',j'}\rangle = \prod_{q,j}Z_{q,j} \quad (7D.1)$$

ただし

$$Z_{q,j} = \sum_{n_{q,j}=0,1,\ldots}\exp\left(-\beta(n_{q,j}+\frac{1}{2})\hbar\omega_{q,j}\right) \quad (7D.2)$$

と書ける．$\exp(-\beta(n_{q,j}+1/2)\hbar\omega_{q,j})$ は，モード (q,j) のフォノンが $n_{q,j}$ 存在する分布を与える．(7D.2) の和を遂行して

$$Z_{q,j} = \sum_{n_{q,j}=0,1,\ldots}\exp\left(-\beta(n_{q,j}+\frac{1}{2})\hbar\omega_{q,j}\right) = \frac{\exp(-\beta\hbar\omega_{q,j}/2)}{1-\exp(-\beta\hbar\omega_{q,j})} = \frac{1}{2\sinh\left(\frac{1}{2}\beta\hbar\omega_{q,j}\right)}$$

したがって

$$p(n_{q,j}) = \frac{1}{Z_{q,j}}\exp(-\beta(n_{q,j}+1/2)\hbar\omega_{q,j}) \quad (7D.3)$$

で定義される $p(n_{q,j})$ は (q,j) のフォノンが $n_{q,j}$ 存在する確率を与える．

2．デバイ・ワラー因子

単位構造 $\kappa=1$ からなる単原子結晶では，(7.43) で $e(1|qj)=e(qj)$ と略記し，$\langle(\boldsymbol{K}\cdot\Delta\boldsymbol{u}_{\ell'\ell})^2/2\rangle$ は次のように書ける．

$$\langle\frac{1}{2}(\boldsymbol{K}\cdot\Delta\boldsymbol{u}_{\ell'\ell})^2\rangle = \frac{1}{2}\sum_{\{n_{q,j}=0,1,\ldots\}}\prod_{q,j}p(n_{q,j})\langle n_{q,j}|\left(\boldsymbol{K}\cdot(\boldsymbol{u}_{\ell'}-\boldsymbol{u}_\ell)\right)^2|n_{q,j}\rangle$$

$$= \frac{\hbar}{4Nm} \sum_{q',j'} \sum_{q'',j''} \frac{\boldsymbol{K}\cdot\boldsymbol{e}(q'j')\boldsymbol{K}\cdot\boldsymbol{e}(q''j'')}{\sqrt{\omega_{q',j'}\omega_{q'',j''}}}$$
$$\times \sum_{\{n_{q,j}=0,1,\ldots\}} \prod_{q,j} p(n_{q,j})\langle n_{q,j}|\left(a^+_{-q',j'}+a_{q',j'}\right)\left(a^+_{-q'',j''}+a_{q'',j''}\right)|n_{q,j}\rangle \quad (7\text{D}.4)$$
$$\times \left(e^{iq'\cdot R_{\ell'}}-e^{iq'\cdot R_{\ell}}\right)\left(e^{iq''\cdot R_{\ell'}}-e^{iq''\cdot R_{\ell}}\right)$$

(7.36) および状態の直交性を用いれば

$$\langle n_{q'',j''}|a^+_{-q',j'}a_{q'',j''}|n_{q'',j''}\rangle = \sqrt{n_{q'',j''}}\langle n_{q'',j''}|a^+_{-q',j'}|n_{q'',j''}-1\rangle = n_{q'',j''}\delta_{q'',-q'}\delta_{j'',j'} \quad (7\text{D}.5)$$

である．(7.34) の交換関係 $[a_{q',j'},a^+_{-q'',j''}]=\delta_{q'',-q'}\delta_{j',j''}$ および (7D.5) を応用して

$$\prod_{q,j} p(n_{q,j})\langle n_{q,j}|\left(a^+_{-q',j'}+a_{q',j'}\right)\left(a^+_{-q'',j''}+a_{q'',j''}\right)|n_{q,j}\rangle$$
$$=\prod_{q,j} p(n_{q,j})\langle n_{q,j}|a^+_{-q',j'}a_{q'',j''}+a^+_{-q'',j''}a_{q',j'}+\delta_{q'',-q'}\delta_{j',j''}|n_{q,j}\rangle \quad (7\text{D}.6)$$
$$=p(n_{q'',j''})n_{q'',j''}\delta_{q'',-q'}\delta_{j'',j'}\prod_{q,j\neq q'',j''} p(n_{q,j})+p(n_{q',j'})\left(n_{q',j'}+1\right)\delta_{q'',-q'}\delta_{j'',j'}\prod_{q,j\neq q',j'} p(n_{q,j})$$

(7D.6) で，生成演算子の積および消滅演算子の積からなる項は，それぞれ，0 を与える．これを (7D.4) に用いれば

$$<\frac{1}{2}\left(\boldsymbol{K}\cdot\Delta\boldsymbol{u}_{\ell'\ell}\right)^2> = \frac{\hbar}{Nm}\sum_{q,j}\frac{|\boldsymbol{K}\cdot\boldsymbol{e}(qj)|^2}{\omega_{q,j}}\left\langle n_{q,j}+\frac{1}{2}\right\rangle(1-\cos\boldsymbol{q}\cdot(\boldsymbol{R}_{\ell'}-\boldsymbol{R}_{\ell})) \quad (7\text{D}.7)$$

$$\left\langle n_{q,j}+\frac{1}{2}\right\rangle = \sum_{n_{q,j}=0,1,\ldots} p(n_{q,j})\left(n_{q,j}+\frac{1}{2}\right) \quad (7\text{D}.8)$$

ただし，$\omega_{-q,j}=\omega_{q,j}$，(7.44) の関係式 $\boldsymbol{e}(-qj)=\boldsymbol{e}^*(qj)$ および $\sum_{n_{q,j}=0,1,\ldots}p(n_{q,j})=1$ を利用した．

(7D.8) の平均値 $<n_{q,j}+1/2>=<n_{q,j}>+1/2$ は，(7.70) のようにボース分布 (7.52) を直接利用しても得られるが，ここでは，練習のため直接計算してみよう．

7 格子波と量子

$$\sum_{n_{q,j}=0,1,\ldots} p(n_{q,j})\left(n_{q,j}+\frac{1}{2}\right)$$

$$=\frac{\sum_{n_{q,j}=0,1,\ldots}\exp\left(-\beta(n_{q,j}+\frac{1}{2})\hbar\omega_{q,j}\right)\left(n_{q,j}+\frac{1}{2}\right)}{\sum_{n_{q,j}=0,1,\ldots}\exp\left(-\beta(n_{q,j}+\frac{1}{2})\hbar\omega_{q,j}\right)} \quad (7\text{D}.9)$$

$$=-\frac{d}{d(\beta\hbar\omega_{q,j})}\ln\left\{\sum_{\{n=0,1,\ldots\}}\exp\left(-\beta(n+\frac{1}{2})\hbar\omega_{q,j}\right)\right\}$$

$$=\frac{d}{d(\beta\hbar\omega_{q,j})}\ln\left\{2\sinh\left(\frac{1}{2}\beta\hbar\omega_{q,j}\right)\right\}=\frac{1}{2}\coth\left(\frac{1}{2}\beta\hbar\omega_{q,j}\right)$$

以上より，(7D.7)は

$$<\frac{1}{2}\left(\bm{K}\cdot\Delta\bm{u}_{\ell'\ell}\right)^2>=\frac{\hbar}{2Nm}\sum_{q,j}\frac{|\bm{K}\cdot\bm{e}(qj)|^2}{\omega_{q,j}}\coth\left(\frac{1}{2}\beta\hbar\omega_{q,j}\right)\left(1-\cos\bm{q}\cdot(\bm{R}_{\ell'}-\bm{R}_\ell)\right) \quad (7\text{D}.10)$$

<u>分枝 j に依存しない場合</u>　$\omega_{q,j}=\omega_q$ および $n_{q,j}=n_q=\left(\exp\beta\hbar\omega_q-1\right)^{-1}$ のとき

$$\sum_j \frac{|\bm{K}\cdot\bm{e}(qj)|^2}{\omega_{q,j}}\coth\left(\frac{1}{2}\beta\hbar\omega_{q,j}\right)=\frac{1}{\omega_q}\coth\left(\frac{1}{2}\beta\hbar\omega_q\right)\sum_j\sum_{\alpha,\beta}K_\alpha K_\beta e_\alpha{}^*(qj)e_\beta(qj)$$

$$=\frac{1}{\omega_q}\coth\left(\frac{1}{2}\beta\hbar\omega_q\right)\sum_{\alpha,\beta}K_\alpha K_\beta \delta_{\alpha\beta}$$

$$=\frac{K^2}{\omega_q}\coth\left(\frac{1}{2}\beta\hbar\omega_q\right)$$

であるから

$$<\frac{1}{2}\left(\bm{K}\cdot\Delta\bm{u}_{\ell'\ell}\right)^2>=\frac{\hbar}{2Nm}\sum_q\frac{K^2}{\omega_q}\coth\left(\frac{1}{2}\beta\hbar\omega_q\right)\left(1-\cos\bm{q}\cdot(\bm{R}_{\ell'}-\bm{R}_\ell)\right)$$

$$=2W(K)-\frac{\hbar}{2Nm}\sum_q\frac{K^2}{\omega_q}\coth\left(\frac{1}{2}\beta\hbar\omega_q\right)\cos\bm{q}\cdot(\bm{R}_{\ell'}-\bm{R}_\ell) \quad (7\text{D}.11)$$

ただし

$$2W(K)=\frac{\hbar}{2Nm}\sum_q\frac{K^2}{\omega_q}\coth\left(\frac{1}{2}\beta\hbar\omega_q\right)$$

練習問題

【1】 1種類の原子からなる2次元正方格子の，格子面に垂直な変位を u とするとき，この横音響振動の波の振動数を求めよ．ただし，面に垂直な方向を z 軸とし，$\Phi_{z,z} = -f$, $\Phi_{z,x} = \Phi_{z,y} = 0$ とする．また，第1ブリルアンゾーンを示せ．

【2】 (7.19)，(7.20) で波数 $q = 0$ とおけば，変位は単位胞 ℓ に依存しないから $u_{\ell,\kappa} = u_\kappa$ と表される．陽イオン (u_1) と陰イオン (u_2) からなる1次元鎖に，交流電場 $E(t) = E e^{-i\omega t}$ をかけたとき，次の問いに答えよ．

(1) 摩擦係数を γ として，運動方程式を書け．
(2) $U = \dfrac{m_1 u_1 + m_2 u_2}{m_1 + m_2}$ に対する運動方程式および振動数を求めよ．
(3) $W = u_1 - u_2$ に対する運動方程式および W に対する解を求めよ．
(4) 全イオン数を $2N$，体積を Ω として，陽（陰）イオンの数密度を $n = N/\Omega$ とする．電気伝導率および誘電関数を求めよ．

【3】 1次元鎖において，$\Phi_{x,y} = \Phi_{x,z} = 0$ のとき (7.25) を示せ．

【4】 (7.41) を示せ．

【5】 (7.43) を (7.37) に基づいて考察せよ．ただし，(7.37) で $t = 0$ とする．

【6】 (7.64) を示せ．

【7】 (7.68) を示せ．

練習問題略解

【1】 単原子格子であるから κ の指標は省略する．格子点の位置を (ℓ, m) で表すと，(7.12) より

$$m\frac{d^2 u(\ell, m)}{dt^2} = f\{u(\ell+1, m) + u(\ell-1, m) - 2u(\ell, m)$$
$$+ u(\ell, m+1) + u(\ell, m-1) - 2u(\ell, m)\}$$

$u(\ell, m) = u_q e^{iq_x \ell a + iq_y m a - i\omega t}$ とおいて

$$\omega^2 = \frac{4f}{m}\left(1 - \frac{1}{2}(\cos q_x a + \cos q_y a)\right)$$

ゆえに

$$\omega = \sqrt{\frac{4f}{m}\left(1 - \frac{1}{2}(\cos q_x a + \cos q_y a)\right)}$$

第1ブリルアンゾーンの領域は

$$-\frac{\pi}{a} \leq q_x \leq \frac{\pi}{a}, \quad -\frac{\pi}{a} \leq q_y \leq \frac{\pi}{a}$$

で囲まれる正方形のゾーンである（図3.11）．

【2】 (1) 運動方程式は

$$m_1 \frac{d^2 u_1}{dt^2} = 2f(u_2 - u_1) + eE - \gamma m_1 \frac{du_1}{dt} \qquad ①$$

$$m_2 \frac{d^2 u_2}{dt^2} = 2f(u_1 - u_2) - eE - \gamma m_2 \frac{du_2}{dt} \qquad ②$$

(2) ①＋② より運動方程式は $\frac{d^2 U}{dt^2} = -\gamma \frac{dU}{dt}$. したがって，解は $U = U_0 e^{-i\omega t}$ とおいて $\omega = 0, -i\gamma$ が得られる．前者は (7.24a) の音響フォノンの振動数である．このときの解は $U = U_0$．

(3) ①$/m_1$ － ②$/m_2$ より運動方程式は

$$\frac{d^2 W}{dt^2} = -\frac{2f}{m_\mu} W + \frac{e}{m_\mu} E(t) - \gamma \frac{dW}{dt}$$

解は，$W = W_0 e^{-i\omega t}$ とおいて

$$W = \frac{1}{-\omega^2 + \omega_+^2 - i\omega\gamma} \frac{e}{m_\mu} E(t), \quad \omega_+ = \sqrt{\frac{2f}{m_\mu}}$$

ω_+ は (7.24b) の光学フォノンの振動数である.

(4) 電流密度は $j(t) = \dfrac{Ne}{\Omega}(\dot{u}_1 - \dot{u}_2) = ne\dot{W} = -ine\omega W$ である. $j(t) = je^{-i\omega t}$ とおき, (3) の解を代入して, 伝導率および誘電関数は次のように求まる.

$$j = \sigma(\omega)E, \quad \sigma(\omega) = \frac{ne^2}{m_\mu} \frac{i\omega}{\omega^2 - \omega_+^2 + i\omega\gamma}$$

誘電関数 $\varepsilon_\perp(\omega)$ は (5.59), (5.61) と同様に

$$\frac{\varepsilon_\perp(\omega)}{\varepsilon} = 1 - \frac{\omega_p^2}{\omega^2 - \omega_+^2 + i\omega\gamma}, \quad \omega_p^2 = \sqrt{\frac{ne^2}{m_\mu \varepsilon}}$$

【3】 x 成分のみを取り扱うから, $p_x(\ell,1) = p_\ell$, $u_x(\ell,1) = u_\ell$ とおく. $m_1 = m$, $m_2 \to \infty$ であるから, $u(\ell,2) = 0$. したがって, (7.7) より

$$H = \sum_\ell \frac{p_\ell^2}{2m} + \sum_\ell \frac{1}{2} \Phi_{x,x}(\ell,1;\ell,1) u_\ell^2$$

$$= \sum_\ell \frac{p_\ell^2}{2m} + \sum_\ell \frac{1}{2} \left(-\Phi_{x,x}(\ell,1;\ell,2) - \Phi_{x,x}(\ell,1;\ell-1,2) \right) u_\ell^2$$

$$= \sum_\ell \frac{p_\ell^2}{2m} + \sum_\ell \frac{1}{2} \mu u_\ell^2, \quad \mu = 2f$$

【4】 付録 7 A 参照.

【5】 (7.37) の時間部分を $c_{q,j}(t) = c_{q,j} e^{-i\omega_{q,j} t}$ とおくと, 次式のように変形できる.

$$u_\alpha(\ell,\kappa)$$
$$= \frac{1}{2\sqrt{Nm_\kappa}} \sum_{q,j} \left\{ c_{q,j}(t) e_\alpha(\kappa|qj) \exp(i\boldsymbol{q}\cdot\boldsymbol{R}(\ell,\kappa)) + c_{q,j}(t)^* e_\alpha^*(\kappa|qj) \exp(-i\boldsymbol{q}\cdot\boldsymbol{R}(\ell,\kappa)) \right\}$$
$$= \frac{1}{2\sqrt{Nm_\kappa}} \sum_{q,j} \left\{ c_{q,j}(t) e_\alpha(\kappa|qj) \exp(i\boldsymbol{q}\cdot\boldsymbol{R}(\ell,\kappa)) + c_{-q,j}(t)^* e_\alpha^*(\kappa|-qj) \exp(i\boldsymbol{q}\cdot\boldsymbol{R}(\ell,\kappa)) \right\}$$
$$= \frac{1}{2\sqrt{Nm_\kappa}} \sum_{q,j} \left\{ c_{q,j}(t) e_\alpha(\kappa|qj) + c_{-q,j}(t)^* e_\alpha^*(\kappa|-qj) \right\} \exp(i\boldsymbol{q}\cdot\boldsymbol{R}(\ell,\kappa))$$

ここで, $e^*(\kappa|-qj) = e(\kappa|qj)$ であるから

$$u_\alpha(\ell,\kappa) = \frac{1}{\sqrt{Nm_\kappa}} \sum_{q,j} \frac{1}{2}\bigl(c_{q,j}(t) + c_{-q,j}(t)^*\bigr) e_\alpha(\kappa\,|\,q\,j) \exp(i\boldsymbol{q}\cdot\boldsymbol{R}(\ell,\kappa))$$

時間を除いて，改めて

$$u_\alpha(\ell,\kappa) = \frac{1}{\sqrt{Nm_\kappa}} \sum_{q,j} \frac{1}{2}\bigl(c_{q,j} + c_{-q,j}{}^*\bigr) e_\alpha(\kappa\,|\,q\,j) \exp(i\boldsymbol{q}\cdot\boldsymbol{R}(\ell,\kappa))$$

$$= \left(\frac{\hbar}{2Nm_\kappa}\right)^{1/2} \sum_{q,j} \frac{e_\alpha(\kappa\,|\,q\,j)}{\sqrt{\omega_{q,j}}}\bigl(a_{q,j} + a_{-q,j}{}^+\bigr) \exp(i\boldsymbol{q}\cdot\boldsymbol{R}(\ell,\kappa))$$

ただし，$\frac{1}{2}\bigl(c_{q,j} + c_{-q,j}{}^*\bigr)$ は (7.30) の振幅 Q に対応する量であるから (7.33) にならって

$$\frac{1}{2}\bigl(c_{q,j} + c_{-q,j}{}^*\bigr) = \sqrt{\frac{\hbar}{2\omega_{q,j}}}\bigl(a_{q,j} + a_{-q,j}{}^+\bigr)$$

と置き直した．

【注】$a_{q,j}(t) = a_{q,j} e^{-i\omega_{q,j}t}$, $a_{-q,j}{}^+(t) = a_{-q,j}{}^+ e^{i\omega_{q,j}t}$ とおいても，(7.34) の交換関係は成り立つから，時間を含めておいても問題はない．

$$[a_q(t), a_{q'}{}^+(t)] = [a_q, a_{q'}{}^+] e^{-i\omega_q t} e^{i\omega_{q'} t} = \delta_{qq'}$$

【6】付録 7 D 参照．

【7】$(\boldsymbol{i},\boldsymbol{j},\boldsymbol{k})$ を単位ベクトルとすると

$$\frac{1}{N}\sum_\ell e^{-i\boldsymbol{K}\cdot\boldsymbol{R}_\ell} = \frac{1}{N}\sum_{\ell_x}\sum_{\ell_y}\sum_{\ell_z} e^{-i\boldsymbol{K}\cdot(\boldsymbol{i}\ell_x a + \boldsymbol{j}\ell_y a + \boldsymbol{k}\ell_z a)}$$

$$= \frac{1}{N}\sum_{\ell_x} e^{-iK_x\ell_x a}\sum_{\ell_y} e^{-iK_y\ell_y a}\sum_{\ell_z} e^{-iK_z\ell_z a}$$

$K_x = \dfrac{2n\pi}{N_x a}$ であるから

$$\sum_{\ell_x=0\sim N_x-1} e^{-iK_x\ell_x a} = \frac{1-e^{-iK_x N_x a}}{1-e^{-iK_x a}} = \begin{cases} N_x & K_x = G_x = \dfrac{2m\pi}{a} \\ 0 & \text{otherwise} \end{cases}$$

したがって，$N = N_x N_y N_z$ に注意して

$$\frac{1}{N}\sum_\ell e^{-i\boldsymbol{K}\cdot\boldsymbol{R}_\ell} = \delta(K_x - G_x)\delta(K_y - G_y)\delta(K_z - G_z) = \delta(\boldsymbol{K} - \boldsymbol{G})$$

8 超イオン導電体とイオン拡散

非周期固体の1例として 3.5 節で超イオン導電体* についてふれた．これは，周期構造を形成する枠組格子と液体状（無秩序）に分布する可動イオンからなる固体で，固体電池，センサー等多くの応用が期待されている．これまで学んできた事柄をふまえて，これらイオンの振舞いについて述べる．

8.1 超イオン導電体

3章で述べたように，結晶は14種類のブラベ格子に種々の原子からなる単位構造を配列したものである．結合力によって大まかに分類（4章）すると，分子性結晶，イオン結晶，共有結晶，金属および水素結合結晶に分けられる．結晶はその周期構造で特徴づけられるが，非周期構造をとるガラスのような非晶質も知られている．しかし，これらの範疇に入らない特異な"半結晶"とでもよべる固体も存在する．その1つがここで取り扱う超イオン導電体である．この種の物質は結合力の観点から，しばしば，イオン結晶あるいは共有結晶（§4.4）と対比して議論される．

超イオン導電体は固体電解質の別称で，例えば，陰イオンが格子を形成し陽イオンが液体状にある物質をいうが，必ずしも明確な定義があるわけではない．ここで，2つの典型的な超イオン導電体について説明をしておこう．

8.1.1 真性超イオン導電体

β-AgI はウルツ鉱構造をとる結晶である（図8.1）．

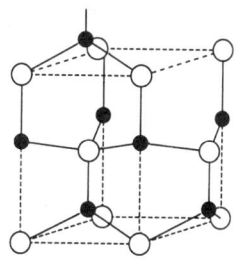

図8.1 ウルツ鉱構造

---

* 「超イオン導電体」は superionic conductors の邦訳で，固体電解質（ solid electrolytes ）と同義である．本書では固有名詞として「超イオン導電体」「イオン導電体」（学術用語集，1990）を用いる．

昇温して転移温度近傍になると，多くの Ag⁺ イオンが動きだし，$T_c = 421[K]$ で α-AgI に1次の相転移（1次転移）をする．α-AgI は§3.5.1で述べたように，沃素イオンが形成する体心立方格子の格子間位置にある 12d 空格子*を，Ag⁺イオンが無秩序に占める構造をとる（structural disorder）．格子を形成するイオンを枠組イオン（cage ion または framework ion），ほぼ自由に動きうる Ag⁺イオンのことを可動イオン (mobile ion)とよぶ．このように，可動イオンが空格子点を，無秩序に，かつ，ほぼ平均して占める超イオン導電体のことを真性超イオン導電体（intrinsic superionic conductor）とよぶことにする．電気伝導率は超イオン導電体の中でも最も高く，α-AgIの453[K]における値は 180[S/m]である．このグループに属する物質に α-CuBr, α-Ag₂S, α-Ag₂Se, α-Ag₃SI があり，α-AgI 構造をとる．α-CuI も同じグループであるが，沃素イオンは面心立方構造をとる．

蛍石構造（図8.2）をもつ PbF₂ の電気伝導率は，低温で非常に小さいが，$T_c = 712[K]$ のファラデー転移をへてF⁻イオンが融解し，高い電気伝導を示すようになる．このとき Pb²⁺枠組格子はそのままで，F⁻イオンのみが融解することから，真性超イオン導電体である．1次転移をする場合を第1種真性超イオン導電体，ファラデー転移をする場合を第2種真性超イオン導電体として区別しよう．後者の相転移温度は比熱のピーク値で与えられる．この種の導電体には，PbF₂, SrCl₂, CaF₂, SrF₂, BaF₂ があげられる．

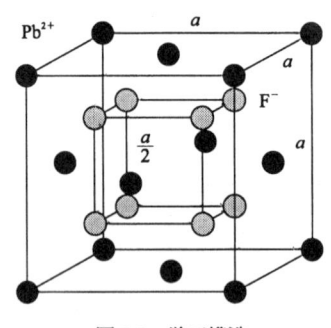

図8.2 蛍石構造

8.1.2 外因性超イオン導電体

酸化ジルコニウム（ZrO₂）結晶は室温では単斜晶系，高温では正方晶系の歪んだ蛍石構造である．これに Y₂O₃ を固溶すると YSZ（イットリア安定化ジルコニア：$Zr_{1-x}Y_xO_{2-x/2}$）とよばれる安定な蛍石構造（図8.2）をとる酸素イオン導電体となる．

---

* 空格子（empty lattice）とは可動イオンが占めうる格子点からなる格子のことをいう．

Zr^{4+} が Y^{3+} に置き換わることで1原子あたり1/2の酸素空孔ができる（図8.3）．このようにイオンを置換あるいは添加することにより，多くの可動イオン（この場合は酸素空孔を可動空孔ということもできる）を導入することが可能で，これらを総称して外因性超イオン導電体 (extrinsic superionic conductor) とよぶことができる．CSZ（カルシア安定化ジルコニア：$Zr_{1-x}Ca_xO_{2-x}$）も同じグループに属する．

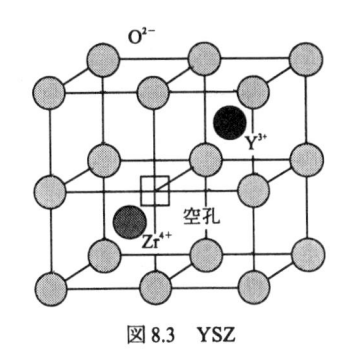

図8.3 YSZ

8.1.3 その他の超イオン現象

イオン結晶である γ-CuBr は立方晶系に属する閃亜鉛鉱構造をとり（図8.4），単位胞は4つの単位構造（Cu^+Br^-）からなる．Cu^+ および Br^- ともにそれぞれ面心立方構造で，互いに，他副格子の正四面体の中心に位置する．温度を上げ転移温度に近づくと，多くの Cu^+ が格子間の等価な四面体中心位置 × に励起されるようになり，温度 $T_c = 658[K]$ でウルツ鉱構造 β-CuBr（図8.1）に1次転移をする．このように，超イオン導電体相ではないが，多くの可動イオン（Cu^+）が励起される現象を超イオン現象（superionic phenomena）という．先に述べたように，β-AgIの場合も転移点近傍で超イオン現象が生じる．転移温度近傍の超イオン現象は§8.3.1の副格子融解の前駆現象でもある．

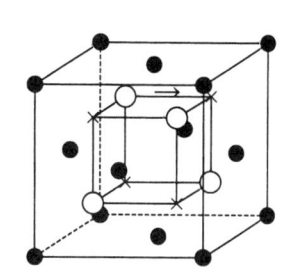

図8.4 閃亜鉛鉱構造におけるイオン励起：励起位置×

8.2 超イオン導電体の分類

超イオン導電体には多くの物質が存在するが，§8.1の分類を考慮し，大まかに表8.1の物質群に分類できよう（記載されている物質は一例である）．

表8.1 超イオン導電体の分類

第1種真性超イオン導電体	
(1) 陽イオン導電体	§8.1.1で述べた α–AgI に代表される物質で，α-CuBr，α-Ag$_2$S，α-Ag$_2$Se，α-Ag$_3$SI，α-CuI，α–Ag$_2$HgI$_4$．
(2) 陰イオン導電体	LuF$_3$，YF$_3$，BaCl$_2$，SrBr$_2$，Bi$_2$O$_3$．
第2種真性超イオン導電体	
(1) 陽イオン導電体	α–RbAg$_4$I$_5$，PyAg$_5$I$_6$，[(CH$_3$)$_4$N]$_2$Ag$_{13}$I$_{15}$，Py$_5$Ag$_{18}$I$_{23}$，Na$_2$S，Li$_2$SiO$_4$．ただし，Py$^+$=(C$_5$H$_5$NH)$^+$．
(2) 陰イオン導電体 (ハロゲンイオン導電体)	§8.1.1で述べた PbF$_2$，SrCl$_2$，CaF$_2$，SrF$_2$，BaF$_2$，LaF$_3$，CeF$_3$で比較的高温に転移点があり，陰イオンの高い伝導率をもつ．可動イオンがハロゲンイオン（F$^-$, Cl$^-$）であるから，ハロゲンイオン導電体ともよばれる．
(3) 2次元イオン導電体	AgCrS$_2$
外因性超イオン導電体	
(1) 酸素イオン導電体	M$_{1-x}$Ca$_x$O$_{2-x}$ (M = Zr, Hf, Th, Ce, ...)，Zr$_{1-x}$M$_x$O$_{2-x/2}$ (M = La, Y, Sm, Sc...) で，原子価の異なる金属をドープして酸素イオン空孔（可動空孔）を導入した物質．
(2) プロトン導電体	ペロフスカイト構造をとる物質，例えば SrZrO$_3$ の ZrO$_2$ を Yb$_2$O$_3$ で置換すると，酸素欠損を有する SrZr$_{1-x}$Yb$_x$O$_{3-x/2}$ が生ずる．これに H$_2$O を添加すると SrZr$_{1-x}$Yb$_x$H$_y$O$_{3-x/2+y/2}$ となり，プロトンが導入される．プロトンは水素結合を介して伝導に寄与する．そのほか SrCeO$_3$，SrTiO$_3$ をホストとした物質も知られている．
(3) 1次元イオン導電体	ホランダイト型の K-Mg プリデライト（K$_{2x}$Mg$_x$Ti$_{8-x}$O$_{16}$）K-Al-プリデライト（K$_x$Al$_x$Ti$_{8-x}$O$_{16}$），あるいは，K–ガロチタノガレート（K$_x$[Ga$_8$Ga$_{8+x}$Ti$_{16-x}$O$_{56}$]）が知られており，1次元トンネル中を可動イオン K$^+$，Rb$^+$，Cs$^+$ が伝導する．

(4) 2次元イオン導電体	この物質群の代表的なものがβ-アルミナ（β-Al_2O_3）系であり，なかでも，Na-β-アルミナ（$Na_{1+x}Al_{11}O_{17+x/2}$）は典型的なものである．六方晶に配列した O^{2-} イオンで作られる2次元伝導面（図8.5）をNa^+, K^+, Rb^+, Ag^+イオン等が拡散する． 図8.5　アルミナの2次元伝導面 β-アルミナおよびβ''-アルミナ伝導面は蜂の巣格子をしているが，前者にはビーバーロス格子点（A）と反ビーバーロス格子点（B）の等価でない副格子が存在し，後者は等価な格子からなる（図8.5）．この物質は固-固相転移を示さない．その他，β-ガレート（β-Ga_2O_3）系の2次元系も知られている．
(5) 混合導電体	イオンと電子（正孔）が伝導に寄与するイオン導電体である．例えば，真性イオン導電体 α-Ag_2S は α-AgI と同じ構造をとる．Ag^+の数は単位胞当たり4で，α-AgIの場合の2倍存在する．この物質に銀を過剰にいれる（α-$Ag_{2+\delta}S$）と，n型半導体となり，電子伝導も寄与することになる．$Cu_{2-\delta}S$, $Cu_{2-\delta}Se$, $Ag_{2+\delta}Se$ も同様である．また，(2)のプロトン導電体で水分子が少量となれば，正孔が注入されp型半導体となり，プロトン・正孔の混合伝導が生じる．

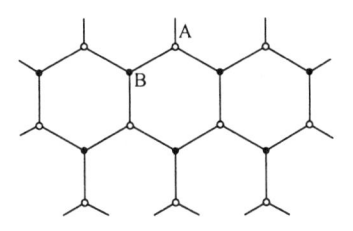

8.3 超イオン導電体の特徴

8.3.1 副格子融解

先に述べたように，典型的な超イオン導電体である沃化銀 AgI は $T_c = 421[K]$ で β相（ウルツ鉱構造）からα相（体心立方構造）へ転移をする．このとき，沃素イオンは六方晶から立方晶へと固-固相転移をするが，Ag 副格子は融解し，銀イオンは沃素イオンからなる枠組の格子間位置に液体状に分布する．このように，一方の副格子のみが融解することを副格子融解（sublattice melting）といい，真性超イオン導電体に典型的に見られる．

8.3.2 低励起モード

超イオン導電体転移をする物質には，分散の少ない低エネルギー光学フォノンが

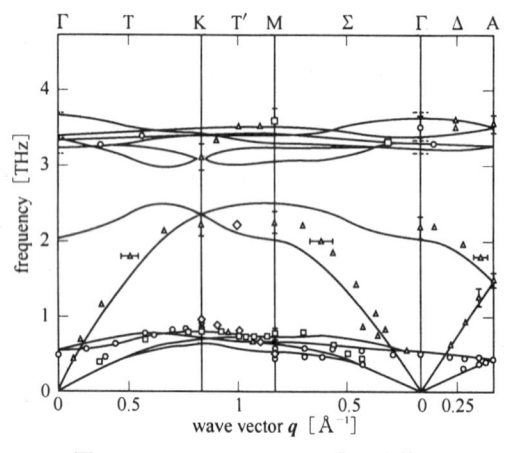

図8.6 β-AgI のフォノン分散：実線は valence-shell 模型による理論結果．

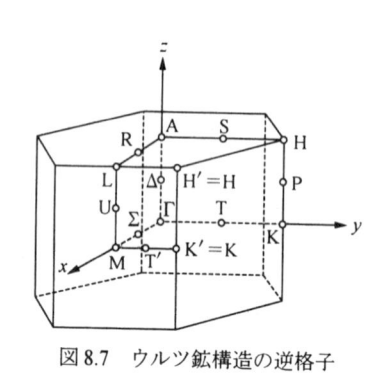

図8.7 ウルツ鉱構造の逆格子

観測される場合がある．図8.6は中性子の非弾性散乱から求められたβ-AgIのフォノンの分散曲線である．例えば，Γ点からM点にわたって，ほとんど分散のない低エネルギー光学フォノンがみられる（Γ，M等は図8.7の逆格子座標を示す）．この値はΓ点でおおよそ $\hbar\omega_{low} = 0.5[THz]$ (2[meV])である．これらの光学フォノンは結晶構造に依存し，結合力の大きさによりエネルギーの高低が決定される．低エネル

ギーフォノンは結晶が柔らかいことを意味する．同じウルツ鉱構造をとる物質にCdS および ZnS がある．前者は 5.5[meV]，後者は 6[meV] の横光学フォノンをもつが，それぞれ，1気圧下において 1253[K]，1453[K] で昇華し超イオン導電体転移をしない．このほか，低温相で低励起モードの分散が観測されている物質として，β-RbAg$_4$I$_5$(2.5[meV])，AgCrS$_2$(2.5～3.7[meV])，β-Ag$_2$S(4.3[meV]) がある．

超イオン導電体相ではイオンのホッピング（§8.6）による減衰のため，低エネルギー光学フォノンの分散はほとんど観測されていない．例外として，真性超イオン導電体では AgCrS$_2$ および β-Ag$_3$SI (1.2～2.5[meV]) が知られている．外因性超イオン導電体では Na–βアルミナで観測されており，$\hbar\omega_{\text{low}}$ = 5～6[meV] である．

<u>β-AgI の状態密度と比熱</u>　図8.8 は理論（図8.6）から求められた β-AgI の状態密度である．低エネルギー光学フォノンを反映して 0.5[THz](～24[K]) 近傍に大きな状態密度が存在する．これをもとに計算した定積モル比熱の理論曲線が図8.9の実線である．24[K] あたりに，アインシュタインフォノンに類似の振舞い (7.60) からくる比熱の異常が見られる．

図8.8　β-AgI の状態密度

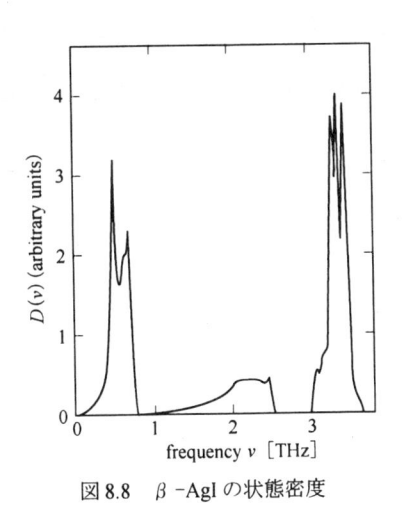

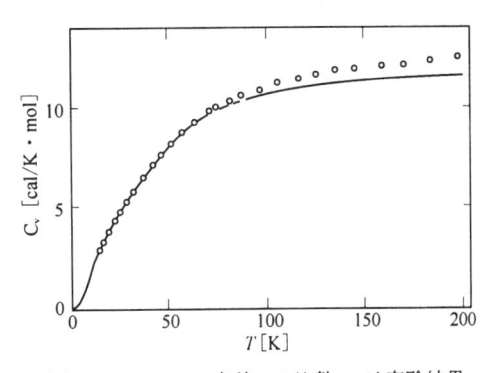

図8.9　β-AgI の定積モル比熱．○は実験結果

表8.2 超イオン導電体 α-AgI の移動度

	α-AgI(453[K])	Ge(300[K])
電気伝導率 σ [S/m]	180	2.1
粒子密度 n_0 [m^{-3}]	1.6×10^{28}	2.3×10^{19}
移動度 μ [m^2/V·s]	$\mu_{Ag} = 7.0 \times 10^{-8}$	$\mu_e = 0.38$ $\mu_h = 0.18$

8.3.3 高い電気伝導率

　表8.2に453[K]におけるα-AgIのAg$^+$イオンの移動度と300[K]における真性半導体Geの電子および正孔の移動度（μ_eおよびμ_h）が比較してある．Ag$^+$イオンの移動度も，イオン密度をn_0として公式 $\sigma = n_0 e \mu_{Ag}$ (5.53) より求めたものである．この表からAg$^+$イオンの移動度を電子のそれと比較すると $\mu_{Ag}/\mu_e = 1.8 \times 10^{-7}$ となり，極端に小さい．すなわち，超イオン導電体の高い電気伝導率は可動イオンの数で特徴づけられる．このように，副格子融解状態にある可動イオンは大きな電気伝導を示す．この性質こそ，燃料電池，センサー等の応用に大きな期待が寄せられるゆえんなのである．イオンが電気担体であることは，金属，半金属および半導体のそれが電子（正孔）であることときわめて対照的である．図8.10は実験から得られた電気伝導率の結果である．横軸は $1000/T$ で，縦軸は伝導率 σ を対数目盛で示してある．高温相，低温相ともに，ほぼ直線である．これをアーレニウス則という．

　AgIはβ-α転移で電気伝導率が4桁ほど大きくなる（図8.10）．AgIおよびAg$_2$HgI$_4$の伝導率は，超イオン導電体転移温度で1次転移によるとびをもつのに対して，PyAg$_5$I$_6$（Py$^+$=(C$_5$H$_5$NH)$^+$: pyridinium ion）およびNH$_4$Ag$_4$I$_5$では，ファラデー転移（§8.4.2）による連続的な伝導率変化を示す（矢印は超イオン導電体転移温度）．前者は構造相転移に伴う副格子融解によるが，後者は銀イ

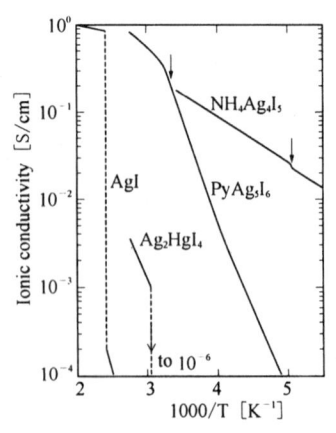

図8.10 電気伝導率の温度依存性

オン副格子のみが徐々に融解し，可動イオン（銀イオン）数が温度とも徐々に増えることによる．

8.4 相転移の熱力学

超イオン導電体に関わる相転移には1次転移とファラデー転移が存在し，2次の相転移は観測されていない．ここで，2次転移も含めてこれらの相転移について述べておこう．

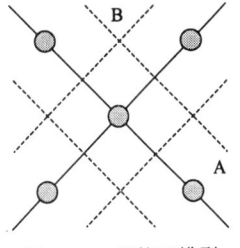

図8.11　2副格子模型

8.4.1　1次転移

対象となる物質が安定に存在するということは，「自由エネルギーが熱平衡状態で極小値をとる」ということを意味する．自由エネルギーに対するランダウの現象論を用いて，1次転移の転移点近傍の振舞いを調べよう．図8.11 の等価な A および B 副格子を考え，A 副格子点あたりのイオン数を x^A，B 副格子点あたりのイオン数を x^B とする．低温相ですべての可動イオンが A 副格子に存在するとする ($x^A = 1$, $x^B = 0$)．昇温とともに，B 副格子にイオンが励起され ($x^A \neq 1$, $x^B \neq 0$)，ある温度 T_c で $x^A = x^B$ に転移するとしよう．$x^A = x^B$ はイオンが平均して AB 格子に存在し，液体（無秩序）状態であることを意味する．これより

$$\xi = x^A - x^B \tag{8.1}$$

は秩序度を示す変数で，秩序変数（order parameter）とよぶ．

転移点近傍の振舞い　1次転移では秩序変数 ξ は転移温度 T_c でとび をもち，連続的に 0 にはならない．ここで，このとびが非常に小さいとして，その性質を調べる．

系の自由エネルギーが ξ の関数であり，転移点近傍で微少量 ξ の偶関数で書けるものとする．このことは，A, B 副格子が等価であるから，少なくとも ξ の正負で自由エネルギーは同じでなければならないということを反映している．ある基準値からはかった自由エネルギーを $\Delta f(\xi)$ とする（§8.4.2 参照）と，定数 a, b, c および T_0 を用いて

$$\Delta f(\xi) = a\delta(T)\xi^2 - b\xi^4 + c\xi^6 \tag{8.2a}$$

$$\delta(T) = \frac{T - T_0}{T_0}, \quad a, b, c > 0 \qquad (8.2b)$$

ここで，$\delta(T)$ は温度の関数で (8.2b) のように表されるものとする．温度をパラメータとして描いた自由エネルギー曲線が図8.12である（1→5 は低温→高温を意味する）．

曲線3では，$\xi = 0$ および $\pm\xi_0$ において，同一の自由エネルギー極小値をとる．低温相で $\xi = 1$ をとるとしたから，秩序変数は

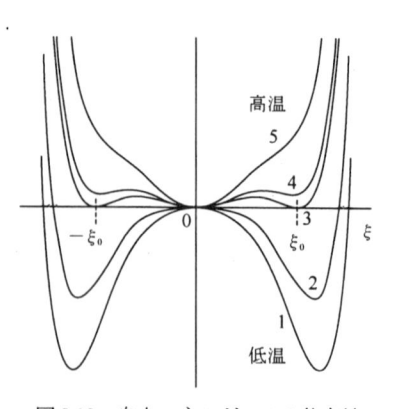

図8.12 自由エネルギーの ξ 依存性

$0 \leq \xi \leq 1$ の範囲にあり，したがって，$\xi = 0$ および $+\xi_0$ での極小値が物理的意味をもつ．曲線3の状態は無秩序状態 $\xi = 0$ と秩序状態 ξ_0 が共存することを意味する．このときの温度を転移温度 T_c と定義する．(8.2a) の解 ξ_0 は $a\delta - b\xi^2 + c\xi^4 = 0$ の重解であるから

$$\xi_0^2 = \frac{b}{2c}, \quad \delta(T_c) = \frac{b^2}{4ac} \qquad (8.3)$$

したがって，(8.2b) の $\delta(T)$ および (8.3) から転移温度は

$$T_c = T_0\left(1 + \frac{b^2}{4ac}\right) \qquad (8.4)$$

と求められる．

転移温度近傍で，自由エネルギーの極小値を与える ξ は，$\partial \Delta f / \partial \xi = 0$ より $\xi = 0$ および

$$\xi_0^2 = \frac{b}{3c}\left(1 + \sqrt{1 - \frac{3a\delta(T)c}{b^2}}\right) \qquad (8.5)$$

である．転移温度 $T = T_c$ において (8.5) は (8.3) に帰着する．一方，極大値は

$$\xi^2 = \frac{b}{3c}\left(1 - \sqrt{1 - \frac{3a\delta(T)c}{b^2}}\right) \qquad (8.6)$$

のとき与えられる．$\xi_0(T)$ での極小値が消失する温度 T_U（ほぼ曲線4）は，(8.5)=(8.6) のときであるから，$1-3a\delta(T)c/b^2=0$ により与えられ

$$T_U = T_0\left(1 + \frac{b^2}{3ac}\right) \tag{8.7}$$

である．この温度は図8.12の曲線4よりやや高い温度で実現する．また，$\xi=0$ が自由エネルギー極大値となる温度は，(8.6)で $\delta(T)=0$ のときであるから $T=T_0$ である．

以上のことを踏まえ，図8.12を利用して1次転移の過程を考えよう．① $T>T_U$ 領域では無秩序状態（$\xi=0$，曲線5），② $T_U>T>T_0$ 領域では秩序状態と無秩序状態の共存領域（$\xi=0, \xi_0$，曲線2-4）で，過冷却および過熱状態が実現しうる．③ $T_0>T$ では秩序状態（$\xi=\xi_0$，曲線1）の領域である．

秩序変数の温度変化を描いたものが図8.13で，低温相から $1\to 2(T_0)\to 3(T_c)\to 4(T_U)\to 5$ のように高温相に移る．この場合は転移温度を超え，領域4あたりまで準安定な過熱状態にあり，$T\sim T_U$ で，無秩序状態へ転移（$\xi=\xi_0\neq 0 \to 0$）する．温度を下げる場合も，高温相から $5\to 4\to 3\to 2$ と過冷却状態を経て，$T\sim T_0$ で $\xi=0\to\xi_0\neq 0$（低温相）へと転移する．このように，加熱過程と冷却過程で同じ経路を通らない変化を履歴現象（ヒステリシス(hysteresis)）とよぶ．

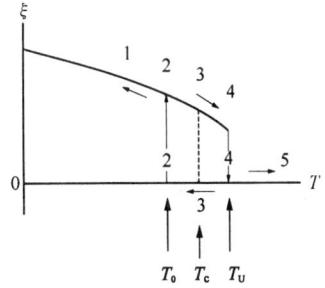

図8.13　秩序変数の温度変化

8.4.2　ファラデー転移

PbF_2（図8.2）はファラデー転移を起こす典型的な物質である．低温相で F^- が安定に存在する格子をA副格子，体心位置からなる空格子をB副格子とよぶことにする．B副格子で粒子が受けるエネルギーはA副格子におけるエネルギーより高いと考えられる．このことが，ファラデー転移を引き起こす原因である．蛍石構造を

用いた説明も可能であるが，ここでは，さらに簡単な格子を用いてファラデー転移を説明しよう．ただし，Pb^{2+} の枠組格子は融解しないので考慮しない．

図8.14のA, B副格子からなる格子（NaCl構造）を考え，B副格子点のエネルギーがA副格子点のエネルギーより高いとする．A, B副格子点の総数 $M = 2N_p$ からなる空格子に，総数 $N = N_p$ の粒子が存在するとする．A格子点のエネルギーを $\varepsilon_A = 0$，B格子点のエネルギーを ε_B，隣り合う格子点 A, B の粒子間に働く相互作用エネルギーを $\varepsilon > 0$ とする．A(B) の B(A) に対する配位数は6であるから，エネルギー U は

$$U = N_p \left(\varepsilon_B x_1^B + 6\varepsilon x_1^A x_1^B \right) \tag{8.8}$$

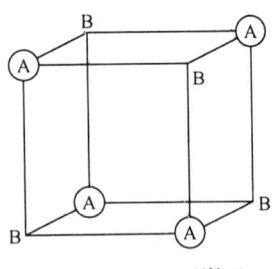

図8.14 A, B - 副格子

x_1^A, x_1^B は，A副格子点およびB副格子点それぞれに粒子が存在する確率で，x_v^A, x_v^B も同様に空孔が存在する確率とする．粒子を区別できないとして，A副格子に粒子数 $N_A = N_p x_1^A$ を，B副格子に $N_B = N_p x_1^B$ を分配する方法の数は

$$W = \frac{N_p!}{(N_p x_1^A)!(N_p x_v^A)!} \frac{N_p!}{(N_p x_1^B)!(N_p x_v^B)!} \tag{8.9}$$

したがって，エントロピーは§5.3.1のスターリングの公式を用いて

$$S = k_B \ln W = -N_p k_B \sum_{i=1,v} \left(x_i^A \ln x_i^A + x_i^B \ln x_i^B \right) \tag{8.10}$$

と表される．格子点当たりの自由エネルギー f_E は (8.8) と (8.10) から

$$f_E = F/2N_p = (U - ST)/2N_p \tag{8.11}$$

で与えられる．

(8.2) と同様に自由エネルギーを秩序変数で表そう．粒子数保存則より

$$\begin{aligned} x_1^A + x_1^B &= 1 \\ x_1^A + x_v^A &= 1 \\ x_1^B + x_v^B &= 1 \end{aligned} \quad (8.12)$$

であるから，(8.1)を用いて，x_1^A, x_1^B を秩序変数 ξ で表せば

$$\begin{aligned} x_1^A &= x_v^B = \frac{1}{2}(1+\xi) \\ x_1^B &= x_v^A = \frac{1}{2}(1-\xi) \end{aligned}$$

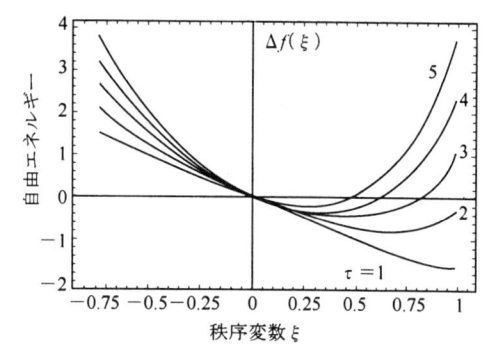

図8.15 自由エネルギー

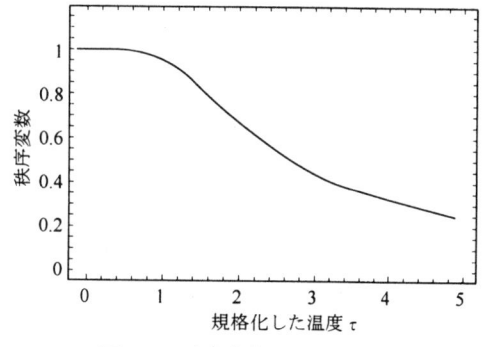

図8.16 秩序変数の温度依存性

(8.11) に代入すれば，f_E は秩序変数の関数として表せる．自由エネルギーを $3\varepsilon/4$ で規格化して，次の自由エネルギーの相対値が求められる．

$$\begin{aligned} \Delta f(\xi) &= \frac{4}{3\varepsilon} f_E - c(\tau) \\ &= -a\xi - \xi^2 + \tau\{(1+\xi)\ln(1+\xi) + (1-\xi)\ln(1-\xi)\} \end{aligned} \quad (8.13)$$

$$c(\tau) = 1 + a + \tau 2\ln 2, \quad a = \varepsilon_B/3\varepsilon$$

ただし，τ は規格化した温度で $\tau = 2k_B T/3\varepsilon$，$c(\tau)$ は ξ に依存しない定数である．

$\Delta f(\xi)$ は ξ とともに図8.15 のように変化する．温度が $T \to 0$ に漸近すると極小値は $\Delta f(\xi \to 1)$ と変化する．熱平衡状態は $\partial \Delta f/\partial \xi = 0$ で与えられ，このときの ξ は

$$\frac{a + 2\xi}{\tau} = \ln\frac{1+\xi}{1-\xi}$$

8 超イオン導電体とイオン拡散

あるいは

$$\xi = \tanh\left(\frac{a+2\xi}{2\tau}\right) \tag{8.14}$$

より得られる．図8.16に秩序変数の温度に対する振舞い(8.14)を示した．

　以上より，秩序変数は温度の上昇に伴って，$\xi = 1 \to 0$（$\xi \neq 0$）と連続的に変化する．つまり，温度上昇とともに格子上の粒子が，結晶から液体に徐々に融解することを意味する．この特徴をもつ転移のことをファラデー転移という．

　PbF_2, $RbAg_4I_5$ を含む第2種真性超イオン導電体ではファラデー転移をすることが実験的に確かめられている．

8.4.3　2次転移

　超イオン導電体で2次の相転移（2次転移）が観測されたという報告はないが，2次に近い転移は Ag_3SI で観測されている．ここで，簡単に2次転移についてふれておこう．2次の相転移は，A, B副格子が等価な場合に生じる．前節のモデルで，$\varepsilon_B = 0$とおけば等価な格子系になる．したがって，自由エネルギーは(8.13)で$a = 0$とおいて

$$\Delta f(\xi) = -\xi^2 + \tau\{(1+\xi)\ln(1+\xi) + (1-\xi)\ln(1-\xi)\} \tag{8.15}$$

また，(8.14)でも $a = 0$ として

$$\xi = \tanh\left(\frac{\xi}{\tau}\right) \tag{8.16}$$

が得られる．(8.16)で $\xi \to 0$ と漸近すれば，$\tau \to 1$ となる．この温度は転移温度とよばれ，$T_c = 3\varepsilon/2k_B$ を与える．$T \geq T_c$ の領域は $\xi = 0$ で，無秩序状態を表す．(8.15)の自由エネルギーの秩

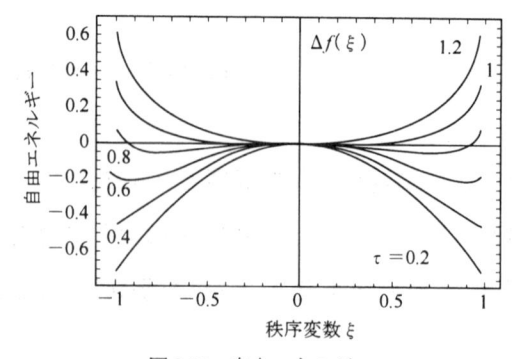

図8.17　自由エネルギー

序変数依存性と (8.16) から得られる解の温度特性を図8.17, 8.18に示した.

8.5 AgI の不安定性
8.5.1 不安定性

Ag の電子配置は $(4d)^{10}(5s)^1$ で, 沃素は $(5s)^2(5p)^5$ である. 結合は主に p軌道によっていると考えられるので, これを用いて極性度を求めてみよう. Harrison [3] により与えられている Agの 5p軌道のエネルギー ε_{5p}^c = −2.05[eV] と I の 5p軌道のエネルギー ε_{5p}^a = −9.97 [eV] を用いれば, (4.52)より極性エネルギーは $V_3 = (\varepsilon_{5p}^c - \varepsilon_{5p}^a)/2 \sim 3.96$[eV] と求められる. 一方, 共有エネルギーも $V_2 = -H_{12} = 2.10$[eV] と与えられているので [3], これらを用いて, 共有性度は(4.58)より $\alpha_c = V_2/\sqrt{V_2^2 + V_3^2} \sim 0.469$ と求まり, 共有性が比較的強いことがわかる. 極性度は (4.58) より $\alpha_p = \sqrt{1 - \alpha_c^2} \sim 0.883$ と求まる. 次節で述べるように, $\alpha_p = 0.883$ は, フィリップスが提案したイオン性と共有性の境界値に近い値であり, AgIが構造的に不安定な領域にあることを示唆する. つまり, イオンが不安定で移動しやすいことと関連していると考えられる. 付録8Aにいくつかの物質の結晶構造と α_c および α_p の値を示した.

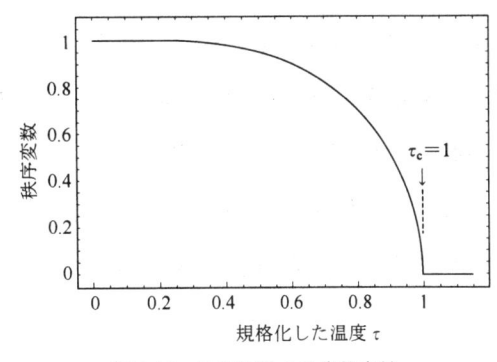

図8.18 秩序変数の温度依存性

α-AgI の副格子融解状態は, 銀イオンがフラストレートした状態にある. Ag^+ は単位胞（図3.12）の面上に, 平均して 4 存在する. 12d 位置を面心位置で代表し, 6面上に銀イオンを振り分けても, 均等な配置を得ることはできない. 体心位置を原点として, z 軸の周りの4面それぞれに, Ag^+ を 1 ずつ配置したとすれば, z 軸に鉛直な面は空孔になる. 銀イオンはこの軸異方性を修正しようとして, 面間を移動する. このことを, 銀イオンがフラストレートするという. したがって, 12d 位置の銀イオンは, フラストレーションの強い液体状態にあるということができる. β-Ag$_3$SI の銀イオンに対する副格子も α-AgI と同様な構造をとるが, 面上の平均銀イオン数は 6 なので, フラストレーションの度合いは弱い.

8.5.2 フィリップスのイオン性度

フィリップスは6配位および4配位の結晶をイオン性度 f で整理し，$f > 0.785$ の領域は6配位を，$f < 0.785$ の領域では4配位構造をとることを示した[4]．すなわち $f = 0.785$ の境界上の物質は不安定であることを意味する．表8.3に銀化合物の f の値が構造とともに示してある．表の3行目は各物質のイオン性度と 0.785 との差をとったもので，6配位は＋を4配位は－を示す．絶対値の最も小さいのは β-AgI

表8.3　イオン結晶とフィリップスのイオン性度

	AgF F: $(2s)^2(2p)^5$	AgCl Cl: $(3s)^2(3p)^5$	AgBr Br: $(4s)^2(4p)^5$	β-AgI I: $(5s)^2(5p)^5$
結晶構造	NaCl構造	NaCl構造	NaCl構造	ウルツ鉱
イオン性度 f	0.894	0.856	0.850	0.770
$f - 0.785$	＋0.109	＋0.071	＋0.065	－0.015
陰イオン半径	1.33	1.81	1.96	2.16

（AgI のみ超イオン導電体転移をする．銀イオン半径＝1.26[Å]）

である．AgF→AgI につれてイオン性は小さくなっている．なお，このイオン性度はハリソンの極性度で表せば，α_p^2 を意味する．前節の議論からAgIでは $\alpha_p^2 = 0.781$ を与え，$f = 0.785$ に近い．

8.6 希薄粒子系の跳躍拡散とイオン伝導

8.6.1 跳躍拡散

エネルギー的に等価な規則格子に分布する希薄粒子系で，不連続的に跳躍（ホッピング (hopping)）する粒子を考えよう．希薄粒子系とは，格子点当たりの占有数 c が条件 $c \ll 1$ を満足し，粒子間の相互作用エネルギーが活性化エネルギーに比較して十分小さいと定義する．

格子点 n に滞在する粒子は枠組格子とともに振動数 ω_s で振動する．緩和時間 τ の後，隣の格子点 $n+1$ に跳躍移動し，そこで再び ω_s で振動する．この一連の運動

を跳躍運動といい，自由粒子の連続的なそれとは異なる運動である．

このとき次の条件を満足するものとする．

① 跳躍と跳躍の間の時間 τ は，格子点における粒子の振動の周期 $1/\omega_s$ より長い．

② 粒子が枠組格子および他粒子から受ける平均ポテンシャルエネルギーは，短距離型周期ポテンシャルとする．

③ 1粒子の跳躍に際して，他のすべての粒子は跳躍しないものとする．

④ 系の自由エネルギーは，跳躍粒子が n あるいは $n+1$ に存在するとき，ある極小値をとり，$n \to n+1$ の跳躍のときある極大値を通過するものとする．

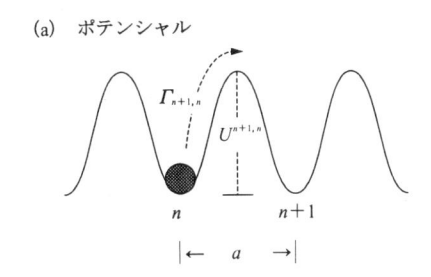

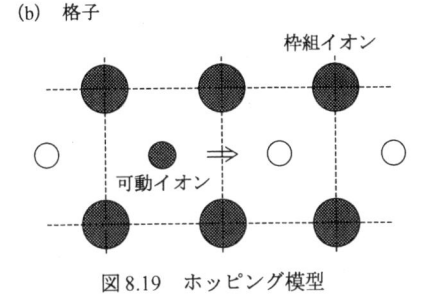

図8.19 ホッピング模型

この極大値および極小値における自由エネルギーの差を ΔF とすると，粒子の $n \to n+1$ 跳躍に対する単位時間当たりの遷移確率（transition probability）は

$$\Gamma_{n+1,n} = \frac{2\pi}{h}\left(\frac{\exp(-\beta \Delta F)}{\beta}\right) = \omega_s \exp(-\beta U^{n+1,n}), \quad \beta = \frac{1}{k_B T} \tag{8.17}$$

で与えられる（付録B）[5, 6]．ω_s は格子点 n における試行振動数 (attempt frequency) とよばれ，n におけるアインシュタイン振動数で近似してある．k_B はボルツマン定数で，T は絶対温度である．また，跳躍に際し，粒子が受ける平均ポテンシャル $U^{n+1,n}$ は格子点によらず一定（$U^{n+1,n} = U$）で，活性化エネルギー (activation energy) とよばれる（図8.19）．

条件①は，$\tau = \Gamma^{-1}$ であるから $\omega_s \gg \Gamma$ ということを意味する．このことは，粒

子の跳躍が系の振動に比して緩慢で，② の平均ポテンシャルの中で行われることを意味する．

熱平衡状態では正味の流れはないから，次の詳細釣合い (detailed balance) の原理を導入する．

⑤ $$\Gamma_{n+1,n}^{0} p_n^{0} = \Gamma_{n,n+1}^{0} p_{n+1}^{0} \tag{8.18}$$

p_n^0 は n 点に粒子を見いだす確率で，§8.4 の x^n に対応する量である．扱っている系は，ポテンシャル極小値が格子点に関係なく等しいから，$p_n^0 = p_{n+1}^0 = p^0$ とおける．したがって (8.18) から $\Gamma_{n+1,n}^{0} = \Gamma_{n,n+1}^{0} = \Gamma$ である．$\Gamma_{n+1,n}^{0} = \Gamma_{n,n+1}^{0}$ のモデルは**対称跳躍模型**（symmetric hopping model）とよばれる．

8.6.2 電気伝導率

1次元規則格子系の電気伝導率を考えてみよう．図8.20のように正方向に微小な外部電場 E をかけたとき，電場によるポテンシャルは

$$e\phi(x) = -eEx \tag{8.19}$$

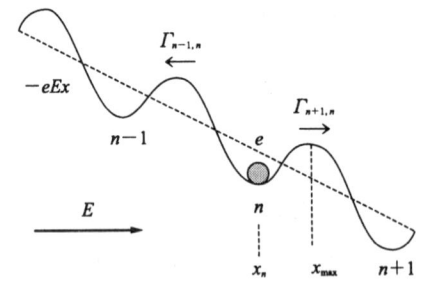

図8.20 外部電場 E を印可したときのポテンシャル

である．(8.19)を含めたポテンシャルエネルギーの極大位置 $x_{\max}$ と極小位置 x_n におけるエネルギー差は，$E = 0$ における活性化エネルギー U を用いて

$$U^{n+1,n} = (U - eEx_{\max}) - (-eEx_n) = U - eE(x_{\max} - x_n) \tag{8.20}$$

となる．(8.20)を(8.17)に用いれば，電場方向に1秒間当たりに遷移する確率は

$$\begin{aligned}\Delta W_{n+1,n} &= \Gamma_{n+1,n} - \Gamma_{n,n+1} \\ &= \Gamma\left[\exp\{\beta eE(x_{\max} - x_n)\} - \exp\{\beta eE(x_{\max} - x_{n+1})\}\right]\end{aligned} \tag{8.21}$$

$$\Gamma = \omega_s \exp(-\beta U) \tag{8.22}$$

電場は非常に小さいから指数関数を微小量 E で展開し，E の１次（線形項）まで考慮する．展開公式：$\exp(\delta) = 1 + \delta + \delta^2/2! + \ldots$ を用いて E に比例する項を求めると

$$\Delta W_{n+1,n} \underset{E \to 0}{\approx} \beta e(x_{n+1} - x_n)\Gamma E = \beta ea\Gamma E \tag{8.23}$$

ここで，格子定数 a を用いて $x_{n+1} - x_n = a$ と置き換えた．電流密度は１秒間に単位面積を通過する電荷の量であるから，粒子密度 n_0 および 体積＝$a\times$単位面積 に存在する粒子数 $n_0 a$ を用いて

$$j = e(n_0 a)\Delta W = \sigma E \tag{8.24}$$
$$\sigma = \beta n_0 (ea)^2 \Gamma = \beta n_0 (ea)^2 \omega_s \exp(-\beta U) \tag{8.25}$$

σ は求める電気伝導率である．

イオンは，通常大きなイオン半径をもち，したがって，１格子点に１粒子しか存在できないと制限することができる．これを格子ガス (lattice gas) 模型とよぶ．この場合，粒子は遷移先が空いている確率に比例して跳躍するので，因子 $1-p^0$ が必要である．$p^0 = c$ とおけば，電気伝導率は次のようにかける．

$$\sigma = \beta n_0 (1-c)(ea)^2 \Gamma \tag{8.26}$$

c は格子点あたりの粒子数であるから，因子 $1-c$ は空孔因子（vacancy availability factor），あるいは，サイトブロッキング因子（site blocking factor）とよばれる．希薄粒子系では $c \ll 1$ であるから，空孔因子は無視できる．(8.26) は $c \ll 1$ で求めた結果であるが，相互作用がないとするモデルでは，c にかかわらず，一般的に正しい．

(8.26) に温度をかけ，自然対数をとれば

$$\ln T\sigma = \ln T_0 \sigma_c - \frac{U}{k_B T}, \quad T_0 \sigma_c \equiv \frac{1}{k_B} n_0 (1-c)(ea)^2 \omega_s$$

右辺の $T_0\sigma_c$ の項は温度に依存しないから，$\ln T\sigma$ は変数 $1/k_BT$ に対する勾配 $-U$ の直線関数である．図8.10のアーレニウス則はこのことを意味する．*

§8.6 では，熱平衡状態の量を強調して添字 0 を付したが，以下特に断らない限り，熱平衡状態でも 0 をつけない．

8.7　マスター方程式と跳躍拡散

拡散は集団拡散とトレーサ拡散（自己拡散）とに分けられる．ここでは，集団拡散について述べ，トレーサ拡散は§8.9で述べよう．

8.7.1　マスター方程式

跳躍拡散の系統的な理解には，マスター方程式から出発するのが最も明解である．一般に，マスター方程式は前節で述べた熱励起による跳躍拡散モデルで，形式的に

$$\frac{\partial p_n(t)}{\partial t} = \sum_\delta \left[\Gamma_{n,n+\delta}(1-p_n(t))p_{n+\delta}(t) \prod_{j\neq n,n+\delta}\{1+f_{n,n+\delta;j}p_j(t)\} \right.$$
$$\left. -\Gamma_{n+\delta,n}(1-p_{n+\delta}(t))p_n(t) \prod_{j\neq n,n+\delta}\{1+f_{n+\delta,n;j}p_j(t)\} \right] \quad (8.27)$$
$$f_{n,n+\delta;j} = (\exp(\beta h_{n+\delta,j})-1)$$

と書くことができる．$p_n(t)$は時刻 t で格子点 n に粒子が存在する確率である．したがって，左辺は，単位時間当たり n に粒子が増える確率を表している．右辺の $\Gamma_{n,n+\delta}(1-p_n(t))p_{n+\delta}(t)$ は，格子点 n が確率$1-p_n(t)$で空いているとき，格子点 $n+\delta$ に確率 $p_{n+\delta}(t)$ で存在する粒子が，単位時間当たり $n+\delta \to n$ に跳躍する遷移確率を表す（図8.21）．

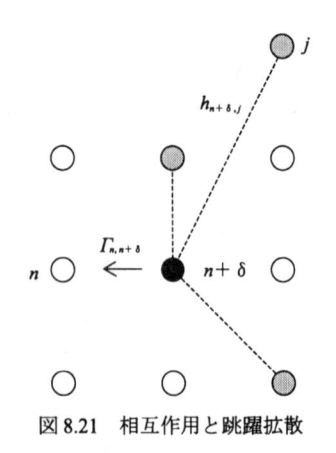

図8.21　相互作用と跳躍拡散

---

* 図8.10では σ そのものを常用対数目盛でとってある．$\log\sigma$ の勾配は $\log T\sigma$ のそれと近似的に等しいので，$\log\sigma$ が使われることもある．

これらの意味は (8.27) 右辺のすべての項にあてはまる（[7]および付録8E参照）.

$f_{n,n+\delta;j}$ の因子は $n+\delta \to n$ に粒子が移るとき，$n+\delta$ と j の2格子点に存在する粒子間相互作用 $h_{n+\delta,j}$ の効果である．斥力（$h_{n+\delta,j}>0$）であれば，粒子は移動しやすくなる（$1+f_{n,n+\delta;j}p_j(t)>1$）.

<u>理想格子ガス</u>　粒子間相互作用のない（$h=0$）格子ガス系を理想格子ガスとよぶことにする．このとき $f_{n,n+\delta;j}=0$ であるから，(8.27)は1次元系で次のように書ける[7,8].

$$\frac{\partial p_n(t)}{\partial t} = (1-p_n(t))\Gamma_{n,n-1}p_{n-1}(t) - (1-p_{n-1}(t))\Gamma_{n-1,n}p_n(t) \\ - (1-p_{n+1}(t))\Gamma_{n+1,n}p_n(t) + (1-p_n(t))\Gamma_{n,n+1}p_{n+1}(t) \tag{8.28}$$

$Y_{n+1,n} = (1-p_{n+1}(t))\Gamma_{n+1,n}p_n(t)$ と置けば，次のようにも書ける.

$$\frac{\partial p_n(t)}{\partial t} = j_{n-1}(t) - j_n(t) \\ j_n = Y_{n+1,n}(t) - Y_{n,n+1}(t) \tag{8.29}$$

j は粒子の流れの密度を意味する．

図8.19の空格子は等価で，格子定数 a を周期とする周期ポテンシャルからなる系であり，遷移確率の大きさがすべて等しい．これを1格子系とよぼう．このとき

$$\Gamma_{n,n+1} = \Gamma_{n-1,n} = \Gamma \tag{8.30}$$

であるから，$j_n(t)$ は

$$j_n(t) = \Gamma(p_n(t) - p_{n+1}(t)) \tag{8.31}$$

(8.29) は

$$\frac{\partial p_n(t)}{\partial t} = \Gamma(p_{n+1}(t) + p_{n-1}(t) - 2p_n(t)) \tag{8.32}$$

となる.

8.7.2　1次元1格子系における拡散係数

拡散係数　　確率が格子位置とともにゆるやかに変化するとき，$p_{n\pm 1}(t)$ は

$$p_{n\pm 1}(t) = p_n(t) \pm \frac{\partial p_n(t)}{\partial n} + \frac{1}{2!}\frac{\partial^2 p_n(t)}{\partial n^2} + \cdots \tag{8.33}$$

と展開できる．(8.29)それぞれの右辺について，n の1階微分まで考慮すれば，以下の近似式 (8.34), (8.35) が得られる．1次元における粒子密度は $\rho_n(t) = p_n(t)/a$ と定義できるから，(8.29) の第1式より

$$\frac{\partial \rho_n(t)}{\partial t} = -\frac{\partial j_n(t)}{\partial (na)} = -\frac{\partial j(x,t)}{\partial x}, \quad j(x,t) = j_{n=x/a}(t), \quad x = na \tag{8.34}$$

が得られる．また，$\Gamma_{n+1,n} = \Gamma_{n,n+1} = \Gamma$ であるから，(8.29) の第2式より次式が得られる．

$$j_n(t) = -\Gamma_{n+1,n} a \frac{\partial \rho_n(t)}{\partial n} = -\Gamma a^2 \frac{\partial \rho(x,t)}{\partial x}, \quad \rho(x,t) = \rho_{n=x/a}(t) \tag{8.35}$$

(8.35) はフィックの第1法則

$$j(x,t) = -D\frac{\partial \rho(x,t)}{\partial x}, \quad D = \Gamma a^2 \tag{8.36}$$

であり，D は拡散係数である．(8.34) に代入して次の拡散方程式が得られる．

$$\frac{\partial \rho(x,t)}{\partial t} = \frac{\partial}{\partial x}\left(D\frac{\partial \rho(x,t)}{\partial x}\right) \tag{8.37}$$

ここで扱っている単純な系では，$D = \Gamma a^2$ は場所の関数でないから

$$\frac{\partial \rho(x,t)}{\partial t} = D\frac{\partial^2 \rho(x,t)}{\partial x^2} \tag{8.38}$$

$\Gamma_{n+1,n} = \Gamma_{n,n+1} \equiv \Gamma_\nu$ であっても，位置 $\nu = (n, n+1)$ の緩やかな関数であれば，(8.35) から理解できるように，拡散方程式は(8.37)を用いなければならない．

拡散方程式の解　D が定数値をとる場合の解を与えておこう．時刻 $t=0$ で $\rho(x) = \rho_0 \delta(x)$ の分布をもつとき，(8.38) の解は次式で与えられる．

$$\rho(x,t) = \frac{\rho_0}{\sqrt{4\pi Dt}} e^{-\frac{x^2}{4Dt}} \tag{8.39}$$

8.7.3　一般化されたアインシュタインの関係式

拡散係数は温度一定のもとで，電気伝導率と化学ポテンシャルに対する粒子密度 n_0 の微分を用いて次式で与えられる（付録8C）．

$$D = \frac{\sigma}{e^2} \left(\frac{\partial \mu}{\partial n_0} \right)_T \tag{8.40}$$

公式 (8.40) は一般化されたアインシュタインの関係式とよばれ，電気伝導率とフィックの第1法則 (8.36) で定義される拡散係数を結ぶ式である．ここに，D は化学拡散係数（chemical diffusion coefficient）ともよばれる．格子ガス模型における化学ポテンシャルは

$$\mu = \beta^{-1} \{\ln c - \ln(1-c)\} \tag{8.41}$$

と書ける（付録8D）．格子点の数を M，体積を Ω とすれば，$n_0 = Mc/\Omega$ であるから，(8.26)，(8.41) を用いて (8.40) を計算すると

$$D = \frac{\sigma}{e^2} \left(\frac{\partial \mu}{\partial n_0} \right)_T = \frac{\sigma}{\beta n_0 (1-c) e^2} = \Gamma a^2 \tag{8.42}$$

となり，拡散係数 (8.36) が得られる．

　以上から結論されることは，電気伝導率 (8.26) は空孔因子 $1-c$ を含むが，集団拡散係数 (8.42) は含まないということである．このことは，$c=1$ の場合に顕著で，伝導率はゼロであるが，集団拡散係数は0でない．$c=1$ ということは粒子（空孔）の濃度勾配が存在しないということであるから $\partial \rho(x)/\partial x = 0$ である．つまり，マクロな拡散流密度 (8.36) が0であることを意味する．

8.8 格子液体—最近接相互作用の効果

理想格子ガスに対して，相互作用が存在する場合の格子ガスを格子液体とよぶことにする．ここでは，最近接相互作用による強相関系について，無秩序状態の粒子に対する結果を示しておこう．

経路確率の方法の対近似（ベーテ近似[*]）[9]を用いて，配位数 2γ の単純立方格子の電気伝導率は

$$\begin{aligned}\sigma &= \beta n_0 (ea)^2 \Gamma \left(1 - \frac{y}{c}\right)\left(1 + (e^{\beta h} - 1)\frac{y}{c}\right)^{2\gamma - 1} \\ &= \beta n_0 (ea)^2 \Gamma VW\end{aligned} \quad (8.43)$$

と求められる[10]（付録8E参照）．y は最近接格子点に粒子が存在する対確率で，a は格子定数である．ここに以下の因子

$$V = 1 - \frac{y}{c} = \frac{2(1-c)}{R+1} \quad (8.44)$$

$$W = \left(1 + (e^{\beta h} - 1)\frac{y}{c}\right)^{2\gamma - 1} = \left(\frac{2(1-c)}{R+1-2c}\right)^{2\gamma - 1} \quad (8.45)$$

$$y = c - \frac{1-R}{2(1-e^{-\beta h})}, \quad R = \sqrt{1 - 4(1-e^{-\beta h})c(1-c)} \quad (8.46)$$

を導入した [11,12]．V は (8.26) の空孔因子で，W はボンド切断因子 (bond-breaking factor) とよぶ．

<u>化学ポテンシャルと拡散係数</u>　1格子系の無秩序状態の粒子に対する化学ポテンシャルは

$$\mu = \beta^{-1} \ln\left\{\left(\frac{1-c}{c}\right)^{2\gamma - 1}\left(\frac{c-y}{1-2c+y}\right)^{2\gamma}\right\} \quad (8.47)$$

と表されるから，(8.40)と(8.43)を用いて得られる拡散係数は

$$D = \Gamma a^2 W f_D \quad (8.48)$$

---

[*] スピン系のベーテ近似に対応する．

$$f_\mathrm{D} = \frac{2\gamma}{R(R+1)}\left(1 - \frac{\gamma-1}{\gamma}R\right) \tag{8.49}$$

(8.48)は，経路確率の方法を用いて，(8.35)と同様，拡散流密度を計算することによって得られた拡散係数[9]と一致する．相互作用がない場合は，(8.43)，(8.47)，(8.48)で $h=0$, $y=c^2$ とおけば，(8.26)，(8.41)，(8.42) が得られる．

 $c \to 0$ の希薄な極限でも，(8.48) は $h=0$ の場合と同じ拡散係数 Γa^2 を与える．この希薄極限 $c \to 0$ の拡散係数を，裸の拡散係数（bare diffusion coefficient） D_0 と定義しよう．

$$D_0 = \Gamma a^2 \tag{8.50}$$

$c \to 1$ の場合も $y \sim c^2$ なので，$W \to c e^{\beta h}$, $R \to 1$ となり $D = c D_0 e^{\beta h} \sim D_0 e^{\beta h}$ となる．このとき電気伝導率 (8.43) は 0 である．

 (8.48) は，フィックの第 1 法則 (8.36) で定義される拡散係数を意味し，空孔因子 V を含まない量であることに注意しよう．

<u>アインシュタインの関係式</u>　電気伝導率に比例する量として，D_σ を (8.43) の σ を用いて

$$D_\sigma = \frac{k_\mathrm{B} T}{n_0 e^2}\sigma \tag{8.51}$$

と定義すると

$$D_\sigma = \Gamma a^2 VW = D_0 VW \tag{8.52}$$

(8.51)をアインシュタインの関係式とよぶ．D_σ は物理的には，フィックの第 1 法則で定義する化学拡散係数ではなく，電気伝導率を規格化した量である．電荷拡散係数（charge diffusion coefficient）とよばれることもある．

 結局，粒子が相互作用をしている場合も含めて次のように要約できる．一般化されたアインシュタインの関係式 (8.40) を用いて電気伝導率より求められる化学拡散係数は，フィックの第 1 法則で与えられる拡散係数に等しい．一方，(8.48)，

(8.52) から理解できるように，アインシュタインの関係式 (8.51) から得られる電荷拡散係数は，一般に，化学拡散係数と異なる量である．

8.9 平均2乗変位—集団拡散とトレーサ拡散

配位数 2γ の単純立方格子上の，A 粒子と A^* 粒子からなる系を考える．ある A^* 粒子の i 番目の遷移による変位ベクトルを Δr_i とすると，ν 回の遷移による変位は $R_\nu = \sum_{i=1}^{\nu} \Delta r_i$ と書ける．1回の遷移による距離は，格子定数を a とすると $|\Delta r| = a = $ 一定であること，i および j 番目の変位ベクトルの内積が $\Delta r_i \cdot \Delta r_j = a^2 \cos\theta_{i,j}$ であることを用いると，平均2乗変位は次式で与えられる．

$$\langle R_\nu \cdot R_\nu \rangle = \left\langle \left(\sum_{i=1}^{\nu} \Delta r_i\right) \cdot \left(\sum_{j=1}^{\nu} \Delta r_j\right) \right\rangle = \sum_{i=1}^{\nu} \Delta r_i^2 + 2\sum_{i=1}^{\nu-1}\sum_{j=i+1}^{\nu} \Delta r_i \Delta r_j \langle \cos\theta_{i,j} \rangle$$
$$= \nu a^2 \left\{ 1 + \frac{2}{\nu}\sum_{i=1}^{\nu-1} \left(\langle \cos\theta_{i,i+1}\rangle + \langle\cos\theta_{i,i+2}\rangle + \ldots + \langle\cos\theta_{i,\nu}\rangle \right) \right\} \tag{8.53}$$

隣り合う遷移に対する角度 $\theta_{i,i+1}$ がすべての i に対して独立であるとすれば，$\langle \cos\theta_{i,j}\rangle = \langle\cos\theta\rangle^{j-i}$ を示すことができる．このとき (8.53) は十分大きい ν に対して

$$\langle R_\nu \cdot R_\nu \rangle \equiv \nu a^2 f, \quad f = \frac{1+\langle\cos\theta\rangle}{1-\langle\cos\theta\rangle} \tag{8.54}$$

となる．ここで，f は相関因子 (correlation factor)* とよぶ．

8.9.1 理想格子ガス

<u>集団拡散</u>　A^* 粒子を空孔とみなし，A 粒子と空孔1個からなる系を考える．空孔は自由に動くことができる．ボンド当たりの遷移確率を Γ とすれば単位時間当たり $2\gamma\Gamma$ 回の割合で遷移する．したがって，時間 t の間に ν 回ジャンプするとすれば

---

* correlation factor は，しばしば，相関係数と訳され用いられている．ここでは相関因子と訳す．

$\nu = 2\gamma \Gamma t$ である．拡散係数 D を $\langle \boldsymbol{R}_v \cdot \boldsymbol{R}_v \rangle = 2\gamma Dt$ で定義すれば（8.56b 参照），(8.54) を用いて

$$2\gamma Dt = \nu a^2 f = 2\gamma \Gamma t a^2 f$$

の関係式が得られる．ゆえに

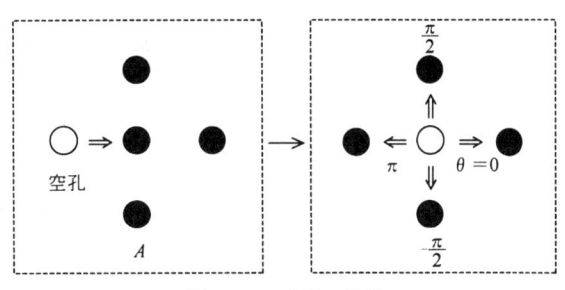

図 8.22 1 空孔の拡散

$$D = \Gamma a^2 f \tag{8.55}$$

1 空孔の拡散であるから，すべての方向に同じ確率で遷移する．したがって，$\langle \cos\theta \rangle = 0$，つまり，$f = 1$ である（図8.22）．これは，十分大きい ν に対して，すべての粒子が拡散に寄与すると考えることができるから，集団拡散である．

空孔数が多くても同じである．集団拡散はすべての粒子について考慮すればよい．すなわち，すべての空孔の遷移を考慮すれば，やはり $\langle \cos\theta \rangle = 0$ である．したがって，$D = \Gamma a^2$ である．

<u>集団拡散における $\langle \boldsymbol{r} \cdot \boldsymbol{r} \rangle = 6Dt$ の証明</u>　A粒子に濃度分布があるときの拡散を考えよう．1次元系における1粒子の平均2乗変位は (8.39) を用いて

$$\langle x^2 \rangle = \frac{1}{\sqrt{4\pi Dt}} \int_{-\infty}^{\infty} x^2 e^{-\frac{x^2}{4Dt}} dx = 2Dt \tag{8.56a}$$

となる．等方的な3次元系でも同様に求めることができる．このとき，$D_{xx} = D_{yy} = D_{zz} = D$ より

$$\langle \boldsymbol{r} \cdot \boldsymbol{r} \rangle = \langle x^2 \rangle + \langle y^2 \rangle + \langle z^2 \rangle = 6Dt \tag{8.56b}$$

と求められる．

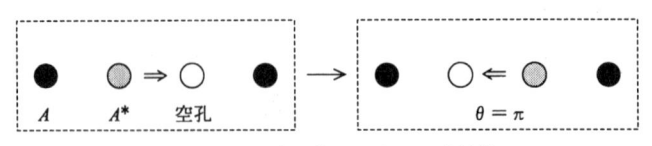

図8.23　1次元格子のトレーサ拡散

<u>トレーサ拡散</u>　A^* を A 粒子の同位元素とし，A^* 粒子1および空孔1が存在する系における A^* 粒子の拡散を考えよう．これをトレーサ拡散または自己拡散（self diffusion）という．この場合は，A^* 粒子の最近接格子点に空孔が存在しなければ遷移できないという事情がある．つまり，遷移は空孔因子（格子点当たりの空孔の濃度）$1-c$ に比例する．したがって，$\nu = 2\gamma\Gamma(1-c)t$ となるから

$$D_T = \Gamma a^2 (1-c) f_T \tag{8.57}$$

最も簡単な1次元系では，$\theta = \pm\pi$ である（図8.23）．このとき $\langle\cos\theta\rangle = -1$ であるから，$f_T = 0$ である．1次元以外の格子では，空孔が回り込めるので，$\langle\cos\theta\rangle \neq -1$ である．

<u>相関係数</u>　(8.53)および(8.54)より，相関因子は同時刻相関に由来する因子1を含む量として定義される．したがって，相関の強さは係数 $\alpha = 1 - f_T$ で与えられる．

表8.4　トレーサ拡散の相関係数

次元 d	格子	相関係数 α 厳密な値	対近似
$d = 1$		1	0.6667
$d = 2$	蜂の巣格子	0.6667	0.5
	正方格子	0.5331	0.4
	三角格子	0.4399	0.2857
$d = 3$	単純立方格子	0.3469	0.2857
	体心立方格子	0.2728	0.2222
	面心立方格子	0.2185	0.1538

ここでは α を相関係数 (correlation coefficient) とよぶ．上述のように，1次元系のトレーサ拡散の場合は，相関が強く $\alpha = 1$ である．一般の格子系の相関係数も，$c \to 1$ の極限で表8.4 のように厳密に計算できる（数値は文献 [6], [13] より引用）．相関係数は格子の幾何学的な因子に強く依存する．

8.9.2 格子液体のトレーサ拡散係数—最近接相互作用の効果

最近接相互作用が存在する場合のトレーサ拡散係数を与えておこう．A 粒子の格子点当たりの濃度（密度）を c_1，トレーサ粒子 A^* の密度を c_2 とすると，A, A^* の密度は $c = c_1 + c_2$ である．また，トレーサ粒子 A^* の活性化エネルギーおよび相互作用のエネルギーは A 粒子と同じであるとする．トレーサ拡散係数は空孔に濃度勾配が存在しない場合のトレーサの拡散から求められる．このとき，トレーサ拡散の駆動力はトレーサの化学ポテンシャルの微小勾配である．つまり，c と空孔が熱平衡状態にあり，$c_2(c_1)$ に微小な濃度勾配が存在するときに求められる．経路確率法の対近似によれば，トレーサ拡散係数は c を用いて次式で与えられる．

$$D_\mathrm{T} = \Gamma a^2 V W f_\mathrm{T} \tag{8.58}$$

$$\begin{aligned}
V &= \left(1 - \frac{y}{c_2}\right) = \frac{2(1-c)}{R+1} \\
W &= \left(1 + (\mathrm{e}^{\beta h} - 1)\frac{y}{c_2}\right)^{2\gamma - 1} = \left(\frac{2(1-c)}{R+1-2c}\right)^{2\gamma - 1} \\
f_\mathrm{T} &= 1 - \alpha, \quad \alpha = \frac{2c}{(2\gamma - 1)(R+1) - (2\gamma - 3)c}
\end{aligned} \tag{8.59}$$

ここで

$$R = \sqrt{1 - 4(1-\mathrm{e}^{-\beta h})c(1-c)}, \quad y = y_{2,1} + y_{2,2}$$

ただし，$y_{2,1}$ は最近接格子点のトレーサと A 粒子の対確率で，$y_{2,2}$ はトレーサの対確率である．(8.59) の因子 V, W を密度 c で表した結果は，(8.44), (8.45) の結果とまったく一致する．

f_T は (8.58) の D_T と (8.52) の比によって

$$f_T = \frac{D_T}{D_\sigma} \tag{8.60}$$

と与えられる．相関因子 f_T はハーベン比（Haven ratio）ともよばれる．

$c \to 1$ の相関係数は，(8.59) から

$$\alpha = \frac{2}{2\gamma + 1} \tag{8.61}$$

である．この値が表8.4の対近似と記した4列目の値である．現実の系は相互作用が存在するため，(8.59) のように温度と濃度に依存する量である．

最後にトレーサ拡散係数 (8.58) と集団拡散係数 (8.48) の差異をまとめて，本節の終わりとしよう．トレーサ拡散の駆動力は，空孔の濃度勾配が存在しない状態での，トレーサの化学ポテンシャルの勾配である．したがって，トレーサ拡散係数には空孔因子が存在し，$c = 1$ で $D_T = 0$ である．一方，集団拡散は §8.7.3 で述べたように，粒子の化学ポテンシャルの勾配が駆動力となるが，その勾配は空孔の濃度勾配に依存する．拡散係数は濃度勾配に比例する係数として定義されるから，空孔濃度に対応する因子は濃度勾配の中に取り込まれる．したがって，集団拡散係数には空孔因子は含まれない．

8.10 緩和モード

実験で得られた電気伝導率は，おおむね，アーレニウス則に従う．このことは，有効な活性化エネルギーを導入すれば，理想格子ガス模型のもとで，電気伝導率を比較的容易に理解できることを教える．この方法は，規則格子系のみならず，不規則格子系のイオンの動的振舞いの知見を与える．

ここで，理想格子ガス系における，拡散の集団運動の基礎的な振舞いを理解する方法を述べる．それは基準モードを用いる方法であり，揺らぎを問題とする場合に威力を発揮する．揺らぎの現象は，準弾性中性子散乱，準弾性光散乱，あるいは，

NMR等により観測できるが，これまで述べてきた方法では理解できない．跳躍拡散には，格子振動と同様，格子点の数ほどの基準モードが存在し，そのそれぞれが固有の緩和時間をもっている．これらの各モードに対する緩和から，種々の量を知る方法が緩和モード理論である[14]．本節で，緩和モードについて簡単に述べておこう．

8.10.1 拡散モードと非拡散モード

<u>1次元1格子系の緩和モード</u>　図8.19(a)の1次元1格子系を再び取り上げ，(8.32)の解を求めよう．熱平衡状態では $p_n(t) = p_n^0 = p^0$ で格子点によらない．この解は，確かに(8.32)の解である．一方，非平衡状態で $p_n(t) = u_q \mathrm{e}^{-E_q t + iq x_n}$ の解をもつとすれば，(8.32)から

$$E_q = \Gamma\{2 - (\mathrm{e}^{iq(x_{n+1}-x_n)} + \mathrm{e}^{-iq(x_n - x_{n-1})})\}$$
$$= 2\Gamma(1 - \cos qa) = 4\Gamma \sin^2\left(\frac{qa}{2}\right), \quad x_{n+1} - x_n = x_n - x_{n-1} = a \tag{8.62}$$

u_q は基準座標（normal coordinate）という（§7.1.2-3, 7.2.2 参照）．E_q は Γ に比例する緩和定数で，波数（あるいは，モード）q の関数であり，状態 u_q に対する固有値でもある（以後，象徴的に E_q を緩和モードとよぶ）．

§8.7.2で学んだように，拡散係数は確率密度が格子定数に比してゆるやかに変化する場合に定義できる．したがって，長波長極限領域（$\lambda = 2\pi/q \to$ 大）において得られる．$q \sim 0$ に対して E_q は(8.62)から

$$E_{q \sim 0} \approx \Gamma a^2 q^2 = Dq^2 \tag{8.63}$$

このように，拡散係数は緩和モードの長波長極限における q^2 の係数として与えられる．緩和時間 τ_q は $\mathrm{e}^{-E_q t} = \mathrm{e}^{-t/\tau_q}$ により緩和定数 E_q の逆数として定義できるから

$$\tau_{q \to 0} = \frac{1}{E_{q \to 0}} = \frac{1}{Dq^2} \to \infty \tag{8.64}$$

である．すなわち，$E_{q\to 0}$ は無限大の時間を要する緩和を意味するから，熱平衡状態を表す固有値である．このことより，$E_{q\sim 0}$ は長距離拡散を意味する緩和定数であるから，1格子系に対する (8.62) の (q, E_q) を拡散モード（diffusive mode）とよぶ．

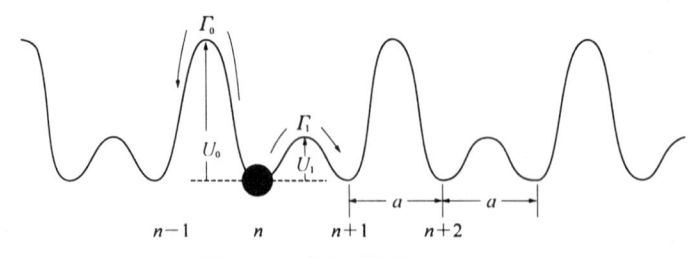

図 8.24　2 重井戸型ポテンシャル

1 次元 2 重井戸型ポテンシャルの緩和モード　図 8.24 の 1 次元 2 格子系の場合は，2 種類の遷移確率 $\Gamma_{n,n+1} = \Gamma_{n+1,n} = \Gamma_1$ および $\Gamma_{n,n-1} = \Gamma_{n-1,n} = \Gamma_0$ からなる．この場合も，近接格子点間 $n \leftrightarrow n+1$ の遷移確率が等しいから，対称跳躍（対称ホッピング）の例である．n および $n+1$ に対する方程式は (8.28) より次のように書ける．

$$\frac{\partial p_n(t)}{\partial t} = \Gamma_0\bigl(p_{n-1}(t) - p_n(t)\bigr) + \Gamma_1\bigl(p_{n+1}(t) - p_n(t)\bigr)$$
$$\frac{\partial p_{n+1}(t)}{\partial t} = \Gamma_1\bigl(p_n(t) - p_{n+1}(t)\bigr) + \Gamma_0\bigl(p_{n+2}(t) - p_{n+1}(t)\bigr)$$
(8.65)

この方程式の解を

$$p_{n-1}(t) = v_q\,\mathrm{e}^{-E_q t + iq\,x_{n-1}},\quad p_n(t) = u_q\,\mathrm{e}^{-E_q t + iq\,x_n}$$
$$p_{n+1}(t) = v_q\,\mathrm{e}^{-E_q t + iq\,x_{n+1}},\quad p_{n+2}(t) = u_q\,\mathrm{e}^{-E_q t + iq\,x_{n+2}}$$
(8.66)

とおいて，(8.65) に代入すれば

$$\begin{bmatrix} \Gamma_0 + \Gamma_1 & -(\Gamma_0 \mathrm{e}^{-iqa} + \Gamma_1 \mathrm{e}^{iqa}) \\ -(\Gamma_0 \mathrm{e}^{iqa} + \Gamma_1 \mathrm{e}^{-iqa}) & \Gamma_0 + \Gamma_1 \end{bmatrix}\begin{bmatrix} u_q \\ v_q \end{bmatrix} = E_q \begin{bmatrix} u_q \\ v_q \end{bmatrix}$$
(8.67)

が得られる．これより次の 2 つの固有値が得られる．

$$E_q = 2<\Gamma> + \varepsilon\sqrt{D_q}, \quad \varepsilon = \pm 1$$
$$D_q = 4\left(<\Gamma>^2 - \Gamma_0\Gamma_1 \sin^2(qa)\right), \quad <\Gamma> = \frac{1}{2}(\Gamma_0 + \Gamma_1) \tag{8.68}$$

(8.68)の固有値の分散を図8.25に示した（固有値はεに依存するから，改めて$E_q(\varepsilon)$として示してある）．

$q \to 0$ の極限で

$$E_q(\varepsilon) = \begin{cases} \dfrac{\Gamma_0\Gamma_1}{<\Gamma>} a^2 q^2 & \varepsilon = -1 \\ 4<\Gamma> - \dfrac{\Gamma_0\Gamma_1}{<\Gamma>} a^2 q^2 & \varepsilon = +1 \end{cases} \tag{8.69}$$

したがって，長距離拡散は $\varepsilon = -1$ に対する固有値で表され

$$E_{q \to 0}(\varepsilon = -1) = Dq^2, \quad D = \frac{\Gamma_0\Gamma_1}{<\Gamma>} a^2 = \frac{1}{\langle\Gamma^{-1}\rangle} a^2$$
$$\langle\Gamma^{-1}\rangle = \left\langle\frac{1}{\Gamma}\right\rangle = \frac{1}{2}\left(\frac{1}{\Gamma_0} + \frac{1}{\Gamma_1}\right) \tag{8.70}$$

拡散係数 D は Γ_0, Γ_1 の調和平均で表される．一方，$\varepsilon = +1$ に対する固有値は，$E_{q \to 0}(\varepsilon = +1) = 4<\Gamma>$ で，緩和時間は非常に短い．

換言すれば，電気伝導率の直流成分に寄与するモードは $\varepsilon = -1$ のみで，$\varepsilon = +1$ は寄与しない．これらより $\varepsilon = -1$ のモードは拡散モード（diffusive mode），$\varepsilon = +1$ のモードは長距離拡散に寄与しないことから非拡散モード（nondiffusive mode）とよぶ．それぞれのモードからなる分枝を，拡散分枝（diffusive branch），非拡散分枝

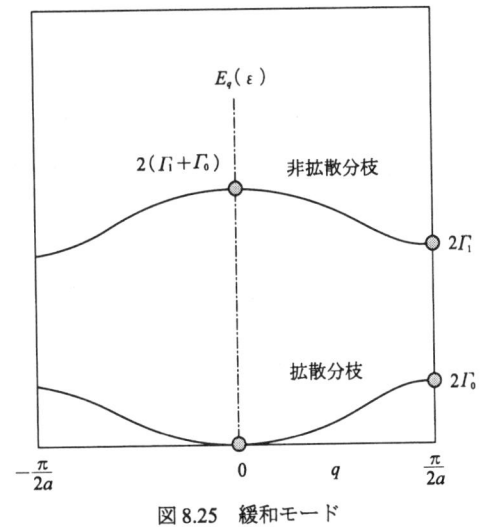

図8.25 緩和モード

8 超イオン導電体とイオン拡散

(nondiffusive branch) という.

8.10.2 対称ホッピング系の電気伝導率と拡散係数

緩和モードを用いて直流電気伝導率と拡散係数の結果をまとめておこう.

電気伝導率　対称ホッピング系（例えば図8.19, 8.24）の直流電気伝導率の公式は

$$\sigma = \beta n_0 (1-c) e^2 \lim_{q \to 0} \frac{E_{q,\varepsilon=0}}{q^2} \tag{8.71}$$

と書き表される.

(1)　1次元1格子の場合は，§8.10.1の (8.63) を用いて

$$\sigma = \beta n_0 (1-c)(ea)^2 \Gamma \tag{8.72}$$

(2)　1次元2重井戸型ポテンシャル格子の場合は，(8.70) から

$$\sigma = \beta n_0 (1-c)(ea)^2 \frac{1}{\langle \Gamma^{-1} \rangle} \tag{8.73}$$

と求められる.

(3)　単純立方格子の緩和モードと電気伝導率

単純立方格子の基本単位格子は1種類の格子点からなるから，拡散モードのみが存在する. 格子定数を a とすると，緩和モードは1次元格子系と同様にして

$$E_q = 6\Gamma \left(1 - \frac{1}{3}(\cos q_x a + \cos q_y a + \cos q_z a)\right) \tag{8.74}$$

と求まる. したがって，電気伝導率の xx 成分は

$$\sigma_{xx} = \beta n_0 (1-c) e^2 \lim_{q_x \to 0} \frac{E_{q_x, q_y=0, q_z=0}}{q_x^2} = \beta n_0 (1-c)(ea)^2 \Gamma \tag{8.75}$$

で与えられる．この結果は1次元1格子系の結果 (8.72) と一致する．

拡散係数 拡散係数は (8.41), (8.42), (8.71) から次のように求められる．

$$D = \lim_{q \to 0} \frac{E_{q,\varepsilon=0}}{q^2} \tag{8.76}$$

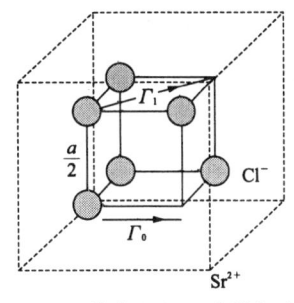

図 8.26 塩素イオンの伝導経路と遷移確率．

直流伝導率と同じく拡散モードの寄与による．したがって，拡散係数は (8.63), (8.70), (8.74) から直ちに得られる．

8.10.3 SrCl$_2$ の緩和モードの実験と理論

SrCl$_2$ は蛍石構造であり，塩素イオンは一辺が $a/2$ の単純立方格子（図8.26）上を拡散する．[100]方向の遷移確率を Γ_0，[110]方向のそれを Γ_1 とすれば，緩和モードは (8.74) と同様にして次のように求められる．

$$\begin{aligned} E_q &= 6\Gamma_0 \left\{ 1 - \frac{1}{3}\left(\cos\frac{q_x a}{2} + \cos\frac{q_y a}{2} + \cos\frac{q_z a}{2} \right) \right\} \\ &+ 12\Gamma_1 \left\{ 1 - \frac{1}{3}\left(\cos\frac{q_x a}{2}\cos\frac{q_y a}{2} + \cos\frac{q_y a}{2}\cos\frac{q_z a}{2} + \cos\frac{q_z a}{2}\cos\frac{q_x a}{2} \right) \right\} \end{aligned} \tag{8.77}$$

1行目の項は (8.74) で $a \to a/2$ と置き直した式である．

フォノンは中性子の非弾性散乱によって決定される．緩和モードは中性子の非干渉性準弾性散乱によって観測することができる．図8.27 は SrCl$_2$ に対する後者の実験結果で，その全半値幅を波数に対してプロットした図である[15]．縦軸は 1053[K] における全半値幅の値で $2E_q$ に対応する．実線は (8.77) から得られた理論値で，破線は $\Gamma_1 = 0$ とおいた結果である．実線は実験値をよく再現しており，これより (8.77) の遷移確率は

$$\Gamma_0 = 6.79 \times 10^{-4} [\text{THz}]$$
$$\Gamma_1 = 1.32 \times 10^{-4} [\text{THz}]$$

8　超イオン導電体とイオン拡散

と求まる.

一方,電気伝導率は (8.71), (8.77) を用いて

$$\sigma = \beta n_0 (1-c) e^2 (a/2)^2 (\Gamma_0 + 4\Gamma_1)$$
(8.78)

$SrCl_2$ は PbF_2 と同様,ファラデー転移により超イオン導電体となる.塩素イオンは温度の上昇に伴って,格子間位置を占有するようになるが,電気伝導は主に [100] および [110] 方向の跳躍拡散,Γ_0 および Γ_1 に起因すると理解できる.

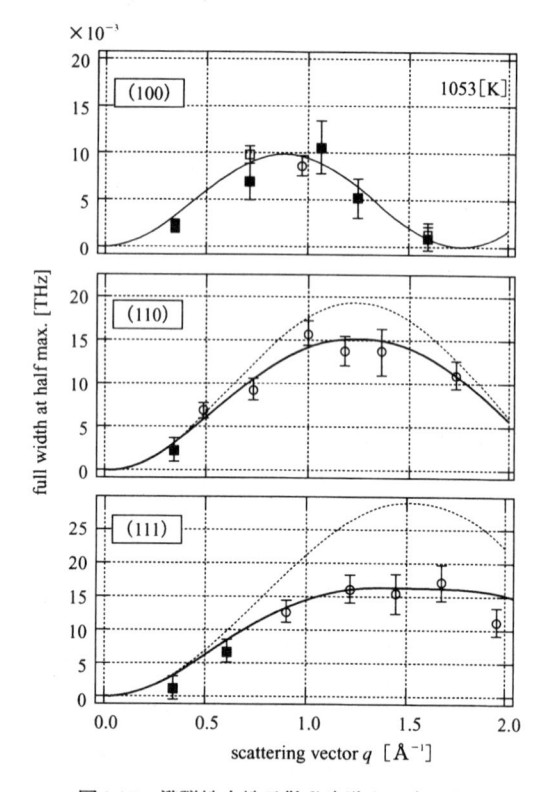

図 8.27 準弾性中性子散乱実験より求められた全半値幅の波数依存性.実線,破線は理論値(本文参照).

付禄8A 4配位および6配位結晶の極性度と共有性度

$$\alpha_f = \sqrt{0.785} = 0.886$$

	V_2[eV]	V_3[eV]	α_c	α_p	結晶構造	SIC
Ge	2.76	0	1	0	D	
BN	6.68	2.42	0.94	0.34	H	
InSb	2.08	1.28	0.85	0.53	Z	
ZnO	4.20	5.38	0.62	0.78	W	
ZnS	3.01	3.45	0.61	0.79	W→gas	
CdS	2.57	3.45	0.60	0.80	W→gas	
β-CuCl	3.01	5.24	0.50	0.87	W→liq.	
β-CuBr	2.65	4.69	0.49	0.87	W→α (bcc)	◎
β-AgI	2.10	3.96	0.47	0.88	W→α (bcc)	◎
β-CuI	2.40	4.07	0.43	0.90	W*→α (fcc)	◎
NaCl			0	1	F	

(D：ダイヤモンド構造，H：六方晶，Z：閃亜鉛鉱，W：ウルツ鉱，F：面心立方)

◎は高温相が超イオン導電体（SIC）を意味する．

（数値はハリソン［3］より引用）

*ウルツ鉱構造でなく三方晶系（trigonal system）との報告もある［16］．

8 超イオン導電体とイオン拡散

付録8B 跳躍拡散の遷移確率

N原子からなる単純立方結晶の格子間位置 n に，跳躍可能な1原子が存在するとする（図8.28）．このときの系の状態を A とする．x 軸方向の格子点 $n+1$ に跳躍するとき，x 軸に垂直な yz 面の点 S を通る．この点はポテンシャルの極大値であるが，yz 面内では極小値である．つまり，点 S はポテンシャルの鞍点（saddle point）になっている．図8.28で，小文字は格子点を，大文字は系の状態を示すのに用い，格子点と状態を概念的に重ねて描いてある．yz 面内ではポテンシャルの極小値であるから，格子振動として扱えよう．したがって，S の近傍では $3N+2$ の振動子で近似する．

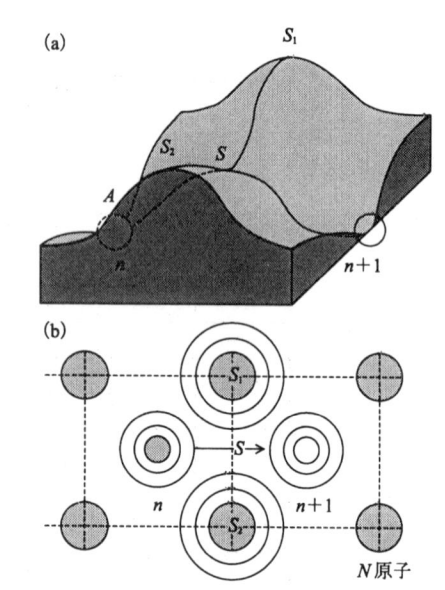

図8.28 ポテンシャル図：(a) n および $n+1$ は（準）安定なポテンシャルの極小値で n を位相空間の A と重ねてある．(b) $n+1$ に跳躍するときに，位相空間のポテンシャル極大値 S を通る．この点は S_1 および S_2 を切る面内にあって，ポテンシャルの極小値をとるサドルポイントである．

7章で学んだように，A における $N+1$ 粒子は，フォノンで近似できるものとする．このときのハミルトニアンは（7.4）および（7.45）より

$$H_{\mathrm{A}} = \Phi_{0,\mathrm{A}} + \sum_{\alpha=1}^{3N+3} \left(n_\alpha + \frac{1}{2}\right)\hbar\omega_\alpha \tag{8B.1}$$

と表される．ここで，α はモードを意味する．7章でいえば，(q, j) に対応する．$\Phi_{0,\mathrm{A}}$ は（7.4）と同様，原子の平衡位置にあるときのエネルギーで，跳躍原子が格子間位置 n に存在するとき

$$\Phi_{0,\mathrm{A}} = (..., \boldsymbol{R}(\ell),..., \boldsymbol{R}(\ell'),... \mid \boldsymbol{R}_{\mathrm{A}}) \tag{8B.2}$$

と定義する．したがって，フォノンに対する分配関数は (7D.3) より

$$Z_{A,3N+3} = e^{-\beta\Phi_{0,A}} \prod_{\alpha=1}^{3N+3} \sum_{n_\alpha=0}^{\infty} e^{-\beta\left(n_\alpha+\frac{1}{2}\right)\hbar\omega_\alpha} = e^{-\beta\Phi_{0,A}} \prod_{\alpha=1}^{3N+3} \frac{e^{-\beta\hbar\omega_\alpha/2}}{1-e^{-\beta\hbar\omega_\alpha}} \tag{8B.3}$$

によって与えられる．跳躍原子が x 軸方向に励起され，並進の運動エネルギー $p^2/2m$ をもつとすれば，このときのハミルトニアンは，跳躍粒子の x 軸方向の自由運動を除いた y, z 方向の振動と枠組格子がつくるフォノンを考慮して

$$H_S = \Phi_{0,S} + \sum_{\alpha'=2}^{3N+3} \left(\hat{n}_{\alpha'}+\frac{1}{2}\right)\hbar\omega_{\alpha'} + \frac{p^2}{2m} \tag{8B.4}$$
$$\Phi_{0,S} = (..., \boldsymbol{R}(\ell),...,\boldsymbol{R}(\ell'),... \mid \boldsymbol{R}_S)$$

運動エネルギーは1次元方向の古典的エネルギーであるから，粒子が $dp\,dx$ に存在する分布は，振動部分の自由度に対する分配関数を

$$Z_{3N+2} = e^{-\beta\Phi_{0,S}} \prod_{\alpha'=2}^{3N+3} \frac{e^{-\beta\hbar\omega_{\alpha'}/2}}{1-e^{-\beta\hbar\omega_{\alpha'}}} \tag{8B.5}$$

と定義すれば

$$Z_{3N+2}\,e^{-\beta(p^2/2m)}\frac{dp\,dx}{h} \tag{8B.6}$$

で表される．Z_{3N+2} は自由運動を除いた自由度 $3N+2$ に対するフォノンの寄与である．運動量で積分すれば，1粒子が自由空間の dx 部分に存在する分布となる．これを dZ で表すと

$$dZ = Z_{3N+2}\left(\int_{-\infty}^{\infty}\frac{dp}{h}e^{-\beta(p^2/2m)}\right)dx = Z_{3N+2}\sqrt{\frac{2m\pi}{\beta h^2}}\,dx \equiv Z_S\,dx \tag{8B.7}$$

Z_S は単位長さ当たりの分布密度である．あるいは線密度とも解釈できる．$Z_{A,3N+3}$, Z_{3N+2} に対する自由エネルギーは，(8B.3), (8B.5) より，それぞれ

$$F_{A,3N+3} = -\beta^{-1}\log Z_{A,3N+3} = \Phi_{0,A} + \frac{1}{\beta}\sum_{\alpha=1}^{3N+3}\ln\frac{1-e^{-\beta\hbar\omega_\alpha}}{e^{-\beta\hbar\omega_\alpha/2}}$$

$$F_{3N+2} = -\beta^{-1} \ln Z_{3N+2} = \Phi_{0,S} + \beta^{-1} \sum_{\alpha'=2}^{3N+3} \ln \frac{1-e^{-\beta\hbar\omega_{\alpha'}}}{e^{-\beta\hbar\omega_{\alpha'}/2}} \tag{8B.8}$$

周期 θ で粒子が n から飛び出すとすれば，単位時間当たり $Z_{A,3N+3}/\theta$ の割合で A の分布は減衰する．このことは，x 軸上に自由粒子となって励起することを意味する．単位時間当たりの長さ $dx \geq 0$ は $dx \to <v>$ であるから，$Z_{A,3N+3}/\theta = Z_S <v>$ である．したがって，遷移確率は

$$\Gamma \equiv \frac{2\pi}{\theta} = 2\pi \frac{Z_S <v>}{Z_{A,3N+3}} = \frac{Z_{3N+2}}{Z_{A,3N+3}} \frac{2\pi}{h} \sqrt{\frac{2m\pi}{\beta}} <v> \tag{8B.9}$$

励起された粒子の正方向の平均速度 $<v>$ は

$$<v> = \frac{\int_0^\infty \frac{p}{m} e^{-\beta(p^2/2m)} dp}{\int_{-\infty}^\infty e^{-\beta(p^2/2m)} dp} = \frac{\beta^{-1}}{\sqrt{\frac{2m\pi}{\beta}}} \tag{8B.10}$$

であるから

$$\Gamma = \frac{2\pi}{\beta h} \frac{Z_{3N+2}}{Z_{A,3N+3}} = \frac{2\pi}{\beta h} \frac{e^{-\beta F_S}}{e^{-\beta F_A}}$$

$$= \frac{2\pi}{\beta h} e^{-\beta(\Phi_{0,S}-\Phi_{0,A})} \frac{\prod_{\alpha=1}^{3N+3}(1-e^{-\beta\hbar\omega_\alpha})e^{\beta\hbar\omega_\alpha/2}}{\prod_{\alpha'=2}^{3N+3}(1-e^{-\beta\hbar\omega_{\alpha'}})e^{\beta\hbar\omega_{\alpha'}/2}} \tag{8B.11}$$

A における $3N+2$ のフォノンの振動数は，粒子の励起の有無にかかわらず等しいとし，残り（$\alpha=1$）の粒子の x 軸方向に関わる振動数を，アインシュタイン振動数 ω_s で近似すれば

$$\Gamma = \frac{2\pi}{\beta h} e^{-\beta(\Phi_{0,S}-\Phi_{0,A})} (1-e^{-\beta\hbar\omega_s}) e^{\beta\hbar\omega_s/2} \tag{8B.12}$$

古典的な極限，$h \to 0$ とおいて

$$\Gamma = \frac{2\pi}{\beta h} e^{-\beta(\Phi_{0,S}-\Phi_{0,A})} \beta\hbar\omega_s = \omega_s e^{-\beta(\Phi_{0,S}-\Phi_{0,A})} \tag{8B.13}$$

付録8C　化学ポテンシャルと拡散係数の関係

電場が存在する場合の化学ポテンシャルは，存在しない場合の化学ポテンシャルを μ とすれば

$$\mu_e = -eEx + \mu \tag{8C.1}$$

で表される。例えば，電流の流れない定常状態を考えよう．このとき，化学ポテンシャルは位置に関係なく一定でなければならないから

$$\frac{d\mu_e}{dx} = -eE + \frac{d\mu}{dx} = 0 \tag{8C.2}$$

温度が一定のとき，化学ポテンシャルは粒子密度 n_0 に依存するから，(8C.2)は

$$\begin{aligned} E - \frac{1}{e}\frac{d\mu}{dx} &= E - \frac{1}{e}\left(\frac{\partial \mu}{\partial n_0}\right)_T \frac{dn_0}{dx} \\ &= E - \frac{1}{e^2}\left(\frac{\partial \mu}{\partial n_0}\right)_T \frac{d\rho_e}{dx} = 0, \quad \rho_e = n_0 e \end{aligned} \tag{8C.3}$$

したがって，電気伝導率を σ とすれば，電流密度に対する平衡条件は電荷密度 ρ_e を用いて

$$0 = \sigma E - \frac{\sigma}{e^2}\left(\frac{\partial \mu}{\partial n_0}\right)_T \frac{d\rho_e}{dx} = \sigma E - D\frac{d\rho_e}{dx} \tag{8C.4}$$

ただし

$$D = \frac{\sigma}{e^2}\left(\frac{\partial \mu}{\partial n_0}\right)_T \tag{8C.5}$$

(8C.4) は，電場による電流と荷電粒子の濃度勾配による拡散電流がつり合うことを意味する．

付録8D　1格子系における理想格子ガスの化学ポテンシャル

相互作用のない理想格子ガスの化学ポテンシャルを求めよう．全サイトの数を M とすると，M に N の粒子を分配する方法の数は

$$W = \frac{M!}{N!(M-N)!} \tag{8D.1}$$

であるから，$M \gg 1$, $N \gg 1$ であれば，系のエントロピーはスターリングの公式を用いて

$$\begin{aligned}S &= k_B \ln W = k_B \ln \frac{M!}{N!(M-N)!} \\ &\approx k_B(M \ln M - N \ln N - (M-N)\ln(M-N))\end{aligned} \tag{8D.2}$$

と書ける．$c = N/M$ とすれば，サイト当たりのエントロピーは

$$s = \frac{S}{M} = -k_B(c \ln c + (1-c)\ln(1-c)) \tag{8D.3}$$

したがって，1格子系における理想格子ガスのサイト当たりの自由エネルギーは，格子点のエネルギーを 0 ととれば

$$f_E = -sT = k_B T(c \ln c + (1-c)\ln(1-c)) \tag{8D.4}$$

これから，化学ポテンシャル (8.41) が得られる．

$$\mu = \frac{\partial f_E}{\partial c} = \beta^{-1}(\ln c - \ln(1-c)) \tag{8D.5}$$

付録8E 対近似による電気伝導率

経路確率の対近似を用いて，(8.43)を直接求めるのは大変である．ここでは，マスター方程式(8.27)に基づいて，2次元正方格子の電気伝導率を，簡単に求めてみよう．

図8.29のようにサイトに番号を付し，最近接相互作用のみを考える．このとき，遷移 $0 \to 1$ を例にとり，(8.27)の右辺1項目

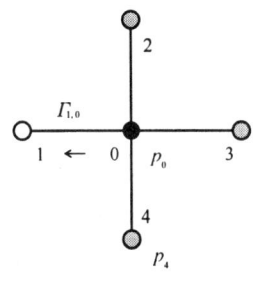

図8.29 最近接格子点への遷移

$$Y_{1,0} = \Gamma_{1,0}(1-p_1)p_0 \prod_{j \neq 0,1}(1+f_{1,0;j}p_j) \tag{8E.1}$$

を見積もってみよう．展開すれば

$$Y_{1,0} = \Gamma(1-p_1)p_0(1+fp_2)(1+fp_3)(1+fp_4) \tag{8E.2}$$

である．詳細は省略するが p_i は，多体系の確率を形式的に格子点確率の積 $\prod_i p_i$ の総和（パーマネント）として導入した量で，一般に相互作用が存在する場合は独立な量ではない．$p_i p_j$ の積で存在する場合は $p_i p_j \equiv y_{ij} = y$ とクラスターで解釈する．例えば，図8.30 の $p_0 p_2 p_3$ の場合もサイト $0, 2, 3$ に粒子が存在する確率 $W_{0,2,3}$ と解釈する．これを対確率を用いて近似すれば

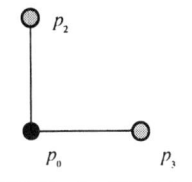

図8.30 3-クラスター

$$p_0 p_2 p_3 \equiv W_{0,2,3} \approx \frac{1}{p_0} y_{02} y_{03} = p_0 \left(\frac{y}{p_0}\right)^2 \tag{8E.3}$$

となる．したがって

8 超イオン導電体とイオン拡散

$$p_0 \prod_{j \neq 0,1} \{1 + f_{1,0;j} p_i\} = p_0 \left\{ 1 + 3f\left(\frac{y}{p_0}\right) + 3f^2\left(\frac{y}{p_0}\right)^2 + \left(\frac{y}{p_0}\right)^3 \right\}$$
$$= p_0 \left(1 + f\frac{y}{p_0}\right)^3 \tag{8E.4}$$

ゆえに，(8E.1) は $\varGamma_{1,0} = \varGamma$ とおいて

$$Y_{1,0} = \varGamma(1 - p_1) p_0 \left(1 + f\frac{y}{p_0}\right)^3 \approx \varGamma(p_0 - y)\left(1 + f\frac{y}{p_0}\right)^3$$
$$= \varGamma p_0 \left(1 - \frac{y}{p_0}\right)\left(1 + f\frac{y}{p_0}\right)^3 \tag{8E.5}$$

サイト数を M とすれば，全遷移量は $MY_{1,0}$ である．体積を $\varOmega$，粒子数を N として，$Mp_0/\varOmega = N/M = n_0$ であるから，$MY_{1,0}/\varOmega$ は，(8.26) の $n_0(1-c)\varGamma$ に対応する．したがって，伝導率は

$$\sigma = \beta n_0 (ea)^2 \varGamma \left(1 - \frac{y}{c}\right)\left(1 + f\frac{y}{c}\right)^3$$
$$= \beta n_0 (ea)^2 \varGamma \left(1 - \frac{y}{c}\right)\left(1 + (e^{\beta h} - 1)\frac{y}{c}\right)^3 \tag{8E.6}$$

配位数が 2γ の場合は，(8.43) となる．

練習問題

【1】次の問いに答えよ．
(1) (8.15) を，$\xi = 0$ 近傍で ξ^4 項までテイラー展開し，転移温度 T_c を求めよ．
(2) $T = T_c$ における定積熱容量を (1) を用いて求めよ．
(3) 2次転移における定積熱容量の概略を，図8.18を参考にして描け．

【課題】(8.16) を用いて定積熱容量の温度依存性を数値的に求めよ．

【2】(8.42) を確かめよ．

【3】(8.48) を確かめよ．

【4】(8.59) の相関因子 f_T および相関係数 α の温度依存性を，3次元単純立方格子（$2\gamma = 6$）について調べよ．ただし，可動イオン間の最近接相互作用エネルギーを $h = 50$[meV]，格子点当たりのイオン密度を $c = 0.2$ とし，温度範囲は $200 \leq T[K] \leq 500$ とする．また，温度 500[K] のときの密度依存性も調べよ．

【5】1次元逆2重井戸型ポテンシャル（図8.31）は非対称ホッピング模型の例である．この場合，p の非線形方程式 (8.28) は (8.65) のような線形方程式に帰着で

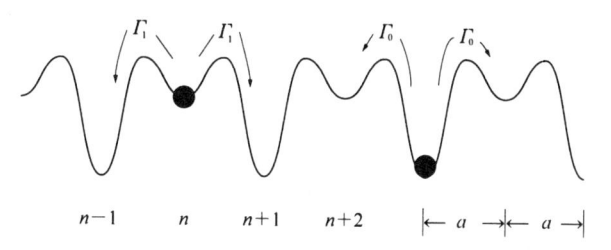

図8.31 逆2重井戸型ポテンシャル

きない．しかし，これまで述べてきたように，電気伝導率，拡散係数は微小な外場に対する応答として議論されるので，ここでも線形近似を行い，希薄な粒子系の固有値を求めよう．(8.28) で，$p \ll 1$ とし，p^2 の項を無視すると

$$\frac{\partial p_n(t)}{\partial t} = \Gamma_{n,n-1} p_{n-1}(t) - \Gamma_{n-1,n} p_n(t) - \Gamma_{n+1,n} p_n(t) + \Gamma_{n,n+1} p_{n+1}(t)$$

が得られる．この場合の緩和モードを求め，拡散係数および直流電気伝導率を求めよ．

【6】(8.74), (8.77) を確かめよ．

練習問題略解

【1】(1)　$\ln(1+x) = x - \dfrac{x^2}{2} + \dfrac{x^3}{3} - \dfrac{x^4}{4} + ...,$　$(-1 < x \leq 1)$ を用いて

$$\Delta f(\xi) = -\xi^2 + \tau\{(1+\xi)\ln(1+\xi) + (1-\xi)\ln(1-\xi)\}$$
$$\approx \xi^2\left(\tau - 1 + \dfrac{\tau}{6}\xi^2\right)$$

$\dfrac{d}{d\xi}\Delta f(\xi) = 0$ より 極小値は

$$\xi = \begin{cases} 0, & \tau \geq 1 \\ \sqrt{3(1-\tau)/\tau}, & \tau \leq 1 \end{cases} \qquad ①$$

秩序パラメータは，$\tau \to 1$ に対して連続的に0に近づく．したがって，転移温度は $\tau_c = 1$ である．

(2)　定積熱容量は内部エネルギーを温度で微分すると得られる．1粒子当たりの内部エネルギー(8.8)を秩序変数で表し，$\varepsilon_B = 0$ とおくと

$$u \equiv \dfrac{U}{N} = \dfrac{3\varepsilon}{2}(1-\xi^2)$$

したがって，1粒子当たりの熱容量は

$$c_V = \left(\dfrac{\partial u}{\partial T}\right)_V = -\dfrac{3\varepsilon}{2}\dfrac{\partial}{\partial T}\xi^2 = -k_B\dfrac{\partial}{\partial \tau}\xi^2 \qquad ②$$

① より $\tau = \tau_c = 1$ における熱容量は

$$c_{V,\tau=1} = -k_B\dfrac{\partial}{\partial \tau}\xi^2 = \begin{cases} 0, & \tau = 1+0 \\ 3k_B, & \tau = 1-0 \end{cases}$$

(3)　図8.18より，$c_V = -2k_B\xi\partial\xi/\partial\tau$ は図8.32のようになる．

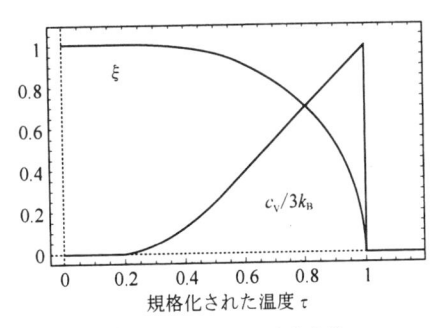

図8.32　熱容量と秩序変数

8　超イオン導電体とイオン拡散

【課題】(4) 図8.32の熱容量は(8.16)を用いて数値的に求めた値である．ただし，$c_V/3k_B$ と規格化してある．

【2】n_0 は単位体積あたりの粒子密度であるから，c に比例する．$n_0 = kc$ とすれば (8.41) より

$$\frac{\partial \mu}{\partial n_0} = \beta^{-1}\frac{1}{k}\left(\frac{1}{c}+\frac{1}{1-c}\right) = \frac{\beta^{-1}}{n_0(1-c)}$$

したがって，(8.26)，(8.40) より (8.42) が得られる．

【3】(8.47) の y に (8.46) を利用する．(8.40) より (8.48) が確かめられる．

【4】図8.33(a),(b) に，(8.59) の f_T および α の温度依存性を示す．(a) がトレーサ相関因子で，(b) が相関係数である．α は温度の減少関数なので，f_T は温度とともに増加する．図8.34に密度依存性の結果を示す．

【5】希薄粒子系での固有値は2重井戸型ポテンシャルのそれ，(8.68)，と同じ結果を与える．

$$E_q = 2<\Gamma>+\varepsilon\sqrt{D_q}, \quad \varepsilon = \pm 1$$
$$D_q = 4\left(<\Gamma>^2 - \Gamma_0\Gamma_1\sin^2(qa)\right)$$
$$<\Gamma> = \frac{1}{2}(\Gamma_0+\Gamma_1)$$

電気伝導率は (8.71) で $1-c \to 1$ とおいて

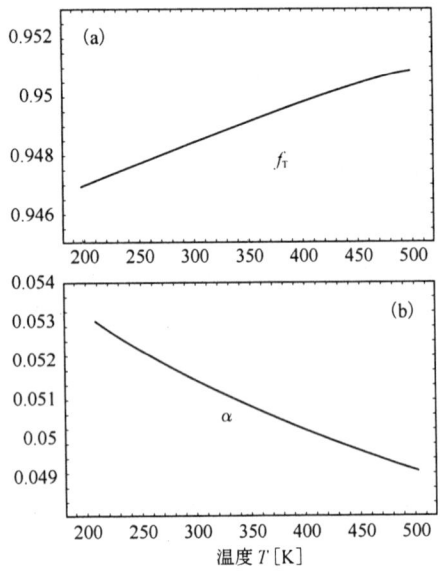

図8.33 相関因子の温度特性

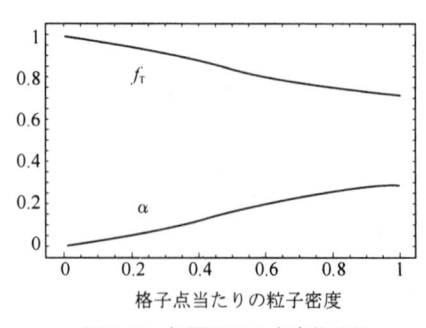

図8.34 相関因子の密度依特性

$$\sigma = \beta n_0 (ea)^2 \frac{1}{<\Gamma^{-1}>}$$

拡散係数は(8.76)より

$$D = \frac{1}{<\Gamma^{-1}>} a^2$$

と求まる.

【6】省略.

参考書と図の出典

参考書

　本書執筆に際して，以下の書籍を参考にした．特に，8章は最近，燃料電池・センサーに関連して盛んに研究されている分野であるが，固体電解質の歴史としては古い．ここに，新しく，「超イオン導電体とイオン拡散」として教科書の一部とした．そのため，独立に参考文献を付した．

1－7章

[1]　P. A. M. Dirac 著，朝永振一郎他訳：「量子力学」（岩波書店，1968）．

[2]　L. I. Schiff:「Quantum Mechanics」(3rd ed., McGraw-Hill, 1968)．

[3]　A. Messiah 著，小出昭一郎他訳：「量子力学 1-3」（東京図書，1972）．

[4]　猪木慶治，川合 光 著：「量子力学 I, II」（講談社サイエンティフィク，1994）．

[5]　C. Kittel 著，宇野良清他訳：「固体物理学入門，上下」（第6版，丸善，1988）．

[6]　J. M. Ziman 著，山下次郎他訳：「固体物性論の基礎」（第2版，丸善，1976）．

[7]　益田義賀：「固体物理学」（東大出版会，1975）．

[8]　W. A. Harrison 著，小島忠宣他訳：「固体の電子構造と物性，上下」（第2版，現代工学者，1987）．

[9]　川村　肇「半導体の物理」（第2版，槇書店，1971）．

[10]　清水潤治：「半導体工学の基礎」（コロナ，1995）．

[11]　C. Kittel:「Quantum Theory of Solids」(Wiley, 1963)．

[12]　P. Bruesch:「Phonons: theory and experiments I-III」(Springer, 1987)．

固体物理の最近の教科書として

[13]　作道恒太郎：「固体物理学」（3分冊，裳華房，1995）．

　本書は，理・工学部上級生および博士前期課程における固体物性の教科書として，量子力学も含めて記述したものである．このようなスタイルの教科書が，最近出版されている．改めて，参考書としてあげておく．

[14]　岡崎　誠：「物質の量子力学」（岩波，1995）．

8章
[1] W. Buhrer, R. M. Nicklow and P. Bruesch: Phys. Rev. **B17** (1978) 3362.
[2] P. Bruesch:「Phonons: Theory and Experiments I」(Springer, 1982) Chap.3.
[3] W. A. Harrison 著，小島忠宣他訳：「固体の電子構造と物性，上下」（第2版，現代工学者，1987).
[4] J. C. Phillips: Rev. Mod. Phys. **42** (1970) 317.
[5] C.P.Flynn:「Point Defects and Diffusion」(Clarendon, 1972).
[6] 深井　有：「拡散現象の物理」（朝倉書店，1988).
[7] T. Ishii: J. Phys. Soc. Jpn. **69** (2000) 139.
[8] N. G. Van Kampen:「Stochastic Processes in Physics and Chemistry」(North-Holland, 1981) p.365.
[9] R. Kikuch: Prog. Theor. Phys. Suppl. **35** (1966) 1.
[10] T. Ishii, H. Sato and R. Kikuchi: Phys. Rev. **B34** (1986) 8335.
[11] H. Sato and R. Kikuchi: J. Chem Phys. **55** (1971) 677.
[12] R. Kikuchi and H. Sato: J. Chem Phys. **55** (1971) 702.
[13] K. Compaan and Y. Haven: Trans. Faraday Soc. **52** (1956) 786.
[14] T. Ishii: Prog. Theor. Phys. **77** (1987) 1364.
[15] M. H. Dickens, W. Hayes, P. Schnabe, M. T. Hutchings, R. E. Lechner and B. Renker: J. Phys. C:Solid State Phys. **16** (1983) L1.
[16] T. Sakuma: J. Phys. Soc. Jpn. **57** (1988) 565.

相転移現象に関連して
[17] W. Gephardt and U. Krey 著，好村滋洋訳：「相転移と臨界現象」（吉岡書店，1994).
[18] 菊地良一，毛利哲雄：「クラスター変分法」（森北出版，1997).

フォノンに関連して
[19] A. A. Maradudin: "Elements of the Thery of Lattice Dynamics"「Dynamical Properties of Solids」edited by G. K. Horton and A. A. Maradudin (North-Holland, 1974) pp. 1-82.

超イオン導電体に対する参考書として
[20] M. B. Salamon 編集：「Physics of Superionic Conductor」（Springer, 1979).
[21] S. Chandra:「Superionic Solids」（North-Holland, 1981).

　和書として，[6]を参考にするとよい．その他，材料科学の立場から著された書として

[22] 工藤徹一，笛木和雄：「固体アイオニクス」（講談社サイエンティフィック，1986).

[23] 斉藤安俊，丸山俊夫編訳：「固体の高イオン伝導」（内田老鶴圃，1999).

図の出典

　図表は一部文献を参考にした．特に，数値は上記の参考文献から引用した．

図2.7　データは次の文献による，E. Clementi and C. Roetti: Atomic Data and Nuclear Data Tables **14** (1974) 177.

図3.14　W. H. Zachariasen: J. Am. Chem. Soc. **54** (1932) 3841.

図6.5　J. R. Chelikowsky and M. L. Cohen: Phys. Rev. **B14** (1976) 556.

図7.7　O. Kamishima, T. Ishii, H. Maeda and S. Kashino: Jpn. J. Appl. Phys. **36** (1997) 247.
　　　S. Hoshino, Y. Fujii, J. Harada and J. D. Axe: J. Phys. Soc. Jpn. **41** (1976) 965.

図8.6　W. Buhrer, R. M. Nicklow and P. Bruesch: Phys. Rev. **B17** (1978) 3362.

図8.8　P. Bruesch:「Phonons: Theory and Experiments I」(Springer, 1982) Chap.3.

図8.9　P. Bruesch:「Phonons: Theory and Experiments I」(Springer, 1982) Chap.3.

図8.10 M. B. Salamon:「Physics of Superionic Conductor」M. B. Salamon 編集
　　　（Springer, 1979）175.

付録2B 表1　小林常利：「基礎化学結合論」(培風館，1995) 64.

索　引

【A】
AgIの不安定性　201

【D】
d軌道　39

【L】
LCAO分子軌道　89

【N】
n型半導体　139

【P】
pn接合　142
p型半導体　139
p軌道　38

【S】
sp³混成軌道　91
SrCl₂の緩和モード　221
s軌道　37

【Y】
YSZ　188

【β】
β-AgI　187
β-AgIの状態密度　193
β-AgIの比熱　193

【あ】
アーレニウス則　194,206
アインシュタイン・ドブロイの関係式　2
アインシュタイン近似　165,167
アインシュタインの関係式　211
アインシュタインフォノン　164
アクセプター準位　139
鞍点　224
イオン結晶　85
イオン性　201
異極結合　93
1次元格子　151

1次摂動　75
1次転移　195
1重項　99
一般化されたアインシュタインの関係式　209
移動度　126
ウィグナー・ザイツ胞　54
運動量演算子　4
エーレンフェストの定理　22
エネルギー等分配の法則　166
エブジェンの方法　86
エミッタ　145
エルミート演算子　8
エルミート行列　21
エルミート多項式　156
エントロピー　198
応答関数　125
音響波　152,154
音響フォノン　156,160
音響分枝　154
音波　152

【か】
外因性超イオン導電体　188
化学拡散係数　209
化学ポテンシャル　133
角運動量　30,31
拡散係数　208
拡散電位　143
拡散分枝　219
拡散方程式　208
拡散モード　218
拡張ゾーン方式　112
確率密度　6
確率流密度　6
重なり積分　90
活性化エネルギー　203
価電子　44
価電子帯　92
可動イオン　188
過熱状態　197
ガラス　67
ガラス転移温度　68

239

過冷却状態　197
還元ゾーン方式　114
間接ギャップ　138
完備性　11
緩和時間　217
緩和定数　217
緩和モード　216
基準座標　157,217
基準モード　216
期待値　7
基本単位格子　53
基本単位胞　53
基本並進ベクトル　53
逆2重井戸型ポテンシャル　231
逆格子ベクトル　58
逆バイアス　144
ギャップ　155
ギャップエネルギー　141
球座標　30
球面調和関数　33,45
キュミュラント展開　179
凝集エネルギー　84
共有結晶　88,90
共有性　201
共有性度　94
極性エネルギー　93
極性度　94
禁制帯　92
金属　109
金属結晶　95
金属の熱容量　121
空間格子　53
空間電荷領域　143
空孔因子　205
空格子　111
空格子のバンド構造　112
空乏層　143
クーロン積分　104
クロネッカーのデルタ関数　10,33
経路確率の方法　210
結合エネルギー　84,87
結合状態　90
結晶軸ベクトル　54
ケットベクトル　7

ゲルマニウム　137
原子因子　168
原子芯　44
原子変位　151
光学波　154
光学フォノン　156,160
光学分枝　154
交換関係　5
交換積分　104
格子液体　210
格子ガス模型　205
格子定数　55
格子点　53
格子波　148,152
構造因子　168
剛体球模型　161
剛体並進　150
光電効果　14
固体電解質　187
固有関数　4,160
固有関数の直交性　9
固有値　4
固有値方程式　4,160
固有領域　141
コレクタ　145
コンプトン効果　14

【さ】

サイトブロッキング因子　205
3次元空格子のバンド構造　114
3重項　99
散乱時間　125
磁気量子数　32
試行振動数　203
自己共役演算子　8
遮断振動数　128
自由エネルギー　195,198
周期境界条件　111
周期ポテンシャル　110
周期律表　43,47
集団拡散　206,212
充満帯　110
縮退　10
主量子数　34

シュレーディンガー方程式 3	対称跳躍模型 204
順バイアス 143	対称波動関数 96
詳細釣合いの原理 204	体心立方格子 54, 69
小数キャリヤー 144	体積弾性率 84, 87
状態ベクトル 18	多数キャリヤー 144
状態密度 116, 164	縦音響波 152
衝突時間 125	縦音響フォノン 160
消滅演算子 159	縦光学波 154
シリコン 137	縦光学フォノン 160
真性超イオン導電体 187	縦有効質量 138
真性半導体 132	単位格子 54
振動の量子化 155	単位構造 54
水素結合結晶 95	単位胞 54
水素原子のエネルギー準位 37	単純立方格子 69
水素類似原子 29	単純立方格子の緩和モード 220
スキンデプス 128	弾性波 152
スターリングの公式 118	力定数 152
スピン角運動量演算子 41	秩序状態 197
スピン量子数 40	秩序変数 195
スレータ行列式 97	中心力場 29
正規直交関係 10	超イオン導電体 67, 187
正孔 134	超イオン導電体の分類 189
生成演算子 159	長距離拡散 217
整流作用 142	跳躍拡散 202
摂動展開 74	跳躍拡散の遷移確率 224
摂動論 74	調和振動 150
閃亜鉛鉱結晶のフォノン分散 161	直接ギャップ 138
遷移確率 177, 203	直流伝導率 126
遷移領域 143	対近似 229
相関因子 212	ディラックのデルタ関数 11, 33
相関係数 214	低励起モード 192
双極子－双極子相互作用 77	デバイ・ワラー因子 169
相転移の熱力学 195	デバイ温度 166
増幅原理 144	デバイ近似 163
ゾーンフォールディング 155	デバイ振動数 164
	デバイのT^3-法則 167
【た】	デバイ波数 164
第1種真性超イオン導電体 188	デバイフォノン 163
第1ブリルアンゾーン 114	出払い領域 141
第2種真性超イオン導電体 188	転移温度 195, 196
第2量子化 159	電位障壁 143
ダイヤモンド構造 90	電気抵抗率 142
ダイオード 142	電気伝導率 125, 194, 204
対称跳躍 218	伝導帯 92

索 引 241

電流密度　125
等極結合　89
等極結合結晶　90
動力学行列　154, 160, 174
ドナー準位　139
ドブロイ波長　1
トランジスター　144
ドルーデモデル　125
トレーサ拡散　214

【な】

2次摂動　76
2次転移　200
2重井戸型ポテンシャルの緩和モード　218
2粒子系の波動関数　96

【は】

ハートレー近似　29
ハイトラー・ロンドンの方法　102
パウリの排他律　42
波数　63
波数ベクトル　64
裸の拡散係数　211
場の演算子　158
場の量子化　157, 159
ハミルトニアン　4
ハミルトンの運動方程式　150
反結合状態　90
反射率　129
反対称波動関数　96
バンド　92
バンドギャップ　92, 124
非拡散分枝　219
非拡散モード　219
非周期固体　67
ヒステリシス　197
非対称ホッピング模型　231
比誘電率　127
表皮効果　128
ファラデー転移　188, 197
ファンデルワールス相互作用　82
フィックの第1法則　208
フィリップスのイオン性度　202
フーリエ級数　57

フーリエ変換　16
フェルミ運動量　116
フェルミエネルギー　116
フェルミオン　96
フェルミ球　116
フェルミ準位　134, 141
フェルミ縮退　119
フェルミ統計　117
フェルミ波数　116
フェルミ分布　119
フェルミ粒子　43
フォノン　156, 160
フォノンの熱エネルギー　165
フォノンの熱容量　165
不確定性関係　12, 16
不確定性原理　12
副格子融解　192
複素屈折率　129
複素伝導率　126
複素誘電率　127, 129
不純物半導体　139
フラストレートした状態　201
プラズマ振動数　127
プラズマと結合した電磁波　128
プラズモン　127
ブラッグの回折条件　66
ブラッグ反射　64
ブラベクトル　7
ブラベ格子　53, 56
ブリルアンゾーン　66, 152, 155
ブロッホの定理　64
分子軌道法　88
分子性結晶　82
フントの規則　43
平均2乗変位　212
並進ベクトル　53
ベース　145
変数分離法　31
変分原理　100
変分法　80
方位量子数　32
飽和領域　141
ボーア半径　37
ボース統計　117

ボース分布　　118
ボース粒子　　43
ホール　　135
ボソン　　96, 159
蛍石構造　　188
ほとんど自由な電子模型　　122
ボンド切断因子　　210

【ま】
マーデルング定数　　86
マウスウェル・ボルツマン分布　　120
マスター方程式　　206
ミラー指数　　59, 61
無秩序状態　　197
面心立方格子　　69
モード　　160

【や】
有効核電荷　　29
有効質量　　132, 135, 136
有効状態密度　　134, 136

誘電関数　　127
横音響波　　152
横音響フォノン　　160
横光学波　　155
横光学フォノン　　160
横有効質量　　138

【ら】
ラグランジュの未定係数法　　118
ラゲールの陪多項式　　34
ランダウの現象論　　195
理想格子ガス　　207
量子統計　　117
履歴現象　　197
零点エネルギー　　156, 159, 170
レナード・ジョーンズポテンシャル　　83
連続の式　　6
六方最密構造　　70

【わ】
枠組イオン　　188

索　引

物理定数表

物理量	記号	数値	SI 単位	CGS 単位
光速度	c	2.997925	10^8 m s^{-1}	10^{10} cm s^{-1}
陽子の電荷	e	1.60219	10^{-19} C	-
		4.80325	-	10^{-10} esu
プランク定数	h	6.62620	10^{-34} J s	10^{-27} erg s
	$\hbar = h/2\pi$	1.05459	10^{-34} J s	10^{-27} erg s
アボガドロ数	N_A	6.02217×10^{23} mol^{-1}	-	-
原子質量の単位	amu	1.66053	10^{-27} kg	10^{-24} g
電子の静止質量	m	9.10956	10^{-31} kg	10^{-28} g
陽子の静止質量	M_p	1.67261	10^{-27} kg	10^{-24} g
陽子質量／電子質量	M_p/m	1836.1	-	-
微細構造定数の逆数	$1/\alpha$	137.036	-	-
電子半径	r_e	2.81794	10^{-15} m	10^{-13} cm
電子のコンプトン波長	λ_e	3.86159	10^{-13} m	10^{-11} cm
ボーア半径	a_0	5.29177	10^{-11} m	10^{-9} cm
ボーア磁子	μ_B	9.27410	10^{-24} J T^{-1}	10^{-21} erg G^{-1}
リュードベリ定数	R_∞, Ry	2.17991	10^{-18} J	10^{-11} erg
		13.6058 eV		
1 電子ボルト	eV	1.60219	10^{-19} J	10^{-12} erg
	eV/h	2.41797×10^{14} Hz	-	-
	eV/hc	8.06546	10^5 m^{-1}	10^3 cm^{-1}
	eV/k_B	1.16048×10^4 K	-	-
ボルツマン定数	k_B	1.38062	10^{-23} J K^{-1}	10^{-16} erg K^{-1}
真空誘電率	ε_0	-	$10^7/4\pi c^2$	1
真空透磁率	μ_0	-	$4\pi \times 10^{-7}$	1

SI単位系の接頭辞

倍率	接頭辞	記号
10^{-15}	フェムト (femto)	f
10^{-12}	ピコ (pico)	p
10^{-9}	ナノ (nano)	n
10^{-6}	マイクロ (micro)	μ
10^{-3}	ミリ (milli)	m
10^{3}	キロ (kilo)	k
10^{6}	メガ (mega)	M
10^{9}	ギガ (giga)	G
10^{12}	テラ (tera)	T

単位換算表

	[K]	[cm^{-1}]	[eV]	[Hz]	[erg]
1 [K]	1	6.95013×10^{-1}	8.61708×10^{-5}	2.08359×10^{10}	1.38062×10^{-16}
1 [cm^{-1}]	1.43882	1	1.23985×10^{-4}	2.99791×10^{10}	1.98647×10^{-16}
1 [eV]	1.16048×10^{4}	8.06546×10^{3}	1	2.41796×10^{14}	1.60219×10^{-12}
1 [Hz]	4.79941×10^{-11}	3.33565×10^{-11}	4.135707×10^{-15}	1	6.62616×10^{-27}
1 [J/mol]	1.20274×10^{-1}	8.35916×10^{-2}	1.03641×10^{-5}	2.50601×10^{9}	1.66052×10^{-17}
1 [kcal/mol]	5.03473×10^{2}	3.49919×10^{2}	4.33849×10^{-2}	1.04903×10^{13}	6.95104×10^{-14}

■著者紹介
石井　忠男（いしい　ただお）
　　1966年　大阪大学工学部電気工学科卒業
　　1970年　同大学大学院博士課程中退
　　1970年　岡山大学工学部助手
　　1974年　工学博士（大阪大学）

　現　在　岡山大学大学院自然科学研究科講師

　主な著書
　　『X線吸収微細構造』共著，学会出版センター，1993
　　『EXAFSの基礎』裳華房，1994

固体物性学の基礎

2005年11月30日　初版第1刷発行

- ■著　者──石井忠男
- ■発 行 者──佐藤　守
- ■発 行 所──株式会社 大学教育出版
　　　　　　〒700-0953　岡山市西市855-4
　　　　　　電話(086)244-1268代　FAX(086)246-0294
- ■印刷製本──モリモト印刷㈱
- ■装　　丁──ティーボーンデザイン事務所

Ⓒ Tadao ISHII 2005, Printed in Japan
検印省略　　落丁・乱丁本はお取り替えいたします。
無断で本書の一部または全部を複写・複製することは禁じられています。

ISBN4-88730-634-20